高等院校精品课程系列教材

数字视频策划与制作

卢　锋　编著

電子工業出版社
Publishing House of Electronics Industry
北京 • BEIJING

内 容 简 介

本书通过大量在教学中应用的生动形象、引人入胜的实例对数字视频作品的策划与制作过程进行了较为系统的阐述。全书共分9章：第1章视听语言基础，第2章数字视频制作基础，第3章数字视频作品的策划，第4章数字视频制作系统的配置，第5章数字视频作品的拍摄，第6章数字视频作品的编辑，第7章数字视频作品的特技与合成，第8章数字视频作品的输出与发布，第9章数字视频制作的法律规定与职业道德。

本书既是一本面向数字媒体专业本科生的数字视频设计与制作技术课程的教材，也适用于广播电视、广告学或教育技术学等相关专业学生，同时还可供影视专业人员、影视爱好者学习和参考。

图书在版编目（CIP）数据

数字视频策划与制作/卢锋编著. —北京：电子工业出版社，2016.5

ISBN 978-7-121-28719-0

Ⅰ. ①数… Ⅱ. ①卢… Ⅲ. ①视频信号－数字技术－高等学校－教材 Ⅳ. ①TN941.3

中国版本图书馆CIP数据核字（2016）第094120号

策划编辑：张贵芹
责任编辑：李 蕊
印　　刷：三河市良远印务有限公司
装　　订：三河市良远印务有限公司
出版发行：电子工业出版社
　　　　　北京市海淀区万寿路173信箱　邮编 100036
开　　本：787×1 092　1/16　印张：17　字数：446千字
版　　次：2016年5月第1版
印　　次：2016年5月第1次印刷
印　　数：3 000册　定价：35.00元

凡所购买电子工业出版社图书有缺损问题，请向购买书店调换。若书店售缺，请与本社发行部联系，联系及邮购电话：（010）88254888，88258888。

质量投诉请发邮件至zlts@phei.com.cn，盗版侵权举报请发邮件至dbqq@phei.com.cn。

本书咨询联系方式：（010）88254511，zlf@phei.com.cn。

前　言

随着数字视频技术的迅猛发展，越来越多的个人和机构参与到数字视频的策划与制作之中。视频制作不再是传统电视机构那种高投入、重装备的具有垄断色彩的媒介权利，而是成为普通大众也可以介入的一个领域；只要愿意，每一个普通人都拥有通过视频制作来充分表达自己的机会。

因此，只要你稍加注意，就会发现：

当你走进高校或者中小学的时候，常常会看到一群学生在摄像机前表演；

当你参加亲友婚礼的时候，摄像机已经属于现场的基本配置；

当你打开手机的时候，不时会看到朋友在微信朋友圈或 QQ 空间里上传的旅游视频；

一些大专院校、公检法、纪委、检查部门已经将 DV 设备配备到了科室；

一个比较好的物业管理部门，甚至把 DV 设备如同 DVD 一样装配到每个小区；

一些企事业单位更是把 DV 作为企业形象宣传的一种手段；

……

确实，数字视频制作已经变得越来越常见，它广泛应用于教育、培训、家庭娱乐、旅游、企业宣传、会议记录、喜庆活动等许多领域和场合。正因为如此，越来越多的人都希望掌握一些策划、编导、摄像、非线性编辑等方面的知识，让自己的生活更加精彩；而那些想把这项工作当成职业的人，则需要完整的专业知识和技能的训练。不管出于什么目的，有一点是肯定的：建立一支高水平的数字视频策划和制作的人员队伍，有助于提高数字视频的制作效率和制作质量。这对于推动我国信息、文化、数字内容产业的发展是有帮助的。

本书是面向数字媒体、教育技术学、广告学等相关视频制作专业的教材。全书图文并茂，通俗易懂，注重理论联系实践，强调实用性，充分体现了以理论为主线、以实践为核心的指导思想，力求使整个知识体系结构全面、完整、系统。每章后还配有练习题，通过完成练习题，可以使学习者更好地梳理本章介绍的基本理论，进一步提高学习者的实际操作技能。

本书是多人多年智慧的结晶，除封面署名的作者外，参加本书编辑和制作的人员还有赵杰、陈彤、黄新凌、赵宇及南京邮电大学紫金漫话视频制作工作室的成员等。由于作者水平有限，书中难免有错误与不足之处，恳请专家和广大读者批评指正。我们的信箱是 luf_2005@163.com。在编写本书的过程中参考了相关文献，在此向这些文献的作者深表感谢。

作　者

2016 年 5 月

目　　录

第 1 章　视听语言基础

20 世纪 60 年代中期，法国电影符号学家克里斯蒂安·麦茨在《电影：语言系统还是语言》一文中首次提出了电影语言的标准和条件，即“电影是否是一种语言”的问题。麦茨认为，以往的各种对电影语言的研究之所以不成功，是因为研究者既想把电影当作一种语言来考虑，却又不愿涉及任何语言学的成果。要想在电影语言和天然语言之间做真正的比较、研究，应该坚持索绪尔的结构主义语言学的模式和概念。按照结构主义的方法，为确定某一整体的内在规律，首先要确定其基本单位，然后再研究其组合规律，这样一来，确立电影中的基本单位及可能由之构成的“语言系统”的状况，便成为电影语言学最重要的任务。但是，麦茨经过研究后却指出，电影缺少一个语言系统，不符合索绪尔对语言所下的定义。因此，目前电影只能是一种类语言现象，是一种“没有语言系统的语言”——“既不包含相当于语素（或几乎相当于字词的东西）的第一分节中的单元，也不包含任何相当于语素的第二分节中的单元。”①

结构主义语言学把“语言的结构”划分为“组合关系”和“聚类关系”，也就是语法和词汇两大部分，这是语言进行表意的最基本的手段。以此类推，我们把“视听语言”也划分为两部分，一是作为视听语言“词汇”的视觉构成和听觉构成，二是作为视听语言“语法”的把视觉构成和听觉构成加以组织的规则。

1.1　视听语言的词汇

视听语言的词汇包括视觉构成和听觉构成。其中，视觉构成指的是镜头的景别、角度、方位、焦距、运动、长短、表现形式、光线、色彩等；而听觉构成指的是声音，包括语言、音响和音乐等。

1.1.1　视听语言的视觉构成

1．景别

景别是指由于摄影（像）机与被摄主体的距离不同，而造成被摄主体在摄影（像）机寻像器中所呈现出的范围大小的区别。景别的划分一般可分为五种，由远至近分别为远景、全景、中景、近景和特写。

1）远景

远景可细分为大远景和远景两种。其中，大远景特指那些被摄主体与画面高度之比约为 1∶4 的构图形式，也就是说，被摄主体处于画面空间的远处，与镜头中包含的其他环境因素相比极其渺小，甚至会被前景对象所遮挡或短暂淹没。但这并不意味着主体丧失了表现力。

---

① 王志敏. 电影语言学[M]. 北京：北京大学出版社，2007：79-80.

通过调度主体与环境的色阶、明暗关系或动静态势，通过安排画面构图形式中点、线、面的关系，虚实对照或透视变化，主体依然会成为鲜明的视觉焦点。换言之，被摄主体在画面中所占比例的大小并不是影响主体表现力的决定因素。大远景主要承担着提供空间背景、暗示空间环境与主体间的关系及写景抒情、营造特定气氛等任务。如图 1.1 所示为大远景镜头画面。

远景与大远景并无本质的差别，主体与环境关系的处理方法也大致类似，不同之处在于，主体在画面中所占的比例有了一定的提高，大致为 1∶2 的高度关系，主体与画面环境之间的平衡关系也因比例的变化而发生了相应的改变，即主体的视觉形式得到了形式上的加强。如果说大远景的环境具有独立性，那么远景强调的是环境与人物主体的相关性、依存性；大远景中人物主体只是画面的构成元素之一，远景中的人物则是画面构成的主导因素，所以，远景镜头通常要求展示人物动作的方向、行为和位移活动等，它相对突出的是具体性、叙事性等实在功能。许多影片常用远景开头，逐渐展开故事发生或人物性格的具体环境，以此作为重要的导入手段。如图 1.2 所示是远景镜头画面。

图 1.1　大远景镜头画面

图 1.2　远景镜头画面

2）全景

全景可以细分为大全景和全景两种。从主体与画面的大小比例来看，在大全景镜头中，人物主体大约占画面高度的 3/4，如图 1.3 所示。全景镜头中的人物与画面的高度比例大致相等，如图 1.4 所示。从画面的整体视觉效果来看，大全景镜头中人物与景物平分秋色，其中的景物主要是为人物动作提供具体可及的活动空间，而人物的举动在镜头中占中心地位，较之远景更为具体、清晰。全景图为人物完整的全身镜头，所以，毫无疑问，人物是画面的绝对中心，而有限的环境空间则完全是一种造型的必要背景和补充。并且，全景镜头主要展示人物完整的形象、人物形体动作及动作范围空间，最重要的是展示人物和空间环境的具体关系。对于叙事性作品而言，全景镜头极其重要，它常常承担着确定每一场景的拍摄总角度的任务，并决定场景中的场面高度、内容和细节。

图 1.3　大全景

图 1.4　全景

3）中景

中景的取景范围比全景小，表现人物膝部以上的活动。中景使用得较多，因为它不远不近、位置适中，非常适合观众的视觉距离，使观众既能看到环境，又能看到人的活动和人物之间的交流，如图 1.5 所示。

4）近景

近景的取景范围是从人物头部至胸部之间，主要用于介绍人物，展示人物面部表情的变化，用来突出表现人物的情绪和幅度不太大的动作，如图 1.6 所示。

图 1.5　中景

图 1.6　近景

5）特写

特写镜头又可分为特写和大特写镜头两种。从画面结构形态来看，特写的取景范围是从肩至头部之间，主要用来突出刻画被摄主体，观众能清楚地看到人物通过肌肉颤动和眼神变化而表露出来的感情。这种表情比语言更富于表现力，更能感染观众，如图 1.7 所示。大特写则完全是人物或景物的某一局部的画面，在视觉上更具强制性、造型性，产生的表现力和冲击力也更强，如图 1.8 所示。

图 1.7　特写

图 1.8　大特写

2．角度

视听语言是以模拟人的日常感知心理和思维运动为基础的。但是，视听语言要区别于日常视觉经验而晋升为艺术语言，很关键的一点就是要有“角度”。陌生化的感觉在绝大多数情形下是基于角度的作用，尤其是超越平视机位的角度的作用。

1）平拍

平拍是以人的正常视线（人眼等高的位置）为基准进行拍摄的。由于镜头与被摄主体在同一水平线上，其视觉效果与日常生活中人们观察事物的正常情况相似，被摄主体不易变形，使人感到平等、客观、公正、冷静、亲切。

2）仰拍

仰拍是摄影（像）机低于被摄主体的水平视线向上进行拍摄的。仰拍由于镜头低于对象，所以产生从下往上、由低向高的仰视效果。

在造型方面，仰拍镜头具有双面性。当低角度处理时能够净化背景，例如，在室外以空旷的蓝天为背景，在室内以明净的天花板为背景，显得非常简洁。而当仰角角度较小，天花板进入镜头时，画面则会产生泰山压顶的压抑之感，例如，在影片《公民凯恩》中，当凯恩在广场上进行竞选演讲时，就采用以天空为背景、配以台下密集围观人群的仰拍镜头，用以塑造出凯恩高大强劲的形象。而当凯恩与苏珊在一起，高高俯视苏珊的时候，镜头以室内屋顶为背景，倾斜的屋面带着巨大的人物投影，造成明显的压抑恐惧的感觉，凯恩的形象也变成专横跋扈的象征。

3）俯拍

俯拍与仰拍正好相反，摄影（像）机的位置处于人的水平视线之上。

俯拍镜头使画面中地平线上升至画面上端，或从上端出画，使地平面上的景物平展开来，有利于表现地平面景物的层次、数量、地理位置及盛大的场面，给人以深远辽阔的感受。一般来说，俯拍镜头具有如实交代环境位置、数量分布、远近距离的特点，画面往往严谨、实在。

在俯拍镜头中，由于环境通常体现出“左右”人的力量，人物显得被动、软弱，因此，俯拍镜头常用来表达对人物的批判、否定和鄙视。也有反其道而用之的，如张艺谋在电影《红高粱》中，采用俯拍镜头拍摄“我爷爷”和“我奶奶”在高粱地里野合的场面，人物置于摇曳的高粱中间，俯摄使他们与环境合二为一。这时镜头体现出来的不是创作者对人物及其行为的臧否，恰恰相反，人物与动作都焕发出一种宗教仪式般的神圣和庄严。无疑，俯视镜头在这里传达出的是由衷的赞美与崇敬。此外，俯拍镜头独特的构图特征也为表意提供了新的可能。影片《大红灯笼高高挂》对于环境空间的表现就是得力于俯视拍摄的成功运用。大角度的俯拍一而再、再而三地强调了封闭布局的院落结构，环境的特质由此得到了形象的凸显，从而为人物与环境的冲突做出了象征性的阐释。

4）倾斜拍摄

倾斜拍摄属于非常规拍摄，它打破了横向和纵向的水平线，以不完整的、歪斜的结构形式进行画面构图。与前面几种镜头的形态相比较，倾斜镜头的主要功能在于表意，这种表意呈现出风格化的特征。

倾斜镜头首要的作用是表现人物特殊的心态：迷乱、破灭、失衡、畸变等。王家卫的许多作品中都出现过倾斜镜头，《阿飞正传》、《春光乍泄》、《重庆森林》、《东邪西毒》等，最有代表性的是《重庆森林》。无论是警察223（由金城武扮演），还是633（由梁朝伟扮演），都在生活面前显得不知所措，迷惘和孤寂的心绪除了体现在连续的喃喃自语外，还体现在极富风格色彩的倾斜构图形式上。凌乱、颠倒、倾覆、残缺的画面景象成为人物主观情感的形象写照。张艺谋的都市电影《有话好好说》也借鉴了王家卫的镜头处理方法。影片从头到尾穿插了不少具有鲜明主观倾向性的倾斜镜头。在片首序幕中，男、女主人公在北京长安街、在公交汽车上就出现了为数不少的非常规镜头。在姜文扮演的男主人公当街打架的段落、在李保田扮演的角色发疯的段落，均屡屡借助倾斜镜头刻画人物浮躁、绝望、无奈、失衡的心理，传达出作者对生活无可把握的不安感。其实，这样的镜头形态在法国新浪潮电影、在美国新好莱坞电影，甚至当代中国 DV 作品中都不少见。

其次，倾斜镜头还用于表现人物病态的情况。希区柯克的《精神病患者》称得上是这方面的典型。男主人公是患有恋母癖的精神分裂症病人，具有显著的人格分裂行为。在作品的第一部分，女主人公来到旅店住宿，男主人公接待她。镜头中性、客观，是那种常见的叙事镜头形式。但当男主人公开始喜欢上她的时候，镜头形式随之打破常规，呈现为大量的倾斜构图，它既是人物情感矛盾的体现，也是人物精神错乱的病态展示。影片《低俗小说》里的女主人公在吸食毒品之后也有过类似的镜头处理。可以说，在今天，用倾斜镜头表现人物特殊心态和病态已经是相当普遍的现象了。在现代影视作品或心理题材的作品中，倾斜镜头已经成为一种频频出现的“常规”语言形式。

3. 方向

方向是指摄影（像）机镜头与被摄主体，在同一水平面上一周 360°的相对位置，即通常所说的正面、背面或侧面，如图 1.9 所示。摄影（像）方向发生变化，画面中的形象特征和意境等也会随着发生明显的改变。

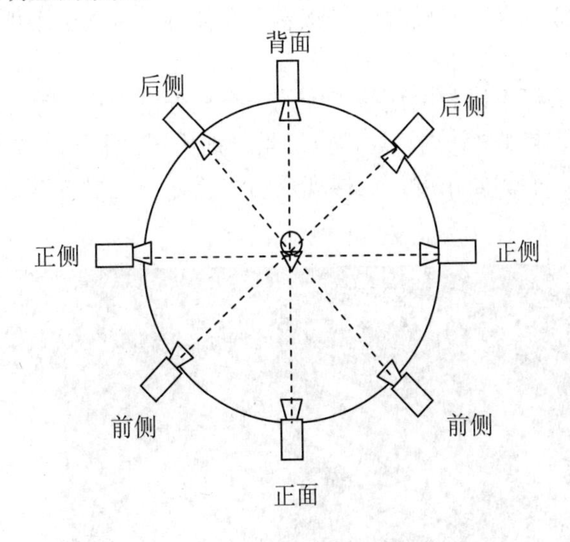

图 1.9　拍摄方向示意图

1）正面拍摄

正面拍摄是指摄影（像）机在被摄主体的正前方进行拍摄。正面拍摄有利于表现被摄主体的正面特征，容易显示出庄重稳定、严肃静穆的气氛；有利于表现被摄主体的横向线条，但如果主体在画框内占的面积过大，那么与画框的水平边框平行的横线条就容易封锁观众视线，无法向纵深方向透视，从而显得缺乏立体感和空间感。

正面拍摄人物时，可以看清人物完整的脸部特征和表情动作，如果使用平角度和近景景别，则有利于画面人物与观众面对面地交流，使观众容易产生参与感和亲切感。一般来说，各类节目的主持人或被采访对象在屏幕上出现时，都采用这个拍摄角度。

正面拍摄的不足之处是：物体透视感差，立体效果不明显，如果画面布局不合理，被摄主体就会显得无主次之分，呆板而无生气。

2）侧面拍摄

侧面拍摄分为正侧拍摄与斜侧拍摄两种。

正侧拍摄是指摄影（像）机在与被摄主体正面方向呈 90°角的位置上（即通常所说的正左方和正右方）进行拍摄。正侧拍摄有利于表现被摄主体的运动姿态和富有变化的外沿轮廓线条。通常，人物和其他运动物体在运动中，其侧面线条变化最丰富、最多样，最能反映其运动特点。

在表现人与人之间的对话和交流时，如果想在画面上显示双方的神情、彼此的位置，正侧角度能够照顾周全，不会顾此失彼。例如，在拍摄会谈、会见等双方有对话交流的内容时，常常采用这个角度，多方兼顾，平等对待。正侧拍摄的不足在于不利于展示立体空间。

斜侧拍摄是指摄影（像）机在被摄主体正面、背面和正侧面以外的任意一个水平方向（即通常所说的右前方、左前方及右后方、左后方）进行拍摄。虽然这些镜头的斜侧程度不同，但具有共同的特点。

斜侧拍摄能使被摄体本身的横线，在画面上变为与边框相交的斜线，物体产生明显的形体透视变化，使画面活泼生动，有较强的纵深感和立体感，有利于表现物体的立体形态和空间深度。

在画面中，斜侧镜头还可以起突出两者中的一个，分出主次关系，把主体放在突出位置上的作用。例如，在拍摄电视采访时，通常以近景景别构图，采访者位于前景、后侧面角度；被采访者位于中间偏后、前侧面角度，这样观众的注意力将会很自然地集中到被采访者的身上，如图 1.10 所示。

图 1.10　近景斜侧拍摄对话

斜侧拍摄既利于安排主体的陪体，又有利于调度和取景，因此它是摄影（像）中运用得最多的一种拍摄。

3）背面拍摄

背面拍摄是在被摄主体的背后，即正后方进行的拍摄。

背面拍摄使画面所表现的视向与被摄主体的视向一致，使观众产生可与被摄主体有同一视线的主观效果。当拍摄人物时，被摄人物所看到的空间和景物，也是观众所看到的空间和景物，给人以强烈的主观参与感。

当用背面镜头拍摄人物时，观众不能直接看到画面中所拍人物的面部表情，具有一种不确定性，带有一定的悬念，如果处理得当，则能够调动观众的想象，引起观众更大的好奇心和更直接的兴趣。在背面方向拍摄人物时，面部表情退居其次，而人物的姿态动作可以表现人物的心理活动，成为主要的形象语言。

在影片《辛德勒的名单》中，导演为安排男主人公辛德勒第一次在纳粹酒店的“露面”可谓是挖空心思：以人物背影示众，跟进的背面镜头直到人物落座才告一段落。这样的镜头运用方法极大地增添了影片的趣味性，人物的神秘魅力理所当然地成为这一场面的视觉中心。

4．焦距

不同焦距的镜头具有不同的光学特性，从造型上为摄影（像）师刻画人物、描绘环境、烘托气氛、表现运动、把握节奏等提供了有利的手段。同时，光学镜头在心理情绪渲染方面也能起到很大的艺术作用。

1）标准镜头

标准镜头是正常的焦距镜头，利用它观察事物时，正常人的眼睛具有同样的视觉感觉、透视深度和视觉宽度。它既不压缩生活空间，也不夸大，是畸变最小的镜头。利用它拍摄出来的被摄主体，使人感觉和实际生活中的一样。

2）长焦距镜头

长焦距镜头的视角窄，景深小，包括的景物范围小。它使横向运动的主体速度感加强，可以用于远距离拍摄，并将正常生活空间压缩在相应的空间中，形成景物压缩效果。长焦距镜头还可以利用焦点的变换取得特殊的视觉效果。

3）广角镜头

广角镜头在技术性能和视觉效果上与长焦距镜头完全相反。广角镜头的视角广，涵盖的景物范围广，可以表现宏大的场面和气势。广角镜头景深大，拍摄纵深方向物与物之间的距离比实际生活中的要远。由于广角镜头夸大了纵深方向物体之间的距离，可以使被摄主体本身纵向运动的速度感加强。广角镜头对纵深景物近大远小的夸张表现，可以创造极富感染力的情绪氛围和视觉影像。用广角镜头运动拍摄，也可以减少因运动带来的视觉晃动，因此广角镜头在新闻采访拍摄中大有用武之地。

4）变焦距镜头

变焦距镜头集以上 3 种镜头于一身，免除拆卸与更换镜头的麻烦，利用焦距的变换拍摄推进和拉出镜头，可以在不动机位的情况下实现各种景物的变换。变焦距镜头还可以利用焦距的变换与机位的移动产生一种人们视觉经验以外的流畅多变的视觉效果。

5．运动

运动是视听语言最独特的存在方式和表现形态。对摄影（像）机位置进行安排的各要素、镜头的焦距等，只要其中的任何一项或全部要素发生连续变化都会产生运动镜头。运动镜头是通过移动摄影（像）机机位、改变拍摄方向和角度及变化镜头焦距所拍摄出来的镜头。运动镜头的合理运用将会为数字视频作品增添强烈的艺术魅力，主要表现在以下几个方面。

（1）揭示和深化画面的内涵，赋予画面以情感。一个摄影（像）师不仅要有感受、有激情，更要有把激情转化到摄影（像）机上、拍出感人画面的能力，这种画面才会具有内涵，充满感情，并能打动观众。张艺谋的《红高粱》就是这样一部经典之作。影片中运动镜头把人性的豪放、狂野、洒脱、无畏表现得淋漓尽致。

（2）刻画人物心理，突出人物内心世界。运动镜头对于表现人物心理情绪与心理感受，有着特殊的效果和不可替代的作用。使用运动镜头来表现剧中人物的心理情绪，是大多数影视作品经常运用的一种手段，而用运动镜头给观众制造某种心理感受更是某些类型的影片惯用的手法。例如，恐怖片、悬疑片和心理片就常常使用一些不规则的运动镜头来制造悬念、增加恐怖气氛。在影片《有话好好说》中，摄影（像）师运用了大量的摇镜头、移镜头、推镜头等运动镜头的相互转换，使画面看上去摇摇晃晃，将城市的不安与内心的冲动凸显出来。

（3）创造特定的情绪与氛围，增强画面的表现力。运动镜头丰富多彩、生动流畅，有着无限的表现力。恰当地运用不同的运动镜头，能够制造丰富的视觉效果，表现人物心理情绪，创造特殊气氛，营造紧张场面，抒发情感。在《紧急迫降》中成功地发挥了各种不同运动镜头的独特效果，为影片的惊险、紧张、悬念增色不少。其中的地面营救场景，运用了快速横移、跟摇、急速升降等镜头，表现了事件发生的急迫性和危险性。

运动镜头主要包括推镜头、拉镜头、摇镜头、移镜头、跟镜头和升降镜头等。

1）推镜头

推摄指的是摄影（像）机向被摄主体的方向推进，或者变动镜头焦距，使画面框架由远而近向被摄主体不断接近的拍摄方法。用这种方式拍摄的运动画面，称为推镜头。

推镜头可以采用两种方法实现：一种是变动焦距，另一种是移动机位。两种方法所产生的效果各不相同，如表 1.1 所示。

推镜头的这两种拍摄方法，无论是利用摄影（像）机向前移动，还是利用变动焦距来完成，其画面都具有以下特征。

（1）推镜头形成视觉前移效果。

（2）推镜头具有明确的主体目标。

（3）推镜头将被摄主体由小变大，周围环境由大变小。

推镜头具有以下作用和表现力。

（1）突出主体人物，突出重点形象。

（2）突出细节，突出重要的情节因素。

（3）在一个镜头中介绍整体与局部、客观环境与主体人物的关系。

（4）在一个镜头中景别不断发生变化，有连续前进式蒙太奇组接的作用。

（5）推镜头推进速度的快慢可以影响画面节奏，从而产生外化的情绪力量。

（6）推镜头可以通过突出一个重要的戏剧元素来表现特定的主题和含义。

（7）推镜头可以加强或减弱运动主体的动感。

表 1.1　变焦距推镜头和移动机位推镜头之间的差异

	变焦距推镜头	移动机位推镜头
视距	不变	变化
视角	变化	不变
景深	变化	基本不变
镜头落幅	只是起幅画面某一局部的放大，没有新的形象出现	有新的形象出现
观看效果	通过视角的收缩取得景物变化，人们没有这种视觉经验很难产生身临其境的感觉	符合人们的观察习惯，易产生身临其境的感觉

2）拉镜头

拉摄指的是摄影（像）机逐渐远离被摄主体，或变动镜头焦距（从长焦距调至广角焦距），使画面框架由近至远与主体拉开距离的拍摄方法。用这种方法拍摄的运动画面叫拉镜头。

不论是调整变焦距镜头从长焦距拉成广角的拉摄，还是摄影（像）机向后运动，其镜头的运动方向都与推摄正好相反，所拍摄的画面具有如下特征。

（1）拉镜头形成视觉后移效果。

（2）拉镜头使被摄主体由大变小，周围环境由小变大。

拉镜头具有以下作用和表现力。

（1）拉镜头有利于表现主体和主体所处环境的关系。

（2）拉镜头画面的取景范围和表现空间从小到大不断扩展，使得画面构图形成多结构变化。

（3）拉镜头可以通过纵向空间和纵向方位上的画面形象形成对比、反衬或比喻等效果。

（4）拉镜头以不易推测出整体形象的局部为起幅，有利于调动观众对整体形象逐渐出现直到呈现完整形象的想象和猜测。

（5）在一个镜头中景别连续变化，保持了画面表现时空的完整和连贯。

（6）拉镜头内部节奏由紧到松，与推镜头相比，较能发挥感情上的余韵，产生许多微妙的感情色彩。

（7）拉镜头常被用作结束性和结论性的镜头。

（8）利用拉镜头来作为转场镜头。

3）摇镜头

摇摄是指当摄影（像）机机位不动，借助于三脚架上的活动底盘（云台）或拍摄者自身变动摄影（像）机光学镜头轴线的拍摄方法。用摇摄的方式拍摄的运动画面叫摇镜头。

摇镜头的画面具有以下特点。

（1）摇镜头犹如人们转动头部环顾四周或将视线由一点移向另一点的视觉效果。

（2）一个完整的摇镜头包括起幅、摇动、落幅 3 个相互连贯的部分。

（3）一个摇镜头从起幅到落幅的运动过程，迫使观众不断调整自己的视觉注意力。

摇镜头具有以下作用和表现力。

（1）展示空间，扩大视野。

（2）有利于通过小景别画面包容更多的视觉信息。

（3）介绍、交代同一场景中两个物体的内在联系。

（4）通过摇镜头把性质、意义相反或相近的两个主体连接起来，表示某种暗喻、对比、并列或因果关系。

（5）在表现 3 个或 3 个以上主体或主体之间的联系时，镜头摇过时或减速、或停顿，以构成一种间歇摇。

（6）在一个稳定的起幅画面后利用极快的摇速使画面中的形象全部虚化，以形成具有特殊表现力的甩镜头。

（7）用追摇的方式表现运动主体的动态、动势、运动方向和运动轨迹。

（8）对一组相同或相似的画面主体用摇的方式逐个出现，可形成一种积累的效果。

（9）用摇镜头摇出意外之物，制造悬念，在一个镜头中形成视觉注意力的起伏。

（10）利用摇镜头表现主观性镜头。

（11）利用非水平的倾斜摇、旋转摇表现特定的情绪和气氛。

（12）摇镜头也是画面转场的有效手段之一。

4）移镜头

移摄是将摄影（像）机架在物体上随之运动而进行拍摄的方法。利用这种方法拍摄的运动画面称为移镜头。

移动摄影（像）是以人们的生活感受为基础的。在实际生活中，人们并不总是处于静止的状态中观看事物。有时人们把视线从某一对象移向另一对象；有时在行进中边走边看，或走近看、或退远看；有时在汽车上通过车窗向外眺望。移动摄影（像）正是反映和还原了人们生活中的这些视觉感受。

移镜头的画面具有以下特征。

（1）摄影（像）机的运动使得画面框架始终处于运动之中。

（2）摄影（像）机的运动直接调动了观众生活中运动的视觉感受，唤起了人们在各种交通工具上及行走时的视觉体验，使观众产生一种身临其境之感。

（3）移镜头所表现的画面空间是完整而连贯的。

移镜头具有以下作用和表现力。

（1）移镜头通过摄影（像）机的移动开拓了画面的造型空间，创造出独特的视觉艺术效果。

（2）移镜头在表现大场面、大纵深、多景物、多层次的复杂场景时具有气势恢宏的造型效果。

（3）移动摄影（像）可以表现某种主观倾向，通过具有强烈主观色彩的镜头表现出更为自然、生动的真实感和现场感。

（4）移动摄影（像）摆脱定点拍摄后形成多个煞费苦心的视点，可以表现出各种运动条件下的视觉效果。

5）跟镜头

跟摄指的是摄影（像）机始终跟随着运动的被摄主体一起运动而进行拍摄的方法。利用这种方法所拍摄的运动画面称为跟镜头。

跟镜头大致可以分为前跟、后跟（背跟）和侧跟 3 种情况。前跟是从被摄主体的正面拍摄，也就是摄影（像）师倒退拍摄；背跟和侧跟是摄影（像）师在人物背后或旁侧跟随拍摄的方式。

跟镜头具有如下特点。

（1）画面始终跟随一个运动的主体（人物或物体）。

（2）被摄主体在画面中的位置相对稳定，画面对主体表现的景别也相对稳定。

（3）跟镜头不同于摄影（像）机位置向前推进的推镜头，也不同于摄影（像）机位置向前运动的前移镜头。

跟镜头具有以下作用和表现力。

（1）跟镜头能够连续而详尽地表现运动中的被摄主体。

（2）跟镜头跟随被摄主体一起运动，形成一种运动的主体不变，静止背景发生变化的造型效果，有利于通过人物引出环境。

（3）从人物背后跟随拍摄的跟镜头，由于观众与被摄人物视点的同一（合一），可以表现出一种主观性镜头。

（4）跟镜头对人物、事件、场面的跟随记录的表现方式，在纪实性节目和新闻节目的拍摄中有着重要的纪实性意义。

6）升降镜头

摄影（像）机借助升降装置等一边升降一边拍摄的方式称为升降拍摄。使用这种方法拍摄的运动画面叫升降镜头。

升降拍摄是一种较为特殊的运动摄影（像）方式，在日常生活中除了乘坐飞机、乘坐建筑工地的升降电梯等情况外，很难找到一种与之相对应的视觉感受。可以说，升降镜头的画面造型效果是极富视觉冲击力的，甚至能给观众新奇、独特的感受。

升降拍摄通常需要在升降车或专用升降机上才能很好地完成。有时候也可使用肩扛或怀抱摄影（像）机，采用身体的蹲立转换来升降拍摄，但这种升降镜头幅度较小，画面效果并不明显。升降镜头在做上下运动的过程中也会形成多视点的表现特点，其具体运动方式可分为垂直、斜向升降、不规则升降等。

升降镜头的画面造型特点如下。

（1）升降镜头的升降运动导致画面视域的扩展和收缩。

（2）升降镜头视点的连续变化形成了多角度、多方位的多构图效果。

升降镜头具有以下作用和表现力。

（1）升降镜头有利于表现高大物体的各个局部。

（2）升降镜头有利于表现纵深空间中的点面关系。

（4）镜头的升降可实现一个镜头中的内容转换与调度。

（5）升降镜头可以表现出画面内容中感情状态的变化。

6. 长度

镜头的长度取决于内容的需要和观众领会镜头内容所需的时间，同时也要考虑到情绪上的延长、转换或停顿所需的时间，所以镜头长度又有叙述长度和情绪长度之分。

观众领会镜头内容所需的时间取决于视距的远近、画面的明暗、动作的快慢、造型的繁简等因素。视距较近、光线较亮、动作强烈、形象显著而易于领会的，可采用短镜头，反之则用长镜头。

7. 视点

根据视点的不同，镜头可分为客观镜头与主观镜头两种。这里所说的“视点”有两层含义：一层是技术方面的，指摄影（像）机取代某一剧中人物的“位置”；另一层是情感、思想方面的，表现的是导演的评论“观点”。[①]

客观镜头代表观众和作者的视点，它客观地叙述所发生的事情。它全知全能且无处不在，同时，因为它“超然物外”，所以显得相对理性、冷静和客观。在视听创作中，客观镜头通常数量较多。客观镜头类似传统小说中的第三人称叙事，讲述或描述出一幅幅人生图景。以意大利影片《天堂电影院》为例，影片的前半部分中，关于主人公托托童年时代生活的展示主要采用了客观镜头，尤其是对教堂及影院的许多事件、细节进行了生动具体的描写，人们正是凭借这些描写镜头走近了滑稽而慈爱的神父，富有智慧、思想与爱心的老放映员，当然还有可爱、聪明、执着的托托。镜头下小镇中人们的日常生活情景、托托当兵的过程，都是叙述性的展示，镜头选取其中的代表性形象，配上音乐或音响进行组织串联，起到交代介绍的作用。从整体的表达效果来看，它们往往充当的是过场戏。

主观镜头代表剧中人物的视点，表现剧中人物的亲切感受，带有强烈的主观性和鲜明的感情色彩，从而使观众与剧中人物的眼睛合二为一，在感情及思想上产生共鸣，共同体验剧中人物的感受。例如，吴贻弓导演的《城南旧事》，通片采用女主人公英子的主观镜头表现一段难忘的童年故事。影片中的3个片段都围绕着英子展开，它们之间并无情节关联，但因为都是英子所见、所历、所感，所以它们成为英子少女时代的重要历史记忆。吴贻弓在《城南旧事导演总结》中就曾说过：“我们尽力使摄影机的视点符合英子的心理，全片60%以上的英子的‘主观’镜头，全部都用低角度拍摄。从内容上说，基本上做到了凡英子听不到、看不见的东西都不在银幕上出现。”这样的镜头设计虽然因为视点限制而局限了故事的范围，但却也因为视点的缘故而使整个叙事弥漫出动人的诗意——如同所有的成长故事一样，《城南旧事》也笼罩着英子少女的伤感和怀恋的情思。小偷、宋妈、父亲、疯女人秀贞、妞儿，均恰似英子生命里的老照片，浸染上了强烈的英子的主观色彩。

主观镜头还可以表现人物在特殊情况下的精神状态或表现作品中人物的主观心理感受。例如，用天旋地转、摇晃不定的画面，表现人物的头晕目眩或伤势严重；用光怪离奇、混沌不清的形象，反映人物的醉眼蒙眬，表现人物的幻觉与想象等。苏联影片《雁南飞》中，男主人公鲍里斯中弹牺牲前有一段精巧的镜头语言。旋转的白桦林，叠印出幻想中的婚礼，微笑着走来的新娘薇罗尼卡，新郎与新娘拥吻的旋转镜头，亲友们的笑脸，然后再次回到旋转的白桦林，鲍里斯仰望天空缓缓倒下。这一系列的镜头以鲍里斯中弹后天旋地转的生理感觉为基础，把人物的生理反应和心理活动巧妙地结合起来，形象地揭示了鲍里斯临死前对爱情、对幸福生活的渴望和期盼。

8. 光影

光影是视听语言的重要构成元素。一般情况下，除了导演，摄影（像）师和美术师也都需要考虑光影的安排和控制。世界著名摄影大师维多里奥·斯托拉罗说过：“摄影师也是作

---

① 邹建. 视听语言基础[M]. 上海：上海外语教育出版社，2007：104.

家，只不过他是用光写作。”①

1）光影的构成

光影是光线投射到被摄主体上所构成的亮部、自身阴影和投影。实际生活中，任何一个被摄主体都在一定的光线照射下，由不同的照明形成各种不同的表现力，但它们都是由以下几个基本因素构成的。

（1）光：入射到被摄主体上的光，照亮了被摄主体的“受光面”（向光面），从而使被摄主体表面有了光。

（2）闪光：在被摄主体的镜面或光滑面上与入射光线方向构成镜面反射的地方形成闪光。

（3）自身阴影：被摄主体未被照明的表面上出现自身阴影（又称阴面）。

（4）投影：被照明的物体将阴影投到它周围物体的表面上，这些阴影叫投影，又称影子。

（5）反射：由于反射或散射投射到被摄主体上的光线，也能照明被摄主体，这种辅光在阴影部分特别显著，形成所谓的反射。

2）光影的散射特性

根据光的散射特性可把光分为硬光和柔光两大类。

硬光又称直射光，有明显的投射方向，是一明显的窄光束，照射在有关的小区域内，能在被摄主体上构成明亮及阴影部位，或投射下轮廓分明的影子。硬光产生于无云雾遮挡的太阳或聚光灯等。

硬光能较好地表达被摄主体的线条轮廓、表面特征、立体感和质感，有鲜明的造型性能。而且光感强又便于控制，只要在光源前方加挡板，即可将光束遮挡住或者改变光束的形状。但是，硬光产生的图像反差过大，显得生硬粗糙，在多光源的情况下所出现的一组杂乱的影子会分散人们的注意力，而且影子还会遮挡其他物体，使一些细微之处看不清楚，所以，硬光通常要和柔光结合使用，才能收到生动而鲜明的照明效果。

柔光又称软光、散射光，是一广阔的光束，没有明显的投射方向，照明均匀，并且不会产生明显的影子，如阴天的天空光和泛光灯等均属柔光类。

柔光照明使被摄主体明暗对比度降低，层次细腻，效果柔和。但是，柔光不易控制，用它照明目标时容易散射到邻近区域，易产生较平淡的无立体感又无特色的图像。另外，它的有效强度随着目标离开光源距离的增加而迅速衰减。

3）光的基调

光的基调指的是影片中的光线在视觉上的明暗关系及其效果，它是构成视觉基调的主导因素。从视听语言的角度理解，光的基调是光影的存在表现，是艺术家美的创作的具体体现，也是我们衡量光作为语言的表达效果乃至艺术价值的关键。

最常见的光影基调有三种，即高调、低调和中间调。

高调营造的是明朗的风格。摄影（像）师通常使用强度较大的主光，同时调动多种辅助光，来降低因强烈的主光所造成的光与影的反差，从而使整个画面的照明效果明亮、柔和、均匀。20 世纪三四十年代好莱坞的爱情喜剧和音乐歌舞电影大多采用的是这样的高调照明。明朗的光影成功地烘托出欢快、热烈的情调。

---

① 维多里奥·斯托拉罗，周传基，巩如梅. 摄影经验谈[J]. 北京电影学院学报，1987，(1)：85-102.

低调用光与高调相反，主要采用的是回光灯，它所射出的光具有光量大、光质硬、射程远的特点。造成的照明效果便是光、影很实，明暗界限分明，而且对比强烈；被摄主体在视觉上显得质地粗糙，外形线条清晰，轮廓鲜明。这种“硬光”往往造成影像生硬、冷峻的感觉，能够营造出低沉、冷酷的叙事风格。如大量的恐怖电影、“黑色电影”通常都以低调处理。

中间调是介于高调和低调之间的一种用光方式。它不像前面两种光调风格鲜明，富于戏剧性或写意色彩，而是客观、中性、明暗适度，因此显得平实、自然、富有生活气息。[①]

4）光线的种类

光线是复杂多变的。不同时间的光线，给画面带来不同的时间气氛；不同环境中的光线，可以表现出不同的环境特征；不同的光线效果，可以造成画面不同的情调、气氛，影响人们的情绪，产生不同的艺术感染力。

光线分为自然光线和人工光线两大类。

自然光线是指以太阳光为光源的照明条件。自然光线受各种条件的影响变化很大，季节不同，时间、地理位置、环境的变化都会有不同的光线效果。

人工光线是指运用聚光灯、碘钨灯、强光灯、闪光灯等照明器械而形成的光线条件。人工光线可以按照摄影（像）者的创作意图及其艺术构思进行配置，人为地控制、调整光线的投射方向、角度，改变光的强度或调整色温，从而艺术地再现现实生活中的各种光线效果。有时人工光线也用于对自然光线进行补充。

有关光线的运用技巧将在第 5 章详细说明。

5）光影的作用

光影在视听语言中的价值在于创造美的艺术形象，它是艺术家“审美观照”的对象，“要想使眼睛在那些与它们的实用目的毫无关系的事物和事件中发现意义，它就必须能够洞见火红的枫叶和阳光之间的因果关系，就必须能够一眼看出使苹果呈现出柔和的圆球状的光影层次”[②]。

具体来说，光影在视听语言中的作用主要如下。

（1）表现被摄主体。

在日常生活中，人们对物体形状的感知和把握常常是在光线充足的情况下做出的。因此，人们对光线对物体形状的作用常常不在意。而实际上，物体之所以能被看见，是由于光照射在物体上发生反射的缘故。人们在荧屏上看到的一切，都是光线照射的结果。[③]

人物形象是剧情类数字视频作品叙事的主体。与文学人物形象不同，数字视频作品中的人物形象是活动的视觉化的形象。除了演员的表演和服装、化妆、道具造型，光线对人物形象的塑造起着关键作用。光线既刻画人物的外部形象、气质和性格，也常用于表现人物内心世界的变化、矛盾与冲突。

在电影《现代启示录》中，主要的 3 个人物形象都借助光线的造型功能而被赋予了鲜

---

① 王丽娟. 视听语言教程[M]. 南京：江苏教育出版社，2009：138-139.

② 鲁道夫 • 阿恩海姆. 艺术与视知常见[M]. 成都：四川人民出版社，1998：407.

③ 宋杰. 视听语言——影像与声音[M]. 北京：中国广播电视出版社，2001：58-59.

明的个性特征。空军中校基戈尔始终活跃在单一而明朗的高光下，即使在黑夜里，他也被置于熊熊燃烧的篝火前，火光消除了夜的阴影，使他的脸处在均衡的光照下，一览无遗。这种光照设计突出了基戈尔单一的性格特点和心理状态：他是一个沉迷于炮火硝烟的战争狂人。在他的生活逻辑中，战争如同游戏、吃饭，代表了一切。他像一架残酷的杀人机器，在血腥面前没有痛苦、犹豫和矛盾。而隐匿在越南丛林中的疯子库尔茨就不同。对他采用的是半明半暗的光照，尤其是库尔茨光秃秃的脑袋被强烈的侧光塑造成“半轮明月”，格外引人注目。这样的光效处理表明库尔茨内心的矛盾和痛苦，“他渴望着能够解脱，但是他摆脱不掉黑暗”[①]。库尔茨是个象征人物，是两种文明冲突的化身。而影片的主人公、奉基戈尔命令前往丛林寻找库尔茨的上尉威拉德用光更为复杂。影片开始时，威拉德处于侧光和顶光的“交相辉映”下，侧光拉出了浓重的百叶窗格状的阴影，顶光又将天花板下不停转动的吊扇的阴影垂直投影在人物头顶、脸上和身上，人物内心恍惚不安的情绪得到了形象的揭示。在他逆湄公河而上的历程中，柔和的阳光和强硬的火光、探照灯光相互交织，不断重复闪烁，而且越来越剧烈。它成为人物内心善恶冲突及对战争痛苦反思的直接写照。在这个意义上，威拉德也是一种象征，或者说是符号——他是反思的化身。[②]摄影师斯托拉罗曾说：“《现代启示录》是一部反映两种文明社会矛盾的影片，表现了一种文明在另一种文明中的冲突、矛盾。为此我采用两种不同性质的光线——一种是傍晚夕阳西下时柔和的光线，一种是用美国先进工业社会所拥有的电子设备制造出来的人工光线——来表现这种冲突、矛盾。”[③]

（2）塑造荧屏空间。

数字视频作品离不开一定的荧屏空间，它是事件发生的场所、剧情展开的背景，也是介绍人物、表现主题和造就风格的重要元素。要实现这些功能，必须借助光线来达成。

科波拉导演的影片《教父》的开端部分涉及两个空间：一是教父维多处理家庭事务的大屋，二是女儿康妮正在举行婚礼的屋外花园。大屋的内景部分仅仅使用了一个近似顶光的主光，屋外窗口处设置了强烈的侧光。外面的光线透过百叶窗形成了丝丝缕缕的光影，投影在房间和人物身上，把空间与形象切割成碎片。顶光强化了人物脸部及身体的明暗反差，幽暗与诡秘成为室内造型的主体风格。室外花园截然相反，明媚的阳光照着花园的每个角落；欢庆的人们及新娘同鲜花一样妩媚动人；维多身着衬衣，与孙儿玩着捉迷藏的游戏。很显然，这里的用光出色地渲染了现场欢乐热烈的气氛。而两个空间以交叉蒙太奇的方式剪辑在一起，使不同造型特色的对照格外醒目，形象地暗喻了“教父世界”的本质特征：明朗的“正义”之名后面包藏着阴暗的邪恶之念。

（3）光影是营造气氛、创造节奏的语言。

“光的气氛本身就是一种节奏。如日月之光、黄昏之光、流水之光、晨雾之光、残烛之光、篝火之光、朝阳之光、透过树木烟柱之光、透过雨丝街灯之光……特别是光的运动更能创造出特定的节奏。”[④]

---

① 林洪桐. 银幕技巧与手段[M]. 北京：中国电影出版社，1993：341.

② 王丽娟. 视听语言教程[M]. 南京：江苏教育出版社，2009：141-142.

③ 维多里奥·斯托拉罗，周传基，巩如梅. 摄影经验谈[J]. 北京电影学院学报，1987，(1): 85-102.

④ 林洪桐. 银幕技巧与手段[M]. 北京：中国电影出版社，1993：356.

在爱森斯坦的影片《战舰波将金号》里，奥德萨阶梯那长长的笔直的横线，和沙皇士兵在台阶上投下的排列有序的身影的移动，既造成了线条与线条之间相互的破坏，也迸发出明暗之间的强烈对比。由于投影随着士兵有节奏的脚步层层下移，画面结构本身产生出一种紧张的戏剧感和压迫感。①

美国电影《魂断蓝桥》的结尾，女主人公玛拉最终投身车轮自杀身亡的段落主要采用光的变化来造成某种节奏，以刻画人物内心的绝望痛苦，营造悲凉的情调。摄影机拍摄的具体场景是夜雾弥漫的滑铁卢大桥。桥上灯光迷离，车灯闪烁的军车不时驶过。玛拉茫然穿行其间。人物的中景、近景、特写、大特写等分切镜头，分别与急速驶过的汽车交替剪辑，每次伴随着人物镜头的出现总会闪过一道刺眼的灯光。交替的镜头与闪烁的光影便构成了越来越急速的节奏，直到最后一辆汽车尖啸着停在桥上。这段光影的变奏产生了强烈的紧张和悲凉感，巧妙的灯影处理给观众留下了深刻印象。②

9. 色彩

色彩也是视听语言的重要构成元素。尽管早期电影是黑白片，但在格里菲斯的影片《一个国家的诞生》中，大火被手工点染成夺目的红色，而在爱森斯坦的影片《战舰波将金号》中，我们仍然能看到用染色法制作的象征革命的红旗。③

在最初的彩色电影中，使用色彩的主要目的是为了使观众感到新奇有趣或追求色彩的真实还原，但是随着电影艺术的进一步发展，色彩很快就成为一种表现手段，成为电影语言中一个新的强有力的因素，使得电影还原现实的力度得到了前所未有的增强。在后来的影视作品和数字视频作品中，色彩成为一种重要的视听语言，使作品的思想和创作意图有可能得以更充分和深刻的表现。

1）色彩的基本属性

色相、饱和度与明度是色彩的三个基本属性。其中色相也称色别，是不同波长的光在物理上的视觉反映，是色与色之间的主要区别，是光的基本特征。饱和度也称为纯度，即色彩的鲜艳程度，是根据色相中掺杂其他色彩的数量来划分的。明度也称为色值、亮度，指的是色彩的明亮程度。

2）色调

在影视艺术中，色调被定义为“彩色电影、电视画面中总的色彩组织或配置，以某种颜色为主导，使画面呈现一定的色彩倾向”④。基耶斯洛夫斯基导演的影片《蓝》中，蓝色的大房子、蓝色的游泳池、蓝色的玻璃坠子和常常一闪而过的蓝色空白，通过统一的蓝色表现了人物心灵深处深刻的孤独和忧郁，传达了对自由的理解。影片《勇敢的心》则突出灰黑色，无论是道具、服装，还是场景，甚至主要人物的化妆等方面都有意做了暗调处理，⑤从而突出了作品的历史沉重感。同样，数字视频作品也应该有相对统一的色彩基调、色彩趋势，给

---

① 邹建. 视听语言基础[M]. 上海：上海外语教育出版社，2007：70.

② 王丽娟.视听语言教程[M]. 南京：江苏教育出版社，2009：144.

③ 宋杰. 视听语言——影像与声音[M]. 北京：中国广播电视出版社，2001：67.

④ 许南明，富澜，崔君衍. 电影艺术词典[M]. 北京：中国电影出版社，1986：378.

⑤ 王丽娟. 视听语言教程[M]. 南京：江苏教育出版社，2009：148.

观众以画面的美感、风格感。

人类的色彩语言有着相似之处，这是由人的视觉生理共同规律所决定的，冷、暖色是由光的波长决定的，波长较长的暖色对人的视网膜冲击强烈，有扩张感，让人兴奋；而波长较短的冷色与此相反，使视网膜收缩，让人感到压抑。冷、暖色由此约定俗成。

暖色代表不安、暴力、刺激、温暖、活力，又常常使影像有突出、前进的感觉。冷色产生安静、孤独、隐蔽、后退、收缩的视觉联想。具体到各个色彩，都有不同的情绪作用和表现能力，当然也有文化属性决定的特殊意义。色彩的表达内容既由生理直觉和个人经验决定，也由民族视觉文化经验决定，比如黄色在中国代表皇权、尊贵，远离普通人的生活；而在西方黄色则是重要的警戒色。在色彩语言的文化差异方面，随着跨文化的沟通、电影的普及传播，与几十年前相比，这种差异正在逐渐缩小。①

3）色彩的表现功能

自 1935 年色彩在电影中出现，经过多年的发展，色彩在影视作品和数字视频作品中被赋予了更多的表现功能。

《红色沙漠》是电影大师安东尼奥尼对色彩进行大胆实验的一部影片。这部以工厂为背景的影片将工厂描绘成被各种不透明的黄色、白色等烟雾包围着的、令人压抑的视觉空间。色彩使人联想到影片中人与人之间那种淡漠、毫无生气的关系，暗示了现代工业文明是造成人们感情隔阂的根源。为了体现影片中人与人之间令人生厌的冷漠关系，安东尼奥尼甚至将建筑物和道路都染成了灰色。

改编自张贤亮小说的影片《黑炮事件》在色彩运用上也是极具特色。红色在影片中既是危险的象征，又是工业文明的视觉表现。影片开始在赵书信去邮局发报的过程中红色是最为显著的视觉成分：雨中，一辆出租车驶来，在镜头前停住，车后的红色尾灯闪烁着。前方，邮电局几个大字是用红色霓光灯构成的。赵书信低着头朝邮局跑去，不小心撞到一个人，抬头一看，是一位穿红色运动服的大个子。他走进邮局，看见一位手拿红伞的少女在大厅中等人。当他将发报单递进服务台时，在他身后的地上有一把红色的雨伞，而服务台上方的液晶提示屏也是红色的。影片还用色彩来体现创作者对事件的态度，例如在讨论是否让赵书信继续担任工程翻译工作的会议上，白色占据了视觉的主体：桌子是白色的；墙是白色的；人们穿的衣服、喝水的杯子也是白色的，显然，在这里，白色是毫无意义、苍白无力的象征。②

波兰电影大师奇斯罗夫斯基导演的色彩三部曲《蓝》、《白》、《红》取材于法国国旗颜色，它们分别对应着自由、平等和博爱的象征意义。

1.1.2　视听语言的听觉构成

数字视频作品除了利用画面表达内容、传递信息之外，还可以用声音来表达思想、叙述内容、描绘环境、抒发感情。在数字视频作品中，声音包括语言、音响和音乐 3 种。

1.语言

语言是人类独特、完善的传递信息的工具。它能够最直接、最迅速、最鲜明地体现人与

---

① 张菁，关玲. 影视视听语言（第2版）[M]. 北京：中国传媒大学出版社，2014：68.

② 宋杰. 视听语言——影像与声音[M]. 北京：中国广播电视出版社，2001：67-69.

人之间的关系，是人与人之间交流思想的工具。人类的一切社会活动都离不开语言的交流。语言在数字视频作品中的地位非常重要。语言包括对话（现场采访同期声）、旁白（解说）和独白3种。

1）对话（现场采访同期声）

在剧情类数字视频作品中，人物之间的对话主要有以下三种功能。

（1）刻画人物性格。

人物的年龄、性格不同，所处的地位不同，说话的内容、用词和方式也不同。老农民和青年学生，做买卖的商人和做学问的学者，性格外向泼辣的人和内向寡言的人，他们在说话时的用词、语气和语调都不同，可以形成不同的风格。因此，在对话中，人物的语言是特定性格的产物。

（2）扩充画面表达的内容。

数字视频作品是通过画面和声音共同配合来叙述内容的。有些内容可以用画面来表达，而有些内容仅用画面是很难表达清楚的，如人物间的关系、事件发生的背景或前史等。借助于对话可以扩大画面的容量，表达更多的内容。

（3）展开情节内容。

对话是表现整个情节内容的有力手段。通过对话使情节进一步发展，把情节一步一步地推向高潮。

而在新闻专题类数字视频作品中，对话表现为电视新闻专题节目的现场采访同期声，即拍摄现场中画面上所出现的人物的同步说话声音。由于这种声音发自拍摄现场人物本身，不是后期加工制作的，所以属于纯客观的声音语言。

"从声画结构看，同期声讲话是一种有声画面，应属直观形象系统（即解说系列），但是，从表意形式看，它却属于语言系统（即解说系列）。在这样的画面中，人物的动作和声音同步出现，作为一种复合形态，它具有图像与解说的双重功能。"[①]具体而言，现场采访同期声的功能主要如下。

（1）增强信息传播的可信性。

因为人物既是事件当事人、目击者，又是第一手材料的占有者，其谈话的可信性和说服力远远超过第三人称的议论和评说。在现场采访的过程中，录下人物所讲的一句话，往往胜过编辑时运用的十句话。此外，它能给观众造成一股不可遏阻的冲击力，在表现人物自身的思想、情感，或交代所经历的事物发展变化过程或感受时，更能达到真实效果。

（2）增强交流感。

亲切、自然的同期声可大大激发观众已有的感知经验，缩短交流双方的心理距离，增强感情色彩，从而导致情感认同。

另外，在面对面交流的情况下，既可以听到对方的声音，又可以看到对方的表情、眼神和手势，甚至还可以嗅到对方的气味，感受到交流的环境、距离、气氛等，获得多种感官感知，使人同时得到更多、更全面、更准确的信息，因此传播效率高、效果好。

（3）增强感染力。

同期声的大量采用强化了现场感和感染力。同期声可以真实地记录下现场的真实气氛，

---

① 钟大年. 纪录片创作论纲[M]. 北京：北京广播学院出版社，1998：369.

使事件得到概括和浓缩，并调动观众的视听感觉和亲临其境的感觉。声音对揭示主题，烘托现场气氛，渲染环境，增强真实感、可信性和感染力具有重要的作用。

2）旁白（解说）

在剧情类数字视频作品中，旁白是代表剧作者或某个剧中人物对剧情进行介绍或评述的解释性语言。在绝大多数情况下，它以画外音的形式出现，超然于画面所表现的那个时空之外，直接以观众为交流的对象。它和画面中任何一个人物均无交流关系。

旁白的作用视它在剧中出现的位置不同而不同。若旁白在开头部分，通常是为了使观众能更好地理解即将开始的内容，从而对事件发生的时间、地点和时代背景等做一些简略的交代；若旁白出现在剧情之中，多半是对省略掉的内容做大体介绍，起到承上启下的作用，但不时有中断感；若旁白出现在剧终，通常是为了使全剧有一个结束感，并与开头的旁白做结构上的呼应。

运用旁白要尽量简洁，不要用它来代替画面形象直接去议论剧作的主题。主题应该由形象来体现，如果形象已经体现了主题，再用旁白去标榜反而会画蛇添足；如果形象没有把主题表达清楚，而要通过旁白来表示，那就失去了视听艺术的作用。

在新闻专题类数字视频作品中，旁白通常也被称为解说。解说是对画面内容的解释和说明。它一般出现在新闻、专题片、科教片或教学参考片等作品中，配合画面阐述作品的内容，对画面内容做必要的解释和说明，使观众对画面有深刻、正确、全面的理解。

画面和语言不同，画面提供的信息是多方面的、多层次的。有时画面的意思十分明确，有时却是十分含蓄、混杂的。观众对画面内容的理解往往又因为各自的文化修养、兴趣爱好而有所不同。这时，如果没有解说做适当的引导，观众很难做到深刻、正确、全面地理解画面的内容。

例如，当看到以下的画面：

青菜地，蝴蝶飞来飞去，

蜜蜂在花朵上采蜜，

蝴蝶飞落在大葱的花上……

观众将怎样理解呢？可以理解成："啊，春天来了！"然而，它却是一部科教片的开头，解说词是："在自然界，到处都可以看到形形色色的昆虫。"

3）独白

独白是用语言形式再现人物内心活动的一种方法，它表现为画外音。独白不同于旁白，旁白超然于画面的时空，是一种解释性的语言。而独白发自于画面中某一个角色的内心，是角色思想活动的表现。它是画面所表现的那个特定时空里发生的语言，不是直接讲给观众听的。

在现实生活中，人的内心常常会和外表不一致。当一个人内心非常焦急的时候，他的外表可能会表现得非常平静；当一个人在进行复杂的分析、判断、抉择时，很可能只是一动不动地坐着。仅仅通过人物的外部动作，很难把他的内心活动表现出来。如果非要使用这种方法来表现，外部动作就会被处理得很夸张，从而失去了真实感。这时，可以借助于独白，用富有个性的独白语言，把人物的内心活动表现出来。

2．音响

在数字视频作品中，除了语言、音乐外的所有声音统称为音响。它的范围很广，几乎包括了自然界所有的声音。常用的音响主要有以下 4 种。

1）自然音响

自然界里非人为发出的音响，例如，风声、雨声、雷电声、山崩石滚声、惊涛骇浪声、潺潺流水声等。

2）动作音响

由人或动物的行动直接发出的声响，例如，人的走路声、跌跤声、关门声、拳打脚踢声；动物的奔跑声、践踏声、喘气声、吞食咀嚼声、吼叫声等。

3）物质音响

由各种机械工具、枪炮弹药、生活用品等发出的声音，例如，汽车、火车、轮船、飞机的发动声、行驶声、轰鸣声、汽笛声等；纺织机的织料声、各种机器的轰隆声；枪炮声、爆炸声、子弹炮弹的弹道呼啸声；电话铃鸣声、钟表滴答声等。本书将一切物质工具所发出的声响都归为物质音响。

4）效果音响

效果音响是人为制造出来的非自然音响或对自然声音进行变形处理后的音响。作为艺术创作的一种手段，效果音响是为创造某种情绪、意境等特殊效果而加入的。

3．音乐

音乐是抽象、概括的艺术，它善于表达情感，影响人们的情绪。在数字视频作品中，它能控制、影响观众对所表现内容的态度。为追求作品的整体效果，音乐与其他视听因素共同发挥作用。

（1）概括画面的基本性质，有利于内容的阐述。

（2）烘托、渲染特定的背景气氛。用背景音乐可以烘托、渲染作品的情绪和气氛，或紧张热烈，或欢快轻松，或沉闷压抑。选用富有地方特征的旋律，如新疆舞曲，人们会强烈地感受到新疆浓郁的地方风情。借助于具有时代特征的音乐，可以使画面更具时代感和真实感。

（3）有助于形成节奏。如果音乐的小节、节段的转换与主体的动作、镜头的转换配合一致，将有助于节奏的形成。

（4）描绘富有动作性的事物或情景。恰当旋律的曲子对追逐、争斗等较紧张的运动形态具有描述性作用，使其动感更强。节奏舒缓的音乐能够使速度较慢（或慢动作）的运动形象产生美感或表达出某种特定的情绪，给人留下深刻的印象。

1.2　视听语言的语法

如果说视觉构成和听觉构成是视听语言的“词汇”，那么视听语言的“语法”就是把视觉构成和听觉构成加以组织的规则。

1.2.1　蒙太奇

1. 蒙太奇的含义

蒙太奇（Montage）这个词本来是从法国建筑学上借用来的，原意是指各种不同的材料，根据总体设计方案处理组合、安装，使其成为一个整体。这个名词后来被借用到电影艺术中，成为电影艺术的一个术语。

关于蒙太奇这一术语的含义，目前世界上还没有一个统一的、公认的定义。

我国《现代汉语词典》中解释为："蒙太奇为电影用语，有剪辑和组合的意思。它是电影导演重要表现手法之一。为表现影片的主题思想，把许多镜头组织起来，使构成一部前后连贯、首尾完整的电影。"

大英百科全书解释为："蒙太奇指的是通过传达作品意图的最佳方式对整片进行的剪辑、剪接及把曝光的影片组接起来的工作。"

法国电影理论家马赛尔·马尔丹在《电影语言》中写道："蒙太奇是电影语言最独特的基础。……蒙太奇意味着将一部影片的各种镜头在某种顺序和延续时间的条件下组织起来。"

我国电影理论家夏衍说："所谓蒙太奇，就是依照着情节的发展和观众注意力和关心的程序，把一个个镜头合乎逻辑地、有节奏地连接起来，使观众得到一个明确、生动的印象或感觉，从而使他们正确地了解一件事情的发展的一种技巧。"

尽管蒙太奇的定义众说纷纭，但基本论点没有太大的出入，这就是：蒙太奇是镜头组接的章法和技巧。随着电视艺术的发展，蒙太奇已经不只是镜头组接的章法和技巧，而是将其作为影视作品的思维方法、结构方法和全部艺术手段的总称。

2. 蒙太奇的主要作用

1）叙事作用

经过若干个镜头的组接，能叙述出事件发展的过程，这就是蒙太奇的叙事作用。

苏联电影理论家库里肖夫用著名演员莫兹尤辛的特写与以下 3 个不同的镜头连接，分别产生了不同的含义，这就是著名的"库里肖夫效应"，如表 1.2 所示。

表 1.2　库里肖夫效应

上　镜　头	下　镜　头	产生的含义
一个男子面无表情的脸	一盆色彩鲜艳的汤	饥饿
	一个可爱的孩子	喜悦
	一具女尸	悲伤

例如，有以下 3 个镜头。

镜头 1：一个躺着的病人，脸色惨白，气喘吁吁。

镜头 2：医生给病人注射治疗。

镜头 3：病人在院中散步。

如果按 1、2、3 的次序组接镜头，意思是病人经过治疗病情得到了好转；如果按 3、2、1 的次序组接，则好像病人经过治疗后反而病情加重了。

镜头与镜头的组接不仅能够产生新的含义，而且还能根据创作的需要，再创造出不同于天文时间的影视时间和不同于实际空间的银屏空间。

库里肖夫在 1920 年做过一个实验，他把以下 5 个镜头按次序连接起来放映。

镜头 1：一个青年男子从左到右走过去。

镜头 2：一个女青年从右到左走过去。

镜头 3：他们相遇，握手，男青年挥手指向他的前方。

镜头 4：一幢有宽阔台阶的白色建筑物。

镜头 5：两双脚走上台阶。

这 5 个镜头给观众的印象是一场完整的戏，大家都认为男青年带着他的女友，走向那座白色大厦，其实，1、2、3、5 这 4 个镜头都是在相距很远、不同的地方拍摄的，而镜头 4 则是从电影资料里剪下来的，是美国华盛顿的白宫。

这个实验证明，两个以上的对列镜头连接在一起，能产生新的含义。导演可以按照自己的意图，通过镜头的组接，形成能被观众接受、理解的电影语言。

2）表现作用

根据人们的心理逻辑及事物的内在关系，打乱正常的时空关系，以平行、交错等多种形式组接镜头，从而激发观众的情绪，引起观众的联想、对照、反衬，这就是蒙太奇的表现作用。

3. 蒙太奇的常见形式

在数字视频作品中，镜头的组接若能恰当运用蒙太奇的表现形式，则能够使画面具有更强的表现力，收到更好的效果。下面介绍几种常用的蒙太奇形式。

1）叙事蒙太奇

叙事蒙太奇以交代情节、展示事件为主要目的，按照事件发展的时间顺序、逻辑顺序、因果关系来组接镜头。它包括以下两种具体形式。

（1）连续式蒙太奇。

连续式蒙太奇是绝大多数影视节目的基本结构方式。它以事件发展的先后顺序、动作的连续性和逻辑上的因果关系为镜头组接的依据。

（2）平行式蒙太奇。

它是两条或两条以上的情节线索的交错叙述，把不同地点同时发生的事件交错地表现出来。这种叙述方法可使两个或两个以上的事件起到互相烘托、互相补充的作用。

例如，在影片《教父》的结尾就采用了平行式蒙太奇的形式，一条线索叙述麦克的手下在追杀仇敌，另一条线索叙述他在教堂举行做教父的仪式。

（3）颠倒式蒙太奇。

这是一种打乱时间顺序的结构方式，它将自然的时空关系变成主观的时空关系，使各镜头间的逻辑关系发生变化，可以表现为整个作品的倒叙结构，也可表现为闪回或过去与现实的混合。例如，很多侦探片和悬疑片中，在叙述案件的时候不断通过回忆、复述等形式将案件的起因、过程逐渐展现在观众眼前。

2）表现蒙太奇

表现蒙太奇是为了某种艺术表现的需要，把不同时间、地点、内容的画面组接在一起，产生不曾有的新含义。它不注重事件的连贯、时间的连续，而是注重画面的内在联系。表现蒙太奇包括以下 4 种具体形式。

（1）积累式蒙太奇。

若干内容相关或有内在相似性联系的镜头并列组接在一起，造成某种效果的积累，可以达到渲染气氛、强调情节、表达情感的目的。

（2）对比式蒙太奇。

镜头或场景的组接是以内容上、情绪上、造型上的尖锐对立或强烈的对比作为连接的依据。对比镜头的连接会产生互相衬托、互相比较、互相强化的作用。下面是一个对比式蒙太奇的典型例子，它生动地表明了资本家与工人之间的强烈的阶级对比关系。

镜头 1：大腹便便的富豪用过丰盛的晚餐以后坐在沙发上。

镜头 2：在这个富豪开设的工厂里工作的一位工人，因“罪”被关进监狱，坐在电椅上。

镜头 3：富豪按一下开关，天花板上的枝形吊灯亮了。

镜头 4：监狱里也按了一下开关。

镜头 5：富豪打了一个哈欠躺在椅子上。

镜头 6：工人躺在那里已经死了。

（3）重复式蒙太奇。

为了强调作品表达的深刻含义和主题，可将同一机位、同一角度、同一背景、同一主体物的镜头在作品中重复出现，以加深观众的印象，取得良好的艺术效果。

例如，在影片《公民凯恩》中，就采用了重复式蒙太奇的形式，通过同一场景——餐桌旁凯恩夫妇对白的变化，非常简洁地讲述了凯恩的婚姻史。

（4）比喻式（或称象征式、隐喻式）蒙太奇。

它用某一具体形象或动作比喻一个抽象的概念，例如，用鲜花象征爱情和幸福；飞翔的鸽子象征和平等。

1.2.2　长镜头理论

安德烈·巴赞的长镜头理论兴起于第二次世界大战以后。他对意大利新现实主义运动及法国新浪潮电影的批评、对蒙太奇学派尤其是爱森斯坦杂耍蒙太奇和理性蒙太奇的批判，构成了他的理论的生长过程及主体。巴赞认为，“电影蒙太奇手法是依靠分切而成的，是人为的方法，它往往破坏时间和空间的真实关系，从而使电影脱离了真实，违反了电影的本性。”他还提出，“在必须同时表现动作中两个或若干个因素才能阐明一个事实的情况下，运用蒙太奇是不允许的。”因此，他主张用长镜头代替蒙太奇的分切。在一定的情况下，这种理论是正确的，在许多场合中，采用长镜头会大大增加可信度和说服力。

1．照相本性

从总体上看，巴赞的理论是以媒介的物质生成论为基础的。电影的透镜代替了人的眼睛，在原物体和再现物体之间，几乎不再有人的创造。影像像指纹一样逼真地记录了现实的表象。他将这种照相本性与其他艺术比较，确认这才是摄影机创造的艺术的真正特性。

2．长镜头与景深镜头

在照相本性的前提下，巴赞提出了长镜头理论。在巴赞看来，最符合这种照相本性的恰当语言方法就是长镜头和景深镜头。景深镜头能最大限度地保持剧情空间的完整性，长镜头则能最大限度地保持剧情时间的完整性。它们的运用将展现“真正的现实纵深，真正的时间流程”，从而保持现实本真的复杂性、多义性。正是在这一意义上，巴赞以纪实作为电影的美学本性，称电影是“现实的渐近线”。①

总之，长镜头的语言特征有如下三个方面。

（1）长时间镜头：用相对较长的时间，对一个物体或事件进行连续不断地拍摄，形成一个比较完整的镜头段落，以保持被摄主体时空上的连续性、完整性、真实性。

（2）景深镜头：空间的整体性比较强，远、中、近景同样清晰，整个场景尽收眼底，包含的内容和信息量比较丰富。

（3）变焦距镜头：根据需要把表现主体（拍摄）目标拉近或推远，可以把一个大全景变为全景，是中景、近景、特写等不同景别的镜头。

长镜头的特点是能将镜头中的各种内部运动方式统一起来，使画面表现显得自然流畅又富于变化，可以在一个镜头中变换多种角度和景别，既能描写环境、突出人物，也能给演员的表演以充分自由，有助于人物情绪的连贯，使重要的叙事动作能够完整而富有层次地表现出来。同时，由于长镜头的拍摄不会破坏事件发生、发展中的时间和空间的连续性，因此具有较强的时空真实感，成为纪实风格作品创作的重要手段。

1.3　练　习　题

一、填空

1. 视听语言的词汇包括（　　）和（　　）。

2. 远景可细分为（　　）和（　　）两种。其中，前者特指那些被摄主体与画面高度之比约为（　　）的构图形式，后者的主体在画面中所占的比例则大致为（　　）。

3. 全景可以细分为（　　）和（　　）两种。其中，前者的主体大约占画面的（　　）的高度，后者的主体与画面的高度比例大致（　　）。

4. 对于叙事性作品而言，（　　）景别的镜头极其重要，它常常承担着确定每一场景的拍摄总角度的任务，并决定场景中的场面高度、内容和细节。

5. 中景的取景范围比全景小，表现人物（　　）以上的活动。

6. 近景的取景范围是从人物头部至（　　）之间，主要用于介绍人物，展示人物（　　）的变化，用来突出表现人物的情绪和幅度不太大的动作。

7. 特写镜头又可分为（　　）和（　　）镜头两种。

8.（　　）是摄影（像）机低于被摄主体的水平视线向上进行拍摄的。

9.（　　）镜头使画面中地平线上升至画面上端，或从上端出画，使地平面上的景物平

① 王丽娟. 视听语言教程[M]. 南京：江苏教育出版社，2009：95-96.

展开来，有利于表现地平面景物的层次、数量、地理位置及盛大的场面，给人以深远辽阔的感受。

10.（　　）镜头有利于表现被摄主体的正面特征，容易显示出庄重稳定、严肃静穆的气氛。

11.（　　）方向镜头有利于表现被摄主体的运动姿态和富有变化的外沿轮廓线条。

12.（　　）方向镜头能使被摄主体本身的横线在画面上变为与边框相交的斜线，物体产生明显的形体透视变化，使画面活泼生动，有较强的纵深感和立体感，有利于表现物体的立体形态和空间深度。

13. 当用（　　）方向镜头拍摄人物时，观众不能直接看到画面中所拍人物的面部表情，具有一种不确定性，带有一定的悬念，如果处理得当，则能够调动观众的想象，引起观众更大的好奇心和更直接的兴趣。

14. 推镜头可以采用两种方法实现：一种是（　　），另一种是（　　）。

15. 客观镜头代表（　　）和作者的视点，主观镜头代表（　　）的视点。

16. 根据光的散射特性可把光分为（　　）和（　　）两大类。

17. 最常见的光影基调有 3 种，即（　　）、（　　）和（　　）。

18.（　　）、（　　）和（　　）是色彩的 3 个基本属性。

19. 在数字视频作品中，常用的音响主要有（　　）、（　　）、（　　）和（　　）4 种。

20. 经过若干个镜头的组接，能叙述出事件发展的过程，这就是蒙太奇的（　　）作用。

21. 苏联电影理论家库里肖夫用著名演员莫兹尤辛的特写与 3 个不同的镜头连接，分别产生了不同的含义，这就是著名的（　　）。

22. 在照相本性的前提下，巴赞提出了（　　）理论。

23. 在巴赞看来，最符合照相本性的恰当语言方法就是（　　）和（　　）。

二、名词解释

1. 摇镜头
2. 升降镜头
3. 蒙太奇
4. 连续式蒙太奇
5. 重复式蒙太奇

三、简答

1. 什么是景别？景别一般可以划分为哪几种？
2. 长焦距镜头和广角镜头各有什么样的特点？
3. 推镜头有怎样的画面特征？
4. 拉镜头有怎样的作用和表现力？
5. 移镜头有怎样的画面特征？
6. 跟镜头有怎样的作用和表现力？

7. 观众领会镜头内容所需的时间取决于哪些因素？

8. 光影在视听语言中主要有什么作用？

9. 在剧情类数字视频作品中，人物之间的对话主要有哪些功能？

10. 在新闻专题类数字视频作品中，现场采访同期声有何功能？

11. 在数字视频作品中，音乐有何作用？

第 2 章　数字视频制作基础

2.1　数字视频制作流程

经过多年的发展，电视这门综合性艺术逐步走进了数字化制作的时代。电视制作的每一个环节都由硬件系统（如数字摄录编辑设备、虚拟演播室、高速网络和超大容量存储器等）和软件系统（如二维动画、三维动画、非线性编辑、合成和抠像软件等）来实现其相应的功能，先进的科学技术为电视制作提供了崭新的方法和手段。从某种意义上说，电视正日益演变成为狭义的数字视频制作。

与此同时，随着数字视频技术的迅猛发展，越来越多的个人和机构也可以参与到数字视频的创作之中。视频制作不再是传统电视机构那种高投入、重装备的具有垄断色彩的媒介权利，而是成为普通大众也可以介入的一个领域。

基于此，我们可以将数字视频制作划分为两种不同的类型：一种是基于电视节目的数字视频制作，这实际上是传统电视节目制作的数字化形式；另一种是基于多媒体的数字视频制作，这也是大多数个人或机构所采取的制作流程。

2.1.1　基于电视节目的数字视频制作

电视节目制作包括了节目生产过程中的艺术创作和技术处理两个部分。在制作的过程中，艺术创作和技术处理同属于一个完整的节目制作过程的两个方面，它们往往互相依存、不可分离，且相互渗透。

电视节目制作过程一般可分为前期制作与后期制作。前者包括构思创作和现场录制；后者包括编辑和合成。

1. 前期制作工作流程

第一阶段：构思创作。

（1）节目构思，确立节目主题，搜集相关资料，草拟节目稿本。

（2）召开主创人员碰头会，编写分镜头稿本。

（3）确定拍摄计划。计划是节目的基础，节目的构思越完善，对拍摄的条件和困难考虑得越周全，节目制作就越顺利。具体地说，拍摄计划包括以下几个方面。

- 根据节目性质对导演、演艺人员、主持人或记者等做出选择，合理配置创作人员。
- 向制片、服装、美工、化妆人员说明并初步讨论舞美设计、化妆、服装等方面的要求。
- 确认前期制作所需设备的档次及规模，配备摄像、录音、音响、灯光等技术人员。
- 制片部门要确定选择的拍摄场地及后期保障。
- 各部门的主要负责人讨论、确定拍摄计划并执行等。

（4）各部门细化自己的计划，如起草租赁合同，建造场景，制作道具，征集影片、录像资料等。

第二阶段：现场录制。

不同类型的节目有其不同的制作方式，下面以演播室拍摄为例进行讲解。

（1）排演剧本。

（2）进入演播室前的排练。包括导演阐述、演员练习、灯光和舞美的确定、音响和音乐处理方案的确定、转播资料的准备等。

（3）分镜头稿本的确定。

（4）演播室准备。包括舞美置景、化妆、服装、灯光的调整、通信联络、录像磁带和准备等。

（5）设备的准备。包括摄像机的检查、提词器、移动车和升降臂等的准备。

（6）走场。

（7）最后排演（带机排练）。

（8）正式录像。

2. 后期制作工作流程

第三阶段：编辑合成。

（1）决定是采用直接编辑还是间接编辑（是否进行脱机编辑）。

（2）素材审看。检查镜头的内容及质量；选择出所需的镜头做场记。

（3）素材编辑。确认编辑方式，搜寻并确定素材的入、出点。

（4）初审画面编辑，分析结构是否合理，段落层次是否清楚，有无错误，并且进行修改。

（5）特技的运用、字幕的制作。

（6）混录。录解说词的配音及所需的音乐，将解说词、效果声、音乐进行混录，并进行音调、音量等处理。

（7）完成片审看。负责人审看完成片并提出意见。

（8）将播出带复制存档。

由此可见，电视节目制作是一个复杂的过程，节目制作者只有熟悉各个工序，根据节目内容和规模，具体问题具体分析处理，使制作的工序更加合理，才能高效率地制作出高质量的电视节目。

2.1.2　基于多媒体的数字视频制作

与电视节目制作类似，基于多媒体的数字视频制作也是一个复杂的过程，它同样包括前期制作和后期制作两个阶段。各个阶段的工作任务与电视节目制作基本相似。不同之处在于：一般来说，电视节目制作需要使用到如摄像机、录像机、编辑机、切换台、特技台、字幕机、调音台等设备系统，拍摄的素材全部记录在录像带上，然后通过编辑机直接编辑，或者进行脱机编辑和联机编辑，需要时还要进行图文制作、特技制作和声音的混录等。而基于多媒体的数字视频制作则是将图像、声音及有关信息统一作为数字数据进行处理，同时，一些基本的工作如选材、合成和编辑都是以综合方式完成的。图像、声音直接作为数字数据记录在服务器上；外景素材存储在磁盘存储器中，然后传送到服务器上，运用非线性编辑系统进行制作。非线性编辑系统集编辑、特技、动画、字幕、切换台、调音台的功能于一身，功能强大，操作方便，可以实现传统制作方式难以做到的对图像和声音要素的复杂处理，也使编导从烦琐的、重复性的工作中解放出来。

2.2　数字视频作品的分类

数字视频作品在很多方面继承了电视节目的特点，因此电视节目的分类方法也适用于数字视频作品。

节目是电视传播最基本的单元。电视节目是电视传播内容的基本编排单位和播出顺序结构。电视节目一般应该有特定的名称、主题和一定的时间长度。通常情况下，电视节目可分为 4 大类：新闻节目、娱乐节目、教育节目和广告。但这不过是为了表述方便而进行的粗略划分，因为从业务实践上看，有的节目是很难严格分类的，例如，许多电视谈话节目往往混杂着新闻时事和娱乐成分；一些纪录片，既是人文的、艺术的和社会教育的，又有一定的新闻和社会事件基础；体育节目往往是新闻节目的一部分，同时又具有很高的观赏性和娱乐性；而有关法律事件的新闻报道，也往往具有极好的社会教育内容。因此，这里只对这些类别做简要概括。

1．新闻节目

新闻节目是电视传播的重要内容。若按播出时段分，电视新闻类节目包括早间新闻、午间新闻、晚间新闻、深夜新闻；按地域分为地方新闻、全国新闻、国际新闻；按内容分为时政新闻、财经新闻、社会新闻、体育新闻、娱乐新闻等；而按照体裁和播出方式，则可分为消息、新闻深度报道、新闻专题和特写、以新闻事件为基础的纪录片、重大社会事件的现场直播等；或者从广义上说，凡是以社会现实变动为表达对象的电视节目，都可以视作“大新闻”的范畴。

2．娱乐节目

包括综艺节目、游戏节目、文艺晚会和各类表演的转播，广播剧和电视剧、音乐，以及在电视上播放的电影等。又如电视上播出的长篇评书、戏曲和曲艺等，也可被视为娱乐节目。

3．教育节目

电视的教育节目分为社会教育（或称公共教育）节目和职业/专业教育类节目两大类。一般情况下，历史、自然、地理、文化、风光、民俗、科普等内容的电视节目，统称为公共教育或社会教育节目（简称社教节目），其他通过电视手段进行的专门性的专业知识教育和远程职业训练，如广播电视大学的课程、电视的外语教学节目等，则被视为职业/专业教育类节目。

此外，有一部分节目涉及服务性的内容，例如，衣、食、住、行等各方面的常识和技巧，人际关系和心理问题的讨论等，可以单独视为一类，即服务性节目，也可以将其视为社会教育节目的一部分。

4. 广告

电视广告一般分为商业广告、政治广告和公益广告 3 种。商业广告是广告主为了宣传和推广其产品、品牌、服务和企业形象而购买电视时段播出的广告；政治广告通常特指各类政治人物为参选而购买电视时段，宣传自己的施政纲领和个人形象的广告；公益广告则是指某些媒体或社会团体提供的非营利性的广告，以倡导社会公共道德和良好社会风尚，或政府为市民提供的如节约水电、防火、防盗等的必要警示。

从广播电视的发展历史来看，其播出的节目类别并不是一成不变的。早在 20 世纪三四十年代，无线电广播正处于黄金时代，那时电台播出的最基本的节目是新闻和时事报道、综艺和戏曲、音乐、广播连续剧和系列剧、情景喜剧等。电视的出现和繁荣改变了广播的节目构成，技术的进步也在其中起到重要的作用。从国外商业广播电视的发展看，过去广播电台的节目类别，今天都已经统统排上了电视播出的节目时间表，而电台则变成了低成本的媒体，其节目构成的特点是“类型化”，即只播出某一类型的节目以吸引特定的观众。电视节目样式也处于不断发展变化的过程中，卫星技术提供了越洋、多向、直播的可能性；MTV 已经成为风靡全世界青少年的流行文化；“脱口秀”所涉及的内容从时事政治、时尚流行到个人隐私、流言蜚语；肥皂剧和情景喜剧则动态地触及社会价值和生活观念的变化；有线电视和卫星广播提供了更专门化、更丰富的节目选择；网上在线广播正在动摇基于传统的点对面的线性节目传送方式而形成的视听习惯和视听效果。广播电视的节目类别还会随着时代的发展而拓展和变化。

除了电视节目的形式之外，常见的数字视频作品还有以下 3 种。

1）家庭影像片

这部分的数字视频作品的作者在绝对数量上是最多的，并且呈现年龄、职业、性别、受教育程度各个方面的多样化。他们创作的作品大部分是对于家居生活的简单记录，记录的场景包括婚丧嫁娶、外出旅游、生日聚会、出席会议、生活记录等。

这个方面的作品的记录手法最为简单，包含了日常生活最真切的生活形态，往往散发着最独特的吸引力。这类节目基本上只作为家庭记录档案，仅有少量被电视台征集播出。

2）纪实片

这些作品的创作者既有电视系统的工作人员，也有独立的影像工作者，还有大量渴望进行艺术记录与表达的爱好者。这些作者的作品因为找到了与电视栏目衔接的通道，所以是目前世人了解得最多的。特别是凤凰卫视栏目“DV 新世代”的开播，在两年的时间内，以日播的频率持续播映，并组织评奖表彰造势，这些让一批不知名的年轻爱好者得以走到了大众传媒的聚光灯下。

3）艺术片

在把纪录片分离出去后，这一类的数字视频作品还可以按照传统的分类法划分为剧情片、实验短片、动画片 3 类。目前，在这 3 类数字视频作品中，剧情片的数量最大，是一般高校影视专业学生的首选。例如，在电影学院，80%以上的学生的数字视频作品都是剧情片。

全国的美术高校和美术专业单位是实验短片和动画片的最主要基地。例如，在由中央美术学院、中国美术学院等高校举办的“中国艺术院校数字媒体大赛”等活动中，绝大部分入选的作品都属于没什么叙事情节的实验短片，主要追求各种美术元素，如光、线、色彩、空间等在数字特效的帮助下可以表达出新鲜的美学效果。动画片则可以通过家用摄像机方便地摄入手工绘画的效果，然后进行数字加工。

2.3　数字视频基础

数字视频技术是建立在计算机技术基础上的，要了解和使用数字视频技术进行视频创作，首先要了解和掌握有关数字视频方面的基础知识和原理。

2.3.1　视频的基础知识

1. 模拟视频和数字视频

数字视频是基于数字技术发展起来的一种视频技术。数字视频与模拟视频相比具有很多优点。例如，在存储方面，数字视频更适合长时间存放；在复制方面，大量复制模拟视频会产生信号损失和图像失真等问题，而数字视频不会产生这些问题。

2. 视频的制式

目前，国际上常用的视频制式标准主要有两种，分别是 NTSC 制式和 PAL 制式。其中，NTSC 制式的视频画面为每秒 30 帧，每帧 525 行，每行 240～400 个像素点；PAL 制式的视频画面为每秒 25 帧，每帧 625 行，每行 240～400 个像素点。

3. 数字视频的生成

数字视频有两种生成方式：一是将模拟视频信号经计算机模/数转换后，生成数字视频文件，对这些数字视频文件进行数字化视频编辑，制作成数字视频作品，利用这种方式处理后的图像和原图像相比，有一定的信号损失；二是利用数字摄像机将视频图像拍摄下来，然后通过相应的软件和硬件进行编辑，制作成数字视频作品。目前，这两种处理方式都有各自的使用领域。

2.3.2　视频压缩编码的基本概念

视频压缩（compression）的目标是在尽可能保证视觉效果的前提下减少视频数据率。高压缩指压缩前和压缩后的数据量相差大。压缩比一般指压缩后的数据量与压缩前的数据量之比。压缩越高，压缩比越小。由于视频是连续的静态图像，因此其压缩编码算法与静态图像的压缩编码算法有某些共同之处。但是，运动的视频还有其自身的特性，因此，在压缩时还应考虑其运动特性，这样才能达到高压缩的目标。在视频压缩中常用到以下一些基本概念。

1. 有损和无损压缩

无损压缩指的是压缩前和解压缩后的数据完全一致。多数的无损压缩都采用 RLE 行程编码算法。这种算法特别适用于由计算机生成的图像，它们一般具有连续的色调。无损算法一般对数字视频和自然图像的压缩效果不理想，因为其色调细腻，不具备大块的连续色调。

有损压缩意味着解压缩后的数据与压缩前的数据不一致。在压缩的过程中会丢失一些人眼和人耳所不敏感的图像或音频信息，而且丢失的信息不可恢复。几乎所有高压缩的算法都采用有损压缩，这样才能达到低数据率的目标。丢失的数据率与压缩比有关，压缩比越小，丢失的数据越多，解压缩后的效果就越差。此外，某些有损压缩算法采用多次重复压缩的方式，这样还会引起额外的数据丢失。

2. 帧内和帧间压缩

帧内（intraframe）压缩也称为空间压缩（spatial compression）。当压缩一帧视频时，仅考虑本帧的数据而不考虑相邻帧之间的冗余信息，这实际上与静态图像压缩类似。帧内压缩一般采用有损压缩算法，由于压缩时各个帧之间没有相互关系，所以压缩后的视频数据仍可以以帧为单位进行编辑。帧内压缩一般达不到很高的压缩（很小的压缩比），而且运动视频具有运动的特性，故还可以采用帧间压缩的方法。

采用帧间压缩是因为许多视频或动画前后连续的两帧具有很大的相关性，即前后两帧信息的变化很小。例如，当演示一个球在静态背景前滚动的视频片断中，连续两帧中的大部分图像，如背景，是基本不变的，也即连续的视频其相邻帧之间具有冗余信息，根据这一特性，压缩相邻帧之间的冗余量就可以进一步提高压缩量，减小压缩比。

帧间（interframe）压缩也称为时间压缩（temporal compression），它通过比较时间轴上不同帧之间的数据进行压缩。帧间压缩一般是有损的。帧差值（frame differencing）算法是一种典型的时间压缩法，它通过比较本帧与相邻帧之间的差异，仅记录本帧与其相邻帧的差值，这样可以大大减少数据量。例如，如果一段视频中不包含大量超常的剧烈运动景象，而是由一帧一帧的正常运动构成，那么采用这种算法就可以达到很好的压缩效果。

3. 对称和不对称编码

对称性是压缩编码的一个关键特征。对称（symmetric）意味着压缩和解压缩占用相同的计算处理能力和时间。对称算法适合实时压缩和传送视频，如视频会议应用一般采用对称的压缩编码算法比较好。然而，在电子出版和其他多媒体应用中，一般需要把视频预先压缩处理好以后再播放，因此可以采用不对称（asymmetric）编码。不对称或非对称意味着压缩时需要花费大量的处理能力和时间，而解压缩时则能较好地实时回放，即以不同的速度进行压缩和解压缩。一般来说，压缩一段视频的时间比回放（解压缩）该视频的时间要多。例如，压缩一段 3 分钟的视频片断可能需要 10 多分钟的时间，而该片断实时回放只需要 3 分钟。

目前有多种视频压缩编码方法，其中最有代表性的是 MPEG 数字视频格式和 AVI 数字视频格式。

2.3.3 常见的数字视频格式

数字视频文件的类型包括动画和动态影像两类。动画是指通过人为合成的模拟运动连续画面；动态影像主要指通过摄像机摄取的真实动态连续画面。常见的数字视频格式包括 MPEG、AVI、RM、DV 和 DivX 等。

1. MPEG 格式

MPEG（Moving Picture Experts Group）是 1988 年成立的一个专家组，其任务是负责制定有关运动图像和声音的压缩、解压缩、处理及编码表示的国际标准。这个专家组在 1992 年推出了一个 MPEG-1 国际标准；1994 年推出了 MPEG-2 国际标准；1999 年推出了 MPEG-4 第 3 版。另外，MPEG-7 并不是一个视频压缩标准，它是一个多媒体内容的描述标准。总之，每次新标准的制定都极大地推动了数字视频更广泛的应用。

1）MPEG-1

MPEG-1 的标准名称为“动态图像和伴音的编码——用于速率小于 1.5Mb/s 的数字存储媒体（coding of moving picture and associated audio-for digital storage media at up to about 1.5Mb/s）”。这里的数字存储媒体指的是一般的数字存储设备，如 CD-ROM、硬盘和可擦写光盘等，也就是通常所说的 VCD 制作格式。使用 MPEG-1 的压缩算法可以把一部时长为 120 分钟的电影压缩到 1.2GB 左右。这种数字视频格式的文件扩展名包括.mpg、.mlv、.mpe、.mpeg 及 VCD 光盘中的.dat 等。

MPEG-1 采用有损和不对称的压缩编码算法来减少运动图像中的冗余信息，即压缩方法的依据是相邻两幅画面绝大多数是相同的，把后续图像中和前面图像有冗余的部分去除，从而达到压缩的目的，其最大压缩比可达到 200∶1。

目前，MPEG-1 已经为广大用户所采用，如多媒体应用，特别是 VCD 或小影碟的发行等，其播放质量高于电视电话，可以达到家用录像机的水平。VCD 的发行不仅充分发挥了光盘复制成本低、可靠和稳定性高的特点，而且使普通用户可以在 PC 上观看影视节目，这在计算机的发展史上也是一个新的里程碑。

2）MPEG-2 与 DVD

随着压缩算法的进一步改进和提高，MPEG 专家组在 1993 年又制定了 MPEG-2 标准，即“活动图像及有关声音信息的通用编码”标准。与 MPEG-1 相比，MPEG-2 的改进部分可从表 2.1 中清楚地表示出来。

表 2.1 MPEG-1 与 MPEG-2 的性能指标比较

性能指标	MPEG-1	MPEG-2
图像分辨率	352×240	720×484
数据率	1.2Mb/s～3Mb/s	3Mb/s～15Mb/s
解码兼容性		与 MPEG-1 兼容
主要应用	VCD	DVD

MPEG-2 是高分辨率视频图像的标准。这种格式主要应用在 DVD 和 SVCD 的制作或压缩方面。同时，在一些 HDTV（高清晰电视广播）和一些高要求视频编辑、处理方面也有较广的应用。使用 MPEG-2 的压缩算法，可以把一部时长为 120 分钟的电影压缩到 4～8GB。这种数字视频格式的文件扩展名包括.mpg、.mpe、.mpeg 及 DVD 光盘上的.vob 等。

在 MPEG 算法的发展过程中，其音频部分的压缩也不断得到提高和改进。MPEG-1 的音频部分压缩已经接近 CD 的效果。其后，MPEG 算法也用于压缩不包含图像的纯音频数据，出现了 MPEG Audio Layerl、MPEG Audio Layer2 和 MPEG Audio Layer3 等压缩格式。MPEG

Audio Layer3 就是 MP3 的音频压缩算法。MP3 的压缩比达 1∶12，其音质几乎完全达到了 CD 的标准。由于 MP3 的高压缩比和优秀的压缩质量，一经推出立即受到了网络用户的欢迎。

3）MPEG-4 多媒体交互新标准

MPEG-4 标准制定于 1998 年，是为了播放流式媒体的高质量视频而专门设计的，它可以利用很窄的带宽，通过帧重建技术压缩和传输数据，以求使用最少的数据获得最佳的图像质量。

MPEG-4 能够保存接近于 DVD 画质的小体积视频文件。这种文件格式还包括了以前 MPEG 压缩标准所不具备的比特率的可伸缩性、动画精灵、交互性甚至版权保护等一些特殊功能。这种数字视频格式的文件扩展名包括 3gp、mp4、avi 和 mpeg-4 等。

2．AVI 格式

AVI（Audio Video Interleave）是一种音频视像交叉记录的数字视频文件格式。1992 年初，Microsoft 公司推出了 AVI 技术及其应用软件 VFW（Video for Windows）。这种交替组织音频和视频数据的方式使读取视频数据流时能更有效地从存储媒介得到连续的信息。AVI 格式的文件图像质量好，可以跨平台使用，但由于文件过于庞大，而且压缩标准不统一，因此在不同版本的 Windows 媒体播放器中不兼容。

3．MOV 格式

MOV 格式是美国 Apple 公司开发的一种视频格式，默认的播放器是 Apple 公司的 QuickTime Player。MOV 格式支持包括 Apple Mac OS、Microsoft Windows 95/98/2000/XP 在内的所有主流计算机操作系统，有较高的压缩比率和较完美的视频清晰度。

MOV 格式定义了存储数字媒体内容的标准方法，使用这种文件格式不仅可以存储单个的媒体内容，如视频帧或音频采样数据，而且还能保存对该媒体作品的完整描述。因为这种文件格式能用来描述几乎所有的媒体结构，所以它是不同系统的应用程序间交换数据的理想格式。

4．DivX 格式

这是由 MPEG-4 衍生出来的另一种视频编码（压缩）标准，也就是通常所说的 DVDrip 格式，它采用了 MPEG-4 的压缩算法，同时又综合了 MPEG-4 与 MP3 各方面的技术，即使用 DivX 压缩技术对 DVD 盘片的视频图像进行高质量压缩，同时用 MP3 或 AC3 对音频进行压缩，然后再将视频与音频合成并加上相应的外挂字幕文件而形成的视频格式。其画质接近 DVD，但文件大小只有 DVD 的几分之一。由于 DivX 对计算机硬件的要求不高，所以，DivX 视频编码技术可以说是一种对 DVD 造成最大威胁的新生视频压缩格式，号称 DVD 杀手或 DVD 终结者。

5．DV 格式

DV 的英文全称是 Digital Video Format，是由索尼、松下、JVC 等多家厂商联合提出的一种家用数字视频格式。目前非常流行的数码摄像机就是使用这种格式记录视频数据的。它可以通过计算机的 IEEE1394 端口将视频数据传输到计算机中，也可以将计算机中编辑好的视频数据回录到数码摄像机中。这种数字视频格式的文件扩展名一般是.avi，所以也叫 DV-AVI 格式。

6．RA/RM/RP/RT 流式文件格式

流式文件格式需要经过特殊编码处理，但是它的目的和单纯的多媒体压缩文件有所不同，它对文件重新编排数据位是为了能够在网络上边下载边播放。将压缩媒体文件编码成流式文件时，为了使客户端接收到的数据包可以重新有序播放，还需要加上许多附加信息。

Real System 也称为 Real Media，它曾经是互联网上最流行的跨平台的客户/服务器结构的多媒体应用标准，它采用音频/视频流和同步回放技术，可以实现网上全带宽的多媒体回放。Real System 包括了 RM、RA、RP 和 RT 这 4 种文件格式，分别用于制作不同类型的流式媒体文件。

其中，使用最广的 RA 格式用来传输接近 CD 音质的音频数据。

RM 格式用来传输连续视频数据。

RP 格式可以直接将图片文件通过 Internet 流式传输到客户端。通过将其他媒体如音频、文本捆绑到图片上，可以制作出具有各种目的和用途的多媒体文件。用户只需懂得简单的标志性文件就可以用文本编辑器制作出 RP 文件。

RT 格式是为了让文本从文件或者直播源流式发放到客户端。Real Text 文件既可以是单独的文本，也可以在文本的基础上加上其他媒体所构成。由于 Real Text 文件是由标志性语言定义的，所以用简单的文本编辑器就可以创建 Real Text 文件。

Real System 采用可扩展视频技术作为其主要视频的编码、解码。顾名思义，此编码、解码具有扩展其行为的能力。例如，当网络传输率低于编码采用的速率时，则播放时服务器端将丢弃不重要的信息，播放器尽可能还原视频质量。该编码、解码是从 Intel 的 Indeo Video Interactive 编解码器派生而来的。RealAudio 是第一个支持 Internet 实时流媒体的音频结构的，它具有多个不同的算法，每种算法根据产生的数据速率与内容类型命名。

7．RMVB 格式

这是一种由 RM 格式升级延伸出来的视频格式，它的先进之处在于：它打破了原先 RM 格式那种平均压缩采样的方式，在保证平均压缩比的基础上合理利用比特率资源，也就是说，静止和运动场面少的画面场景采用较低的编码速率，这样可以留出更多的带宽空间，而这些带宽会在出现快速运动的画面场景时被利用。这样，在保证了静止画面质量的前提下，大幅度地提高了运动图像的画面质量，使图像质量和文件大小之间达到了微妙的平衡。另外，相对于 DVDrip 格式，RMVB 格式有着明显的优势，一部大小为 700MB 左右的 DVD 影片，如果将其转录成同样视听品质的 RMVB 格式，其大小最多为 400MB 左右。并且，这种视频格式还具有内置字幕和无须外挂插件支持等优点。要想播放这种视频格式的文件，可以使用 RealOne Player 2.0 或 RealPlayer 8.0 加 RealVideo 9.0 以上版本的解码器进行播放。

8．ASF 流式文件格式

Windows Media 的核心是先进的流式文件格式 ASF（Advanced Stream Format）。Windows Media 将音频、视频、图像及控制命令脚本等多媒体信息以 ASF 格式通过网络数据包的形式传输，实现流式多媒体内容的发布。

ASF 文件以.asf 为后缀，其最大的优点是体积小，因此适用于网络传输。通过 Windows

Media 工具，用户可以将图形、声音和动画数据组合成一个 ASF 格式的文件；也可以将其他格式的视频和音频转换为 ASF 格式；还可以通过声卡和视频捕获卡将诸如麦克风、录像机等外设的数据保存为 ASF 格式。使用 Windows Media Player 可以直接播放 ASF 格式的文件。

9．Windows Media Video 文件格式

Windows Media Video（WMV）是 Microsoft 流媒体技术的首选编解码器，它派生于 MPEG-4，采用了几个专有扩展功能使其可在指定的数据传输率下提供更好的图像质量。它能够在目前网络宽带下即时传输，并显示接近 DVD 画质的视频内容。例如，WMV8 不仅具有很高的压缩率，而且还支持变比特率编码（True VBR）技术，当下载播放 WMV8 格式的视频时，True VBR 可以保证高速变换的画面不会产生马赛克现象，从而具有清晰的画质。

Windows Media Audio（WMA）也是音频流技术的首选编解码器，它的编码方式类似于 MP3。WMA8 的文件容量仅相当于 MP3 的 1/3，并提供接近 CD 的音质效果。

10．ASX 发布文件格式

ASX 文件是 Microsoft Media 文件的索引文件，也是一种播放列表或者流媒体重定向（Active Stream Redirector）文件，其工作原理与 RAM 文件类似。播放列表将媒体内容集中在一起，并存储媒体数据内容的位置。媒体数据的位置可能是客户机、局域网中的一台计算机或者是互联网中的一台服务器。ASX 文件的最简形式是包含了关于流的 URL 的信息，由 Windows Media Player 处理该信息，然后打开 ASX 文件中指定位置的内容。

11．FLV 网络视频格式

FLV 是 Flash Video 的简称。FLV 流媒体格式是随着 Flash MX 的推出发展起来的视频格式，已经成为当前视频文件的主流格式。由于它形成的文件极小、加载速度极快，使得网络观看视频文件成为可能，它的出现有效地解决了视频文件导入 Flash 后，使导出的 SWF 文件体积庞大，不能在网络上很好使用等缺点。目前各在线视频网站，如新浪播客、六间房、56、优酷、土豆、酷 6、Youtube 等均采用此视频格式。

12．MKV 格式

MKV 不是一种压缩格式，而是 Matroska 的一种媒体文件格式，Matroska 是一种新的多媒体封装格式，也称多媒体容器（Multimedia Container）。它可将多种不同编码的视频及 16 条以上不同格式的音频和不同语言的字幕流封装到一个 Matroska Media 文件中。MKV 最大的特点就是能容纳多种不同类型编码的视频、音频及字幕流。

2.3.4　视频格式转换工具软件

由于视频的存储格式繁多，用途各不相同，所以需要对制作好的视频作品进行格式转换，这个工作可以通过视频格式转换工具软件来完成。以下将介绍一些比较常用的视频格式转换工具软件。

1．Canopus ProCoder

Canopus ProCoder 3 是 Canopus（康能普视）公司出品的专业视频编码转换软件，其前身

就是广受赞誉的 Canopus ProCoder 2，如图 2.1 所示。它可以在几乎所有应用的主流媒体格式之间进行转换，而且支持批处理、滤镜等高级功能。使用该软件转换出来的画面清晰细腻，亮度和对比度表现很好，图像还原完整，影像的轮廓清晰、明显，边缘圆滑，色彩鲜艳，色彩饱和度很好，颜色过渡十分清晰自然。以高速度、高性能、绝对可靠的稳定性和高质量的图像输出而著称的 Canopus DV Codec 已经获得了业界的认可，并且成为公司获得殊荣的非线性编辑系统（包括 DVRexRT、DVStorm 和 DVRaptor-RT 等）的核心技术。该软件不但支持所有主流媒体格式（Windows Media、RealVideo、Apple QuickTime、Microsoft DirectShow、Microsoft Video for Windows、Microsoft DV、Canopus DV、Canopus MPEG-1 和 MPEG-2 编码），而且还提供对高清晰度视频格式的支持。它可以以惊人的速度在不同格式的媒体文件之间轻易地进行转换，并可以让用户一次转换单个或多个视频文件，同时以不同的格式分别输出多个文件。

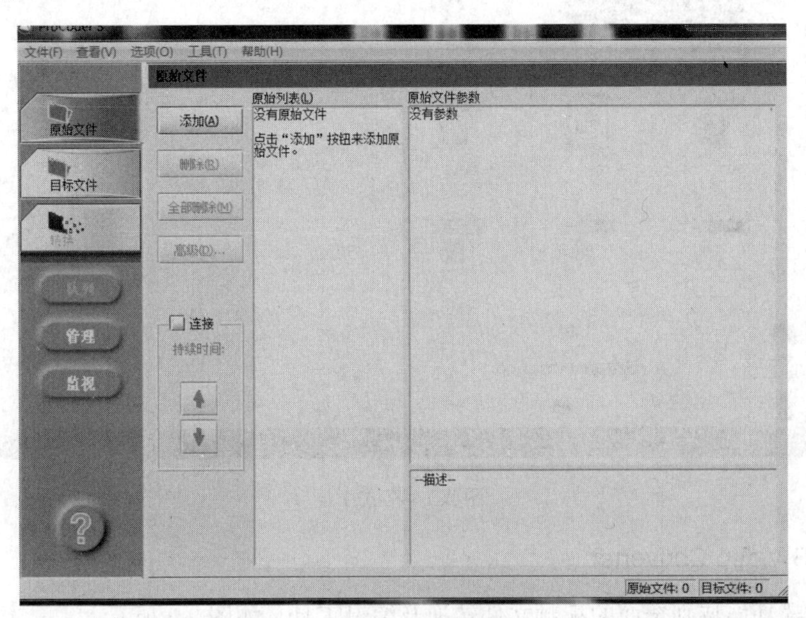

图 2.1　Canopus ProCoder 3

2. WinMPG Video Convert

这是一款非常优秀的全能视频转换工具，该软件不仅可以将 AVI 格式同时转换成 MPEG-1、MPEG-2、DVD、VCD、SVCD 和 DivX 等视频格式，而且还可以将 ASF 和 WMV 等视频格式快速转换成 AVI 和 MPEG-4 格式，如图 2.2 所示。

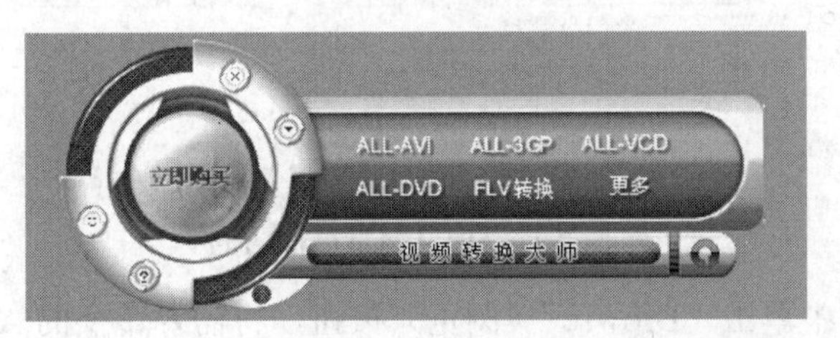

图 2.2　WinMPG Video Convert v9.2.2.0 专业版

3．格式工厂

格式工厂是一种万能的多媒体格式转换软件，如图 2.3 所示。它提供以下功能：视频转换成 MP4、3GP、MPG、AVI、WMV、FLV、SWF 格式；所有类型的音频转换成 MP3、WMA、MMF、AMR、OGG、M4A、WAV 格式；所有类型的图片转换成 JPG、BMP、PNG、TIF、ICO 格式等；抓取 DVD 到视频文件；MP4 文件支持 iPod/iPhone/PSP/黑莓等指定格式。

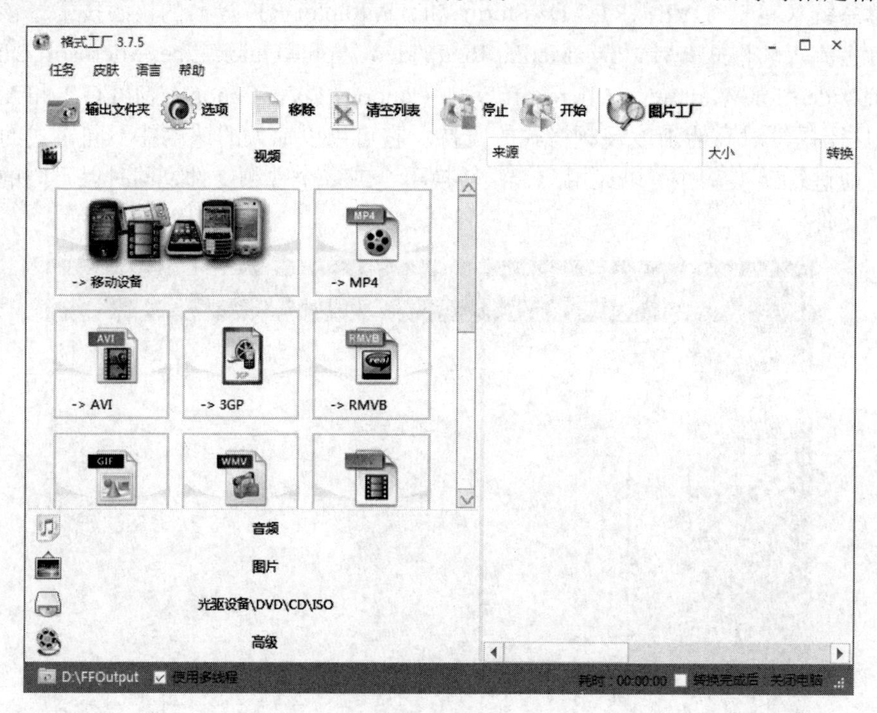

图 2.3　格式工厂

4．AVS Video Converter

这是一款功能特别全面的视频文件转换及编辑工具，如图 2.4 所示。

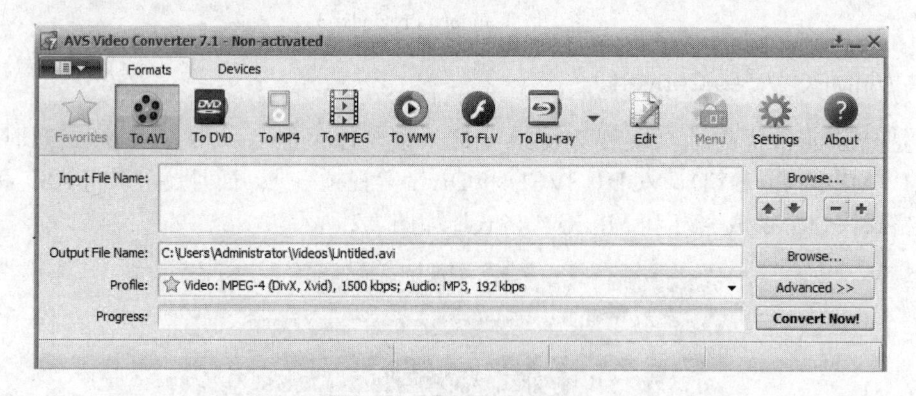

图 2.4　AVS Video Converter

在软件的主界面中单击“Browse”（浏览）按钮，将需要转换的 AVI、MPG、MPEG-1、MPEG-2、VOB（DVD）、DAT（VCD）、WMV 和 ASF 等格式的视频文件导入软件中，直接在软件的工具栏中单击相应的“To AVI”、“To DVD”、“To MP4”、“To MPEG”、“To WMV”

或“To FLV”等按钮，软件即可快速完成一个视频文件转换任务的定制。如果用户对软件默认的视频文件转换任务参数不满意，可以在“Output File Name”（输出文件名）和“Advanced”（高级）选项中对转换文件的存放路径及视频转换参数进行设置，然后在软件主界面右下方单击“Convert Now!”（开始转换）按钮，即可进行指定视频格式的转换。另外，在视频编辑方面，用户可以同时将多个视频片段进行转换合并使之成为一部完整的影片，也可以对一部完整的影片进行多重剪辑，并通过各种视频格式的转换，使之成为可以满足不同需要的多个不同格式的视频片段。另外，在进行视频文件转换及编辑的过程中，软件均支持视频效果的即时预览。

5. MediaCoder

MediaCoder 是一个免费的通用影音转码工具，如图 2.5 所示。它将众多来自开源社区的优秀音频、视频编解码器和工具进行整合，让用户可以自由转换音频和视频文件，可满足各种场合下的转码需求。该软件自 2005 年问世以来，就被全球广大多媒体爱好者广泛使用，曾经入围 SourceForge.net 优秀软件项目，被众多网站与报纸杂志介绍和推荐。它可实现各种音频、视频格式间的相互转换，整合多种解码器和编码器及混流工具，供用户自由组合使用。它具有极为丰富的可调转码参数，使用多线程设计，单个任务即可利用多核处理器能力；而且多任务并行处理时，可以最大化多处理器的利用率。另外，其良好的可扩展的程序架构，可快速适应新的需求，不断增加对新格式的支持。

图 2.5　MediaCoder 2011 Windows 7 64 位版

2.3.5　数字视频素材的获取

在数字视频作品的制作过程中，数字视频素材的多少与质量的好坏将直接影响作品的质量，因此，应该尽量采用多种方式获取高质量的数字视频素材。一般情况下，数字视频素材可以通过以下 3 种方式获得。

1. 利用视频采集卡将模拟视频转换成数字视频

从硬件平台的角度分析，数字视频的获取需要 3 个部分的配合。

（1）模拟视频输出的设备，如录像机、电视机、电视卡等。

（2）可以对模拟视频信号进行采集、量化和编码的设备，这一般由专门的视频采集卡来完成。

（3）由多媒体计算机接收和记录编码后的数字视频数据。在这一过程中起主要作用是视频采集卡，它不仅提供接口以连接模拟视频设备和计算机，而且具有把模拟信号转换成数字数据的功能。由此可见，视频采集卡在数字视频的获取中是相当重要的。

视频采集（Video Capture）卡也称作视频卡。视频采集卡有高、低档次的区别，其性能参数不同，采集的视频质量也不一样。采集图像的分辨率、图像的深度、帧率及可提供的采集数据率和压缩算法等性能参数是决定视频采集卡性能和档次的主要因素。

2. 利用计算机生成的动画

例如，把 GIF 动画格式转换成 AVI 视频格式，或者利用 Flash、Maya、3ds Max 等二维或三维动画制作软件生成的视频文件或文件序列作为数字视频素材。

3. 通过互联网下载

许多网站都提供了视频或影片的下载服务，下载服务分为免费和付费两种。免费服务可以直接将视频或影片下载到本地计算机中；付费服务需要通过注册，并以各种付费方式付费后，才能将视频或影片下载到本地计算机中。

2.4　数字图像基础

计算机在图像方面的应用，扩大了图像的获取和传播方式。数字图像就是以数字的形式进行获取、处理、输出或保存的图像，它在数字视频制作领域中占有十分重要的地位。

2.4.1　数字图像的类型

1. 位图图像

位图图像又称点阵图像，是由描述图像中各个像素点的亮度位数与颜色的位数集合而成的，这些位数用于定义图像中每个像素点的亮度和颜色。位图图像适用于表现比较细致、层次和色彩比较丰富、包括大量细节的图像，例如，个人外出旅游的风景照、演出剧照等。位图图像可以调入内存直接显示，但是位图图像所占用的磁盘空间比较大，对内存和硬盘空间容量的需求也较高。通常情况下，位图图像文件比矢量图形文件大。

2. 矢量图形

矢量图形也叫向量式图形，它用数学的矢量方式来记录图像内容，以线条和色块为主。

例如，一条线段的数据只需要记录两个端点的坐标、线段的粗细和色彩等，因此矢量图形文件较小。这种图形的优点是能够被任意放大、缩小而不损失细节和清晰度，精确度较高；缺点是不易制作色调丰富或色彩变化太多的图像，而且绘制出来的图形不是很逼真，无法像照片一样精确地反映自然界的景象，同时也不易在不同的软件之间交换文件。矢量图形适用于线形的图画、美术字和工程制图等。

2.4.2　数字图像的构成

数字图像的 3 个基本要素是像素、分辨率和颜色深度，这 3 个基本要素是影响和反映图像质量的最基本要素。

1. 像素（Pixel）

数字图像是由许多微小的彩色方块组成的，这些微小的彩色方块被称为像素。像素是构成数字图像的最小单位，它以矩阵的方式排列成图像。单位面积内，图像的像素越多，图像的精度就越高，图像的质量就越好，同时，这个图像文件所占的存储空间也就越大。可以将像素想象成照相底片上的卤银颗粒，它们也等价于打印机输出的“点”。

2. 图像分辨率（Image Resolution）

图像分辨率是用于度量位图图像内数据量多少的一个参数，通常用 ppi 表示每英寸包含的像素。图像包含的数据越多，图形文件的长度就越大，能表现的细节就越丰富。分辨率高的文件所需要的计算机资源要求高，占用的硬盘空间很大。分辨率低的文件，图像包含的数据不够充分，图形分辨率低，图像显得比较粗糙，尤其是把图形放大到一定尺寸的时候。所以，在图片创建期间，必须根据图像最终的用途决定正确的分辨率。通常分辨率被表示成每一个方向上的像素数量，如 640×480 等；而在某些情况下，它也可以用 ppi 及图形的长度和宽度来表示，如 72ppi，8in×6in。一般来说，像素多用于计算机领域，而打印和印刷则多用“点”来表示。

3. 显示器的分辨率

显示器的分辨率是指显示器屏幕上的像素量，表示显示器分辨率的方法有两种。

1）信息总量法

同一时间内一台显示器可以显示的总信息量是有限的，用信息量来衡量显示器分辨率的方法就是信息总量法。PC 中常见的显示器分辨率有如下几种：640 像素×480 像素，800 像素×600 像素和 1024 像素×768 像素，第一个数字表示屏幕的横向像素数量，第二个数字表示屏幕的纵向像素数量。例如，640 像素×480 像素的含义是每行有 640 个像素，总共有 480 行。显示器的分辨率越高，工作时一次所能看到的图像范围就越大。对于经常处理大尺寸、高分辨率图像的专业设计人员，最好使用大尺寸、高分辨率的显示器。例如，19in 或 21in 的显示器，其分辨率为 1280 像素×1024 像素。

2）计点数/线数法

计量屏幕上每英寸所描述的点数或线数的方法是计点数/线数法。不同的制造厂商及不同型号的显示器其数值不同。通常，计算机显示器采用的是 72ppi 的分辨率，即每平方英寸为 5184 个像素。

但并不是所有尺寸的显示器都一样，它随着显示器的大小和分辨率的不同而变化。显示器的分辨率可以利用系统软件进行有限的调整。显示器的分辨率只会影响用户工作时的便捷性，不会影响图像数据的输出质量。

4. 颜色深度

位图中各像素的颜色信息用若干数据位来表示，这些数据的个数称为图像的颜色深度（或图像深度）。颜色深度决定了位图中出现的最大颜色数。目前图像的颜色深度有以下几种，即 1、4、8、16、24、32。例如，图像的颜色深度为 1，表明位图中每个像素只有一个颜色位，也就是只能表示两种颜色，即黑或白，这种图像称为单色图像。若图像的颜色深度为 4，则每个像素有 4 个颜色位，可以表示 16 种颜色。若图像的颜色深度为 24，则位图中每个像素有 24 个颜色位，可包含约 1677 万（2^{24}=16777216）种不同的颜色，这种图像称为真彩色图像。

5. 数字图像的基本指标

1）DPI

DPI（Dot Per Inch）指的是各类输出设备每英寸所产生的像素数，一般用来表示输出设备（如打印机、绘图仪等）的分辨率，即设备分辨率。一台激光打印机的分辨率为 600～1200dpi，数值越高，效果越好。

2）PPI

PPI（Pixel Per Inch）指的是每英寸的像素数，它一般用于衡量一个图像输入设备（如数码相机）的分辨率的高低，反映图像中存储信息量的多少，决定图像的质量。

3）位（Bit）与颜色（Color）

在图像处理过程中，颜色由数字“位（Bit）”来实现，它们之间的关系是：颜色数=2^n，其中 n 为颜色所占的位数。通常所说的真彩色，即为 16 位显示模式，65536（64KB）种颜色（2^{16}=65536）；24 位显示模式下的真彩色图像能处理 1677 万（16MB）种颜色（2^{24}=16777216）。

6. 数字图像的质量

数字图像质量的高低主要取决于图像输入、输出设备的状况。其中，输入设备性能的高低（如数码相机的 CCD、镜头质量、分辨率、色位数、存储媒体大小等）是影响图像信息源质量的根本因素，输出设备（如显示器、打印机等）性能的高低直接决定了图像输出的质量。

此外，显示设备的状况直接影响图像的显示质量。例如，有一幅分辨率为 1024 像素×768 像素、色彩数为 16MB 的图像，若以 85Hz 的屏幕刷新速度完美地显示出来，至少需要一台行频在 70kHz 以上、视频宽度在 95MHz 左右的显示器和一块具有 4MB 以上显存的显示卡。

如果显示器或显卡不能满足以上要求，那么这幅图像只能在降低视频或低色彩的情况下进行显示。

2.4.3　数字图像的格式

1. BMP 格式

BMP 格式是 Windows 应用程序所支持的，特别是图像处理软件，基本上都支持 BMP 格式。BMP 格式可简单分为黑白、16 色、256 色、真彩色 4 种格式。在存储时，可以使用 RLE 无损压缩方案进行数据压缩，这样既能节省磁盘空间，又不牺牲任何图像数据。随着 Windows 操作系统的普及，BMP 格式的影响也越来越大，不过其劣势也比较明显，因为其图像文件比较大。

2. JPG 格式

JPG 是 JPEG 的缩写，JPEG 几乎不同于当前使用的任何一种数字压缩方法，它无法重建原始图像。JPG 利用 RGB 到 YUV 色彩的变换，以存储颜色变化的信息为主，特别是亮度的变化，因为人眼对亮度的变化非常敏感。只要重建后的图像在亮度上有类似原图的变化，对于人眼来说，它看上去将会非常类似于原图，因为它只是丢失了那些不会引人注目的部分。

3. PSD 格式

PSD 格式是 Adobe Photoshop 的一种专用存储格式。PSD 格式采用了一些专用的压缩算法，在 Photoshop 中应用时，存取速度很快。在制作字幕、静态背景和自定义的滤镜时，将图像保存为 PSD 格式在交换中较为方便。

4. TIF 格式

由 Aldus 公司（1995 年被 Adobe 公司收购）和 Microsoft 联合开发的 TIF 文件格式，最初是为了存储扫描仪图像而设计的。它的最大特点是与计算机的结构、操作系统及图形硬件系统无关。它可处理黑白、灰度、彩色图像。在存储真彩色图像时，TIF 和 BMP 格式一样，直接存储 RGB 三原色的浓度值而不使用彩色映射（调色板）。对于介质之间的交换，TIF 称得上是位图格式的最佳选择之一。

TIF 的全面性也产生了不少问题，它的包罗万象造成了结构较为复杂，变体很多，兼容性较差，它需要大量的编程工作来全面译码。例如，TIF 数据可以用几种不同的方法压缩，因此用一个程序读出所有的 TIF 几乎是不可能的。TIF 5.0 规程定义了 4 个测光度级别：TIF-B 为单色，TIF-G 为灰色，TIF-P 为基于调色板的彩色，TIF-R 为 RGB 彩色。TIF-X 是读出所有 TIF 级别的描述符。这些级别的定义使 TIF 具备了在各种平台和应用程序之间保持图像质量的优秀性能。

5. TGA 格式

TrueVision 公司的 TGA 文件格式已广泛地被国际上的图形、图像制作业所接受，它最早由 AT&T 引入，用于支持 Targa 和 ATVISTA 图像捕获板，现已成为数字化图像及光线跟踪和其他应用程序所产生的高质量图像的常用格式。美国的 TrueVision 公司是一家国际知名的视频产品生产商，它所生产的许多产品，如国内有名的 Targa1000、Targa2000、PRO、RTX 系列视频采集/回放卡，已被应用于不少桌面系统。其硬件产品还被如 AVID 等著名的视频领域巨头所采用，TGA 的结构比较简单，属于一种图形、图像数据的通用格式。

由于 TGA 是专门为捕获电视图像所设计的一种格式，所以 TGA 图像总是按行存储和压缩的，这使它同时也成为由计算机产生的高质量图像向电视转换的一种首选格式。

6. GIF 格式

GIF（Graphics Interchange Format，即图形交换格式）是互联网上应用最广泛的格式，经常用于动画、图像等。一个 GIF 文件能够存储多张图像，图像数据用一个字节存储一个像素点，采用 LZW 压缩格式，尺寸较小。图像数据有两种排列方式：顺序排列和交叉排列，但 GIF 格式的图像最多只能保存 8 位图像（256 色或更少）。

7. PNG 格式

PNG（Portable Network Graphics，即便携式网络图形）是为网络图形设计的一种图形格式。PNG 不像 GIF 格式那样有 256 色彩限制，它使用无损压缩。PNG 的优点是可以得到质量更好的图像，缺点是文件所占用的存储空间较大。

8. PIC 格式

PIC 格式是 PICT 的缩写，是适用于 Macintosh Quick Draw 图片的格式，全称为 QuickDraw Picture Format。作为在应用程序之间传递图像的中间文件格式，PICT 格式广泛应用于 Mac OS 图形和页面排版应用程序中。PICT 格式支持具有单个 Alpha 通道的 RGB 图像和不带 Alpha 通道的索引颜色、灰度和位图模式的图像。PICT 格式在压缩大面积纯色区域的图像时特别有效。对于包含大面积黑色和白色区域的 Alpha 通道，这种压缩的效果惊人。

9. PCX 格式

PCX 格式最初是 Zsoft 公司的 PC Paintbrush 图像软件所支持的图像格式，它的历史较长，是一种基于 PC 绘图程序的专用格式。它得到广泛的支持，在 PC 上相当流行，几乎所有的图像类处理软件都支持它。Zsoft 由一个专门的图像处理软件 PhotoFinish 来管理。它的最新版本支持 24 位彩色，图像大小最多达 64KB 像素，数据通过行程长度编码压缩。对存储绘图类型的图像（如大面积非连续色调的图像）合理而有效；而对于扫描图像和视频图像，其压缩方法可能是低效率的。

2.4.4 数字图像的获取

目前主要通过数码相机、图像扫描仪等设备从外界获取数字图像，当然，利用制图软件直接绘制也可以得到数字图像。

1. 用数码相机拍摄

数码相机使用电子的方式，将获得的图像转换为数字信息，再通过计算机将这些数字信息进行处理以获得期望的效果。将数码相机拍摄的图像输入计算机中，需要通过专门的 USB

数据传输线将数码相机与计算机连接起来，也可以取出数码相机的存储卡，将其插入读卡器中，然后将读卡器与计算机相连，便可将数码相机中的图像文件复制或移动到计算机的硬盘中。

使用数码相机进行拍摄时应注意以下问题。

（1）外出拍摄时应把数码相机电池的电充足。拍摄时使用 LCD 屏幕方式来取景比较耗电。

（2）使用数码相机拍摄时需要保持相机的稳定，特别是将图像精度调节得比较高时，相机的记录速度会降低，这时更需要拍摄者稳定的持机姿势。

（3）要正确设置白平衡。白平衡的作用就是以白颜色为基色来还原其他颜色，使照片颜色逼真。所以，在使用数码相机拍照片时，应根据当时天气的实际情况来正确设置白平衡，特别是在户外拍摄时。通常，“太阳符号”用于在阳光下拍摄；“阴天符号”用于在阴天下拍摄。使用白平衡要注意的一个问题是：启用白平衡功能后，要控制闪光灯的使用，因为使用闪光灯会使环境发生变化，从而使白平衡失效。

（4）户内拍摄或夜间拍摄时应打开闪光灯。

2. 从互联网上下载

如果用户需要的图片有一定的针对性和专门性，也可以到网络上下载图片，但必须注意该图片是否有使用权限。

下载图片的方法：打开网页找到图片后，在图片上的任意位置单击鼠标右键，在弹出的快捷菜单中选择“图片另存为”命令（如果是 IE 6.0，也可以在图片的任意位置单击鼠标，在弹出的快捷工具栏中单击“保存”按钮），在打开的“保存图片”对话框中输入图片名称，设置保存位置，然后单击“保存”按钮，即可存储所下载的图片文件。

3. 通过扫描仪获取

扫描仪是一种光机电一体化的高科技产品，是使用得最为广泛的数字化图像设备，它是将各种形式的图像信息输入计算机的重要工具。它可以将原始资料原样转化为位图图像，是快速获取全彩色数字图像的最简单的方法之一。各种图片、照片、胶片及各类图纸、文稿资料都可以通过扫描仪输入计算机，进而实现对这些图片形式的信息的处理、使用、输出等。目前，针对图片输入使用的一般都是平板扫描仪。

利用扫描仪输入图片时，应注意以下问题。

（1）扫描时应将图片的边缘与扫描仪的扫描区对齐，以便扫描后在图形处理软件中进行调整。

（2）在扫描书本中的图片时应尽量将书本压平，以便扫描顺利进行。

（3）在正式扫描时可以在计算机上对所要扫描的图片进行预览，以便在正式扫描时扫描到所需的区域。

（4）在正式扫描前必须设置合适的扫描精度。精度越高，对原始图片中的细节的表现力越强，但所需的扫描时间也越长。

（5）在扫描仪扫描时不能移动所扫描的图片，否则扫描的图片会模糊不清。

（6）如果扫描印刷画册上的图片，要注意去除印刷网点，一般的扫描仪都有此项设置。

2.5 练 习 题

一、填空

1. 我们可以将数字视频制作划分为两种不同的类型：一种是基于（　　）的数字视频制作，这实际上是传统电视节目制作的数字化形式；另一种是基于（　　）的数字视频制作，这也是大多数个人或机构所采取的制作流程。

2. 电视节目制作包括了节目生产过程中的（　　）和（　　）两个部分。

3. 电视制作过程一般可分为（　　）与（　　）。前者包括构思创作和现场录制；后者包括编辑和合成。

4. 通常情况下，电视节目可分为 4 大类：（　　）、（　　）、（　　）和（　　）。

5. 电视的教育节目分为（　　）类节目和（　　）教育类节目两大类。

6. 电视广告一般分为（　　）广告、（　　）广告和（　　）广告 3 种。

7. 目前，国际上常用的视频制式标准主要有两种，分别是（　　）制式和（　　）制式。

8. NTSC 制式的视频画面为每秒（　　）帧，每帧（　　）行，每行 240～400 个像素点；PAL 制式的视频画面为每秒（　　）帧，每帧（　　）行，每行 240～400 个像素点。

9. 视频压缩的目标是在尽可能保证视觉效果的前提下减少视频（　　）。

10. （　　）压缩指的是压缩前和解压缩后的数据完全一致。

11. （　　）压缩意味着解压缩后的数据与压缩前的数据不一致。

12. （　　）是 1988 年成立的一个专家组，其任务是负责制定有关运动图像和声音的压缩、解压缩、处理及编码表示的国际标准。

13. （　　）是一种音频视像交叉记录的数字视频文件格式。

14. （　　）格式是美国 Apple 公司开发的一种视频格式，默认的播放器是 Apple 公司的（　　）。

15. （　　）是由 MPEG-4 衍生出来的另一种视频编码（压缩）标准，也就是通常所说的 DVDrip 格式，它采用了 MPEG-4 的压缩算法，同时又综合了 MPEG-4 与 MP3 各方面的技术。

16. （　　）是由索尼、松下、JVC 等多家厂商联合提出的一种家用数字视频格式。目前非常流行的数码摄像机就是使用这种格式记录视频数据的，它可以通过计算机的（　　）端口将视频数据传输到计算机中。

17. （　　）流媒体格式是随着 Flash MX 的推出发展起来的视频格式，已经成为当前视频文件的主流格式。

18. 数字图像的 3 个基本要素是（　　）、（　　）和（　　）。

19. （　　）是用于度量位图图像内数据量多少的一个参数，通常用（　　）表示每英寸包含的像素。

20. 表示显示器分辨率的方法有两种，其中用信息量来衡量显示器分辨率的方法是（　　），计量屏幕上每英寸所描述的点数或线数的方法是（　　）。

21. （　　）指的是各类输出设备每英寸所产生的像素数，一般用来表示输出设备（如打印机、绘图仪等）的分辨率，即（　　）。

22. （　　）指的是每英寸的像素数，它一般用于衡量一个图像输入设备（如数码相机）的分辨率的高低，反映图像中存储信息量的多少，它决定图像的质量。

23. 在图像处理过程中，颜色由数字“位（Bit）”来实现，它们之间的关系是（　　）。

24. （　　）格式是 Adobe Photoshop 的一种专用存储格式。

25. 对于介质之间的交换，（　　）称得上是位图格式的最佳选择之一。

26. （　　）是专门为捕获电视图像所设计的一种格式。

27. （　　）格式是互联网上应用最广泛的格式，经常用于动画、图像等。

28. （　　）格式是为网络图形设计的一种图形格式。它不像 GIF 格式那样有 256 色彩限制，它使用无损压缩。

二、名词解释

1. 帧内压缩
2. 帧间压缩
3. 位图图像
4. 矢量图形
5. 像素
6. 颜色深度

三、简答

1. 数字视频素材可以通过哪几种方式获得？
2. 数字图像如何获取？

四、实践

1. 试使用 1～2 个视频格式转换工具软件完成视频文件格式的转换。
2. 从互联网上搜索视频和图像文件，并将它保存到本地计算机中。
3. 用数码相机拍摄照片，并将拍摄的照片输入计算机。
4. 使用扫描仪将图片扫描到计算机中。

第 3 章　数字视频作品的策划

一部数字视频作品的完成，需要从前期准备到后期制作整体过程的周全考虑、策划和实施。在这个过程中，对作品内容和制作过程的整体策划是成功的关键。

3.1　数字视频作品策划概述

3.1.1　策划的定义

策划是为了实现某一目标，在尽可能全面、客观、准确、科学地认识与该目标相关事物的基础上，制定出的有助于实现这一目标的最优行动步骤、计划或指南。[①]也就是说，策划是通过概念和理论创新，利用并整合各种资源，达到实现预期利益目标的一个过程。

策划是一门艺术，也是一门科学，它需要技术的支持和文化的辅助。可以说策划是一门涉及众多学科的综合性的科学和艺术。有人将策划简单地理解为出一个点子，这只是对策划的一个片面的理解，因为任何人都能出点子，点子只是一个主意、一个火花，而策划却是系统的、专业的对完成一件事情的整个过程进行全面的计划，在一个策划中包含了无数的点子。

数字视频作品的策划也同样是一门有很深学问的学科，综合了电子信息、计算机、电视编导、音乐、美术、文学、历史、市场营销、统计学、受众心理学、管理学等各门学科的知识，而且合理地运用这些知识，制作出既不乏艺术性，又让观众喜欢的作品。数字视频作品的策划以传播目的和任务为核心，针对不同的目标受众，有计划、有步骤、有目的地进行创新思维活动，且将这一工作贯穿于整个作品制作的始终。这一定义中包含了以下几个方面的内容：

（1）数字视频作品策划的本质特征是围绕传播的目的和任务，对作品的内容、形式、发行等进行策划，一切以作品的传播目的和任务为最终宗旨。

（2）以受众为中心。不同的受众对作品有不同的需求，数字视频作品策划制作的最终对象是受众。因此，在策划的过程中要时时刻刻把握受众的心理和需求，做到定位准确、对象明确，以受众为中心。

（3）数字视频作品的策划具有步骤性。作品策划并不是一蹴而就的。在整个策划的过程中，必须根据制作该作品的目的来对各个环节进行周密而详细的计划。策划的每一个环节都与其他环节息息相关，相互影响。因此，必须注意策划的过程性和步骤性。

（4）作品策划要有创新思维。制作一个数字视频作品，以什么为内容、怎么做、怎么来

---

① 张联，黄匡宇．电视节目策划[M]．北京：中国广播电视出版社，2002：13．

表达、怎么吸引受众的目光、怎么引起受众的共鸣等，都需要策划人员从多个方面进行创新的思考，亮出自己的闪光点。

（5）作品策划的思维具有独特性，创新思维贯穿作品策划的始终。策划是循环往复无限运动的不间断过程，不能出现思维断裂。[①]

3.1.2　策划的特征

（1）策划是流水线型的团队工作。策划过程就好比一个流水线的工作，它是一种理性的思考行为，也是一种严密的工作计划，还是一个完整的媒体运作的过程。数字视频作品策划同样也是一个过程，它是以观众的收视喜好为出发点，以作品为产品，以提高收视率或点击率来获取社会效益和经济效益为目的的流水线工作。

策划作为一个完整的过程，具有像工厂作业流水线般的性质，凸显了其过程的行动性、顺序性，说明策划过程中的各个步骤都有着不同的但都同样重要的作用。它们不是孤立的，而是相互联系、相互影响的，而且每个步骤间都有先后顺序。

随着数字视频制作设备的普及，数字视频作品的制作开始走向大众化，普通民众也可以做到想拍就拍，想演就演。不论是制作大型的新闻、专题节目，还是制作自娱自乐的家庭影像，策划工作都是不可缺少的，只是工作的繁复程度不同。

（2）策划是幕后的工作。策划人员往往是一个团队中比较容易被外人忽视的人，因为他们往往在幕后工作，但是他们却又扮演着非常重要的角色。假设将当今经济社会的特征理解为人人都在做买卖，那么策划人员卖的产品就是他们的“点子”，是他们策划的一个个方案，即一项项的计划和框架。当人们对其价值进行判断时，不像对其他有实体的商品那样直观。数字视频作品策划人员是对一个作品的整体做规划，最后的成果即是一套策划方案，或者说是作品实际操作过程的一个指南。当策划人员将他们的策划方案“出手”后，制作方就开始依照这个方案给作品投资。[②]

3.1.3　策划的意义

“凡事预则立，不预则废”，“预”者，即策划也。作品制作同样需要事先的策划，这不仅仅直接关系到人力、物力和资金等社会资源的利用，也关系到该作品是否受观众喜欢。高水平的制作策划，不仅能为社会大众带来高质量的文化产品，而且还能为策划人员及相关的机构带来丰厚的经济效益。策划的意义表现在以下几个方面。

（1）策划是成功的先导。作品确立的传播目标应该通过科学的策划，制定可实施的方案，并化为行动。

（2）策划有利于后期宣传的谋势、造势和运势。

（3）策划可以使一切活动有序地进行。

（4）策划可以节约资金。科学的方案可以用最低的代价换取最佳的效果。

（5）策划可以节约人力成本。合理地调配人力，不仅能使每个人最大限度地发挥自身的

---

① 庄思聪，许之民. 数字视频（DV）策划制作师[M]. 北京：中国劳动社会保障出版社，2007：3-4.

② 庄思聪，许之民. 数字视频（DV）策划制作师[M]. 北京：中国劳动社会保障出版社，2007：4-5.

特长，还可以从总体上减少人力的支出。①

3.2　数字视频作品的策划过程

数字视频作品的策划是根据作品表现的主题，确定过程、方法和方案，进而制定出作品的拍摄方案和风格的过程。

1．确定主题

确定主题就是要有创意地设计出视频表达的主要信息内容，也就是说，要通过视频来讲述一个故事或描述一段场景运动变化的过程。这个过程非常重要，视频设计不是各种素材的堆砌，而是通过各种类型的素材表达出具有逻辑关联的信息。例如，为自己或者朋友、客户制作一个电子结婚纪念册，因此主题被确定为结婚纪念，这个主题应该突出喜庆的气氛，同时要把一些最具有纪念意义的内容保存在电子纪念册中。又如，要拍摄一部反映大学生友情的DV剧，这个主题要求接下来选择和编写的故事都应该与之相关，无关的故事应毫不犹豫地舍弃。

无论是哪种类型的数字视频作品，其主题都必须十分明确。因为主题犹如一支指南针，它会引导创作作品和贯穿作品中的枝节，而最重要的是在创作中它能避免偏离主道。

2．安排结构

有了明确的主题，又有了表现主题的素材资料，接下来就需要考虑如何将素材组织成一个整体，从而完美地表现主题，这就是作品的结构问题。

有人把结构比作骨架，它支撑着整体。就像盖房子，一个好的房屋结构，可以使砖、石、木料等构成一座结实、完美的房子；否则，材料再好，盖出的房子歪歪斜斜，甚至根本盖不成，只能是废料一堆。同样，一部好的作品也要有一个好的结构形式。在动笔编写文字稿本之前，对未来的作品要有一个完整的设想，应该考虑以下问题。

- 作品怎样进行整体布局？
- 作品如何开头？怎样结尾？首尾如何照应？
- 中间内容按怎样的层次展开？
- 作品分几个段落？段落间如何衔接？
- 作品高潮安排在哪里？怎样表现？

只有预先进行认真、周密的设计，才能使作品形成一个完整的整体，从而充分体现创作意图。

3．设计创意

主题和结构确定后，紧接着是要设计出用电视来实现的具体方案，即根据每一段落要表达的具体内容，进行主要画面、主要声音和主要字幕的配合设计。这就是将主题“翻译”成为电视画面的过程。

---

① 庄思聪，许之民. 数字视频（DV）策划制作师[M]. 北京：中国劳动社会保障出版社，2007：5.

3.3　数字视频作品的稿本

在进行数字视频作品的前期拍摄之前需要编写稿本，没有稿本的创作是盲目的、低效率的，难以保证创作作品的质量。同时，稿本还是后期制作的文字依据，因此稿本是制作数字视频作品的基础和出发点。

在编写稿本之前，首先要编写一个提纲，编写提纲的目的是整理出写作思路，确定作品的内容，明确作品的主题思想、风格、结构等。

数字视频作品的稿本主要有以下 4 种：①文字稿本；②分镜头稿本；③画面稿本；④动态稿本。

3.3.1　文字稿本

1. 文字稿本的概念和格式

文字稿本是用文字来表达和描绘将要拍摄制作的数字视频作品内容的一种文学样式。

根据数字视频作品种类的不同，数字视频作品的文字稿本可以有不同的格式。

1）提纲式

这种文字稿本一般用于以记录为主的作品中。严格地说，这不算是文字稿本，只能说是一个拍摄提纲。它主要用于确定详细的拍摄计划，包括具体的拍摄对象、拍摄场景、采访话题、线索的安排，以及结构的设计等。除此之外，这种稿本还可能只是对某个题材感兴趣，譬如是某个人物或事件的戏剧因素、命运感、典型性等，并对其中的价值有个相对的判断，并没有一个具体的拍摄大纲和实施计划，通常是边拍边看，在拍摄过程中寻找线索、安排结构、确立主题。

2）声画式

这种格式的稿本适用于类似电视专题片的数字视频作品。这种稿本包括详细的画面和解说词两部分，一般来说，画面与解说词分开左右两边写，一组画面有对应的解说词。对于纪录片的创作，可以事先把提纲式文字稿本稍加完善，成为声画式文字稿本。如表 3.1 所示就是文字稿本的一个例子。

表 3.1　文字稿本实例：BBC 电视经典教材《开拍啦》——“体育锻炼有益于提高生产效率”报道

画　面	解　说　词
一个气垫的侧面，中心是拉链入口，一名女职工走过来，蹲下去，拉开拉链，钻进去了	有一家新建的工厂，这家工厂想了一个使工人精力充沛的新方法
汽车从右边开进画面，由小到大，直至车前灯的特写。车停稳之后，车门打开了，一个人走了出来	经营这家工厂的老板是安得鲁·布朗。他过去是搞汽车行业的，可是他怀疑汽车工业能否保持长期繁荣
老板讲话时的面部特写	老板：“在我考虑该干什么的时候，我碰巧看了场电影，片名叫《毕业生》，影片中有个人说：‘你想干什么，你知道吗？有一件事你应该做，有一个词我得告诉你，就是——塑料。’”
一个充气的柱子向我们倒下来，女职工蹲下来检查柱子底部	安得鲁开始干起塑料行当

续表

画　面	解 说 词
一个三面有围栏的大充气床，两名男职工在上面不停地跳	他开始搞充气玩具和用品，销路不错
跳跃的双脚	儿童和广告商都挺喜欢。后来，为了提高生产力，他出了个新点子
几名职工和教练围成一圈做高抬腿，他们的腿也是不停地跳	每天早晨，生产之前，全体职工都要进行十分钟的体育锻炼
一名男职工正在做运动	负责锻炼和负责生产的是同一个人
几名职工做弯腰的动作	生产部长克雷夫·克来克
生产部长的面部特写。(拉) 他带领大家一起做操	部长："开头，这只是个试验。嗯，通常职工的工作效率从上班开始逐渐提高，到下午两三点达到最高，然后慢慢降下来，直到下午回家。然而体育锻炼以后，能让他们一上班就以平常两三点钟那样的效率来干活。"
生产部长讲话时的面部特写	部长："这在一定程度上是工厂在时间上的投资，虽然时间很短，却能使得全天的生产量得到提高。"
老板讲话时的面部特写	老板："在这之前，我们碰到这样的问题，就是什么时候才能真正地开始工作。嗯，好像随着人员的增加，差不多要半小时到 45 分钟才能开始工作。"
生产部长带领大家做腰部运动	老板："我们的生产部长就说：'行了，我知道了，我们来试试吧。'"
职工们做肩部绕环运动	老板："于是每天只要 5 分钟到 10 分钟就可以进入生产状态了。"
生产科长和职工们一起做肩部绕环运动	老板："每月的生产数值上去了，效果很明显。"
一名年轻的男职工的面部特写	他说："通过体育锻炼，我的体重减轻了，使我感到浑身是劲儿。我认为，这样使工厂的气氛更加和谐了。"
一名中年女职工的面部特写	她说："开头，我想这是可笑的事儿，坚持不了一周，可是你看，我们已经干了几个月了。"
另一名女职工的面部特写	她说："嗯，起初，我也想得不多，只不过早上把我们聚到一块儿，不过你瞧，现在还挺不错。"
两名年轻的男职工坐在一起，前面的一位说	他说："早晨这么干挺新鲜的。"
后面一名职工的面部特写	他说："所有筋骨都活动开了，可棒了。"
一名年轻的女职工的侧面特写，她边说边转过头来，说完便笑了	她说："大家现在身上都有点儿脏，老板和生产部长也一样，我也就觉得不怎么露丑了。"

3）剧本式

这种文字稿本的格式就像话剧的剧本一样，但与话剧剧本不同的是，它特别强调视觉造型性。一般来说，剧本创作要把握好人物的塑造。

人物是剧本的灵魂，是否塑造出一个带有典型性的，或是能引起观众产生共鸣的形象是一部作品成功与否的关键。

无论这个人物是来自现实生活、魔幻虚拟，又或是动物造型，在人物的身上和言语中，都应体现出作者的审美取向和价值评判。人物也分主要人物和次要人物，主要人物就是故事中的主人公。主人公是矛盾冲突的主体，是作品主题思想的重要体现者，其行为和思想贯穿整个故事。简单地说，故事中的大部分事情，都发生在主人公身上，或是和他有密切的关系。在大量优秀的影片中，观众都是通过对影片主人公的理解和接受，进而接受整部影片的。如《红高粱》中的"我奶奶"、《乱世佳人》中的思嘉丽、《这个杀手不太冷》中的莱昂等。

要塑造一个生动的人物形象，离不开创作者平时对生活仔细的观察，对人物的理解。这种理解不仅有自身的、作者本人的，同时也有对人物社会环境的理解和当时的历史条件、政治背景等的理解，除此以外，对自己塑造的人物还应当有第三者的，普遍社会性的理解。托尔斯泰在刚开始写《复活》的时候，先是将女主人公玛丝萝娃写成“黑色的眼睛带着堕落的痕迹”，后来多次易稿，一直到现在看到的“她那双眼睛，在苍白无光的脸庞衬托下，显得格外乌黑发亮，虽然有些水肿，但十分灵活”。这其中对人物感情的变化，也就是作者对主人公理解、同情以后产生的变化。

在优秀的文学作品中，大多用人物的动作和肢体语言表现人物性格或心理。如鲁迅的小说《药》中，对刽子手康大叔的描写是这样的：“黑的人便抢过灯笼，一把扯下纸罩，裹了馒头，塞与老栓；一手抓过洋钱，捏一捏，转身去了。嘴里哼着说，‘这老东西……’”简短的几个动作，就已经把康大叔市井无赖的嘴脸表露无遗。在改编后的电影中也可以看到，演员的表演和作家的描写是一致的。在文字稿本中，为了让演员的表演能充分表达作品的意思，要更注意对人物动作的刻画。

2. 文字稿本的目的与作用

文字稿本是制作数字视频作品的基础，在很大程度上决定了一部作品的质量。一个好的文字稿本对一部作品的成功起着至关重要的作用。

文字稿本创作是数字视频作品制作的第一个阶段。它主要由编导根据作品需要进行构思，对大量的素材进行提炼和加工，把自己对生活的感受和对外部世界的看法融于视觉、听觉形象之中，并以文字描述出来。

文字稿本是主创人员进行再创作的基本依据。在数字视频作品进行拍摄之前必须明确作品的主题是什么，内容如何表达，选择什么方式等。这些都是主创人员通过对文字稿本的研究得到的。在文字稿本的基础上，导演还需要编写分镜头稿本。

3. 文字稿本的创作原则

在创作文字稿本时，要注意以下两个原则。

1）视觉造型性

文字稿本将用来拍成活动的、连续的视觉影像，这就要求文字稿本所表现的内容具有视觉性，能与色彩、构图及情绪联系在一起，能够通过视听手段展现在银幕上。也就是说，所写的东西必须是看得见的，是能够被表现在银幕上的。因此，在写作时脑海中出现的是一幅幅画面，稿本需要明确呈现事件发生的时间和地点，要考虑到场景方面的因素。一个文字稿本，是否有华丽的辞藻，是否有生动的描写都不重要，重要的是它的文字描写是否具有转化为视觉造型的可能性。

例如，美国电影《本杰明·巴顿轶事》的剧本，虽然都是极平常的语言，但是展现在人们面前的却是一幅幅生动的画面。

所有的一切，始于黑暗之中。眼睛眨动着睁开，蓝色的双眸，最先看到的是一位年近 40 的女子，伫立在那儿，向窗外望，聆听风吹打着一扇窗子咯咯作响。

女人（画外音）：你在看什么？

卡罗琳：是风，妈妈……听说飓风就要来了……你刚才睡着了……我在等你醒来……

1. 内景，新奥尔良，医院病房，清晨，现在

这是一间医院的病房，一层又一层的白色油漆也无法掩饰它岁月的悠长……一位老妇人，年逾8旬，满面皱纹，却依然尊贵，绿色头巾包裹在光秃秃的头上，下面垫着枕头，蓝色的眼睛从床上向外张望……身上插着静脉营养支持和吗啡点滴……她的名字，是戴西·富勒。一开口便带着南方口音。

戴西：没有飓风，就没有暴风雨的季节。

卡罗琳：我已经忘记这里的天气是什么样了。我多年来过着四季分明的日子。

一位年轻的黑人女性，护理人员，多萝西·贝克，她在角落里，翻看着一本杂志，眼睛随时瞟向窗外……

多萝西·贝克：报纸上说可能会有麻烦……

戴西：1928年，他们像堆柴火一样用尸体堵溃坝的河堤。

但此时，戴西的心头却是另一番情景……她喃喃自语着……

戴西：所有的事情都来啦……像手指画一样……我觉得我像是在一艘船上，漂浮着……

卡罗琳（轻柔地）：我能为你做点儿什么吗，妈妈？让你舒服一点儿？

戴西：没什么可做的，卡罗琳。我就是……觉得眼睛越来越睁不开了……嘴里像是塞满了棉花……

焦躁不安地，感觉像是受到了禁锢，她撕扯自己的睡衣，好像它们粘在了身上一样……她开始脱衣服……多萝西站起来替她抚平衣服。

多萝西·贝克：放松点儿，戴西夫人……你会把自己抓烂的……（对卡罗琳）快要撒手了……（最后）也许就是今天。

卡罗琳自己也很清楚，但这些话，这些近在咫尺的死亡预告，让一切都更加现实……

卡罗琳：你想多来一点儿药吗，妈妈？医生说你想用多少都可以。

戴西安静下来，凝视着远方。卡罗琳坐到床上，在戴西身旁，她开始哭泣。戴西伸出瘦弱的手臂抱住女儿，安慰她。

卡罗琳（继续）：一个朋友告诉我，她永远没有机会和她妈妈说再见了。（她感谢能有这样的机会）我一直想谢谢你，妈妈，把我带到这个世界上，让我长大成人。我一直想告诉你，你对我有多么重要。我会非常想念你……

她们拥抱在一起……片刻后又分开……令人尴尬的是，两个人不再交谈……彼此无话可讲……母女之间的一段窘境……卡罗琳用一个永恒的话题来弥补它……

卡罗琳（继续）：害怕吗？

戴西：只是好奇。接下来要发生的事情……

她因身体的疼痛而抽搐起来。

多萝西·贝克：她的痛苦会越来越强烈……呼吸很快会减弱……不会再受苦了……

多萝西加大吗啡的剂量……戴西闭上双眼……在吗啡的作用下渐渐恍惚起来……思念，梦想，还有声音划过她的脑海……她说道……

戴西：1918年他们修建起那座火车站。落成的那天你父亲就在那儿……他说一个大号乐队正在演奏……哦，爸爸……

2. 外景，新奥尔良，新落成的火车站，1918 年，白天

大号乐队正在演奏，剪彩仪式在新火车站台阶的对面举行……
戴西：哦，爸爸……全南方最好的钟表匠造了那座大钟……

3. 景，新奥尔良，钟表店，1917 年，夜晚

法国居民区一间旧店铺里摆满了一排又一排的座钟和手表……
戴西（画外音）：他的名字是加托先生……凯克先生。

4. 内景，新奥尔良，医院病房，清晨，现在

一抹极其浅淡的笑容划过戴西的双唇……她自言自语道“凯克先生……”

小说、诗歌形象是用文字描写出来的，音乐形象是通过声音演奏出来的，但这些形象都不能直接作用于人们的视觉，它们必须经过人们的想象，才能在人们的脑海里形成“形象的印象”。由于读者、听者在文化、艺术等素养上的差异，这个“形象的印象”是不确定的，是千差万别的。

能表现在屏幕上，是文字稿本画面写作最基本的、最重要的要求。对此，苏联电影大师普多夫金曾做过精辟的论述，他说：“编剧必须经常记住这一事实，即他所写的每一句话将来都要以某种视觉的、造型的形式出现在银幕上，因此，他写的字句并不重要，重要的是他的这些描写必须能在外形上表现出来，成为造型的形象。”用文字写出来的画面形象最终是要诉诸视觉的，因此，编剧不必在意所写的字句本身是否优美，也不必担心由于细致的情景说明、动作介绍而显得“啰唆”，最重要的是通过这些字句清楚地表达出可以从外观上体现出来的造型形象。

画面写作要避免那些空洞的、逻辑推理式的叙述及抽象、概念化的讲解或文字性的抒情，这样的文字没有给导演提供“能在外形上表现出来，成为造型的形象”的材料。例如，“一个在沙漠中迷失方向的旅人，疲惫而干渴”，其中“疲惫”、“干渴”都是人的心里感觉，作为画面阐述，它缺少的是具体可见的外部动作、形态，因此是无法表现在画面上的。

2）动作连续性

数字视频是一种时空流动的艺术，运动连续性是视觉艺术的重要特征。这一特征决定了数字视频作品要以运动的方式来塑造人物形象，推动情节发展。任何一部数字视频作品都是在连续运动的画面中表现主题、刻画人物性格、叙述故事情节的。如焦波的 DV 作品《俺爹俺娘》真实记录了自己爹娘 20 多年相濡以沫的生活，时间跨度虽大，但人物的起居劳作和喜怒哀乐却记录得十分生动。作品中上一个场景说的是 1973 年焦波第一次给爹娘拍照片，下一个场景就到了 1988 年给爹娘第一次拍电视，中间 15 年过去了，时间的流动表现得非常自然。

4. 文字稿本的创作方法

文字稿本主要包括主题、人物、情节、对白、场景、动作说明等要素。

1）主题

主题是一切艺术作品所共有的元素，是数字视频作品的灵魂。主题是通过描绘现实生活

和塑造艺术形象所表现出来的中心思想，是作家对生活的认识和评价。

创作文字稿本时首先要考虑的是主题。主题是创作者在对现实生活的观察和体验的基础上经过反复分析和研究，从特定人物和情节中处理和提炼出的思想结晶，一般可以用一两句话概括出来。面对丰富多彩的现实生活，数字视频作品的主题可以是多种多样的，可以是对社会现象的评论，对战争的控诉，对爱情的颂扬，对人性的揭露等。

确定主题时要考虑以下三个问题：首先，主题是对现实生活的真实反映，要根植于现实生活的土壤中。稿本的写作要根据真实的事物去挖掘、去开发，使主题在作品中自然而然地显示出来，而不要脱离客观现实，恣意强加或拔高。其次，主题应是明确的，而不是含糊不清的。一部主题含糊的作品是无法引起观众共鸣的。再次，主题要深刻，要能把事物矛盾的本质意义揭示出来。好的作品要能揭示社会和人生的真谛，能反映时代的特色，能从一般的生活现象中提炼出社会性的命题和生活的哲理。

2）人物

人物的选择在剧情类作品中非常重要，它往往是整个编剧工作的主体和中心。有了人物才能安排故事情节，而且剧情类作品的主题也常常通过对人物形象的描写体现出来。人物写得不好，再好的主题也苍白无力。一部具有长久生命力，并经得住时间考验的作品肯定会有一个或几个动人的银幕形象，如《魂断蓝桥》中的玛拉、《阿甘正传》中的阿甘、《霸王别姬》里的程蝶衣、《大宅门》里的白景琦、《射雕英雄传》里的郭靖和黄蓉等。

3）情节

构思一个好的故事情节是文字稿本创作至关重要的一步，只有当人物与具体的情节结合在一起才能表现主题。

情节的组织必须遵循真实性原则。情节来源于现实，是对现实生活的加工。即使是虚构和编撰，也不能完全脱离现实生活的逻辑。

在情节的组织中要善于安排和设计冲突。故事情节是按照一定的时间顺序和因果顺序呈现的一系列的事件。剧情类作品在设计故事情节的时候，比较强调因果关系，如"国王死了，不久王后也死去"这是叙事；而"国王死了，不久王后也因伤心而死"则是情节。因此，在组织情节的时候，要使前一事件与后一事件之间存在一定的因果关系，只有事件之间的相互作用才能产生一系列冲突。冲突是推动故事情节发展的关键，冲突包括人与环境、人与时代、人与人、人物内心世界的矛盾。

情节的组织还要讲究技巧。在安排和设计矛盾冲突时，要善于运用以下 4 个技巧。

第一，要做好铺垫。情节的编织有一个起承转合的过程，包括起因、发展、高潮、结局几个阶段。写好冲突的起因、发展，才能使冲突越来越激烈，把情节推向高潮。

第二，要安排好悬念。悬念是根据观众的心理特点对剧情所做的悬而未决的设计和结局难料的安排，以引起观众的期待心理。电影悬念大师希区柯克在谈论悬念与惊悚的区别时举了一个例子：火车上放了一颗炸弹，如果预先告诉观众的话，一直到炸弹爆炸的那一刻，观众会有 15 分钟的紧张；如果一直不告诉观众，在炸弹爆炸的那一刻，观众只有 15 秒钟的震惊。前者是悬念，后者是惊悚。因此，悬念有两种情况，一种情况是建立在观众不保密的基础上，使观众期待最后的结局；另一种情况是对观众保密，不断释放出部分信息，吊住观众的胃口。

第三，要会设置困境。困境包括人物自身的困境和外在的困境。人物自身的困境主要是由人物自身的性格造成的。比如《中国式离婚》中的林小枫的困境来自于她自身性格的多疑和偏执。外在的困境包括环境造成的和突如其来的灾祸、病痛等引起的。如《贫嘴张大民的幸福生活》中，张大民一家所面临的困境都是由于居住条件而引发的；《亲兄热弟》中的困境则主要来自于老三突然得了白血病需要几十万元治病。

第四，要善于运用误会、巧合和照应等技巧。这些手法都是源于生活的，但要注意运用得恰到好处，合情合理，避免给人造成不真实的感觉。

4）对白

对白应该简洁明了，意味深长，即便是反映一个聒噪的形象也应如此。

剧本中角色的语言有其对应的个性。中国有句古话，“言为心声”，这时的“言”，不仅包括说话者已经传达出来的信息，同时还包括了言语之外的信息。读者可以从上下文关系，或是说话者、表演者的表情、肢体语言等处获得这些信息。

在中国古代文艺理论中，也有“言有尽而意无穷”的说法。著名作家海明威认为，作品展现在读者面前的只是冰山的八分之一，还有剩下的八分之七隐藏在海面之下。而一部作品真正能够让读者和观众回味无穷的，恰恰是这隐藏起来了的八分之七。

5）场景

任何一个故事的发生总是在一定的环境中的，即便是荒诞的，跨越时空的故事，主人公也只能是在其中一个特定的环境中进行自己的行为、思考、言说。环境决定了主人公的成长和生活背景，也为观众了解主人公提供了一个客观的视角。故事发生的环境在故事脚本中就是场景。

作者在创造典型人物的时候，同时也刻意地创造了一个和主人公生活环境相匹配的典型环境。例如，电影《红高粱》中表现主人公追求幸福的广袤的红高粱地。

6）动作说明

视频作品是通过画面和动作来传达信息的。剧本中的动作说明主要有两个作用，一是明确故事中人物的动作形式，有时也通过肢体语言来表达人物微妙的情绪；二是为下一个工作环节，也就是分镜头稿本做铺垫工作。

下面是文字稿本的两个例子。

文字稿本实例1：《招聘》

办公桌（从放总经理牌子的一侧拍）。总经理在对着笔记本电脑看东西。

秘书（入画）：“总经理，参加面试的人来了。”

总经理：“请他们进来。”

四位参加面试者入画。总经理：“请坐。对不起，我有点事要出去十分钟，你们稍等一下。”总经理起身出画。稍后，四个人的手先后从侧面伸向了办公桌。

D（女）（拿电话拨号码）：“喂，妈呀，我在总经理办公室等着面试呢，你知道我用的是谁的电话？是总经理的免费长途！……我觉得应该不会有问题吧，毕竟我们是百里挑一的。这也是最后一关，应该是走走形式了吧？要不然总经理也不会面试一开始就有事离开了。”

（在D打电话的同时）C在总经理的座位上看笔记本电脑。

A拿起桌上的报纸。

B 拿起一个文件夹翻看。
门响了，四人急忙收拾东西坐下。
总经理走进办公室，坐下：“让你们久等了，不过，你们四位都没有被录取，请回吧。”
四人面面相觑。
D:“可面试还没有开始啊。”
总经理：“不，我刚才离开的时候面试就已经开始了。但是你们的表现都没有达到我们公司的要求，因为你们在我离开的时候随意动了我的物品。”
A、B、C、D 一脸的惊讶。

文字稿本实例 2：×××洗发水电视广告

场景：一套整洁有序的公寓内部，从摆放的物件看得出来是一个女孩的居所。

1. 公寓门口

门铃响了，女孩去开门。
一位英俊的年轻男士手持玫瑰，笑容可掬地站在门口。
女孩将男士迎进门，请他坐下。她对着男士翩然一笑，走进了浴室。

2. 公寓内

听着浴室的水声，男士的眼睛注视着浴室的门，脸上露出微笑的表情。

3. 浴室内

女孩正在愉快地洗头。画面上出现了某品牌洗发水的产品形象。
女孩在洗发水泡沫中露出舒畅的表情，长发在泡沫的围绕中显得柔顺而具有垂感。

4. 浴室外

男士开始有些心不在焉，开始左顾右盼，脸上长出了胡楂，玫瑰有些蔫了。

5. 浴室内

女孩还在继续洗浴，泡沫轻盈地飞舞。她的脸上一直有很享受的表情。旁白响起，介绍该产品的特点。

6. 浴室外

旁白停止。男士开始打盹，头发和前一镜头相比长了，还有了些许白发，玫瑰枯萎了。

7. 浴室内

女孩丝毫没有察觉，甩着长头发，表情始终很惬意。

8. 浴室外

终于，女孩打扮好出来了。头发十分漂亮，整齐光亮，富有垂感。她看到男士有些吃惊，坐在沙发上的男士已经谢顶，人明显地变老，玫瑰彻底地干枯了，花头全部垂了下来。
看到女孩亮泽的头发，男士露出一丝苦笑，幽默地说：“再长一点点，我就等不下去了。”
女孩摇摆了一下头发，十分的飘逸和顺服。

两人微笑着走出画面。

×××洗发水产品标版飞出，伴随着标版音乐和广告语旁白。

3.3.2　分镜头稿本

1．分镜头稿本的概念和格式

完成了选题、选材、结构设计，并写出文字稿本之后，接下来就要创作分镜头稿本。分镜头稿本是导演根据文字稿本提供的思想和形象，通过总体设计和构思，所形成的将未来作品中所要塑造的银幕形象通过分镜头呈现出来的文字说明。导演在分镜头稿本中将作品切分成若干个镜头，每一个镜头详细写出画面的构图、拍摄手法、演员的高度、对白、音乐及镜头长度等。

分镜头稿本一般采用如表 3.2 所示的格式进行书写。其内容包括镜号、机号、景别、技巧、时间、画面、音响、音乐、备注等。

表 3.2　分镜头稿本的格式 1

镜号	机号	景别	技巧	时间	画面	音响	音乐	备注

镜号：即镜头的顺序号，按组成作品的镜头的先后顺序用数字标出。它可作为某一镜头的代号。拍摄时，不必按此顺序进行拍摄，而编辑时，必须按这一顺序号进行编辑。

机号：现场拍摄时，有时会用多台摄像机同时进行工作，机号则代表这一镜头是由哪一台摄像机拍摄的。前后两个镜头分别用两台以上的摄像机拍摄时，镜头的连接就在现场通过特技机进行编辑。若是采用单机拍摄，后期再进行编辑的录制，标出的机号就没有意义了。

景别：有远景、全景、中景、近景、特写等，它代表在不同的距离观看被拍摄的对象。

技巧：包括摄像机拍摄时镜头的运动技巧（如推、拉、摇、移、跟、升降等）、镜头画面的组合技巧（如分割画面和键控画面等），以及镜头之间的组接技巧（如切换、淡入淡出、叠化、圈入圈出等）。一般在分镜头稿本的技巧栏中只标明了镜头之间的组接技巧。

时间：指镜头画面的时间，表示该镜头的长短，一般以秒为单位。

画面内容：用文字阐述所拍摄的具体画面。为了阐述方便，推、拉、摇、移、跟等拍摄技巧也在这一栏中与具体画面结合在一起加以说明。有时也包括画面的组合技巧，如画面是属分割两部分合成，还是在画面上键控出某种图像等。

音响：在相应的镜头标明所使用的效果声。

音乐：注明音乐的内容及起止位置。

备注：方便导演做记事用，导演有时把拍摄外景地点和一些特别要求写在此栏。

注意：

如果作品是纪录片或专题片类型，当需要配上解说时，则应增加“解说”栏。它应当与画面密切配合，如表 3.3 所示。

表 3.3　分镜头稿本的格式 2

镜号	机号	景别	技巧	时间	画面	解说	音响	音乐	备注

如表 3.4、表 3.5 和表 3.6 所示分别是分镜头稿本的几个例子。

表 3.4　DV 短剧《缘起缘灭》分镜头稿本

镜号	景别	技巧	时间	画　面	声音	音乐
1	全	摇	6"	酒吧内部灯光闪烁，在不太明亮的灯光中，人们在吃喝、闲聊	喧闹声	爵士乐
2	全		4"	酒吧靠窗的双人桌旁坐了一个男子。桌上放着一枝玫瑰，男子面色有点焦急		
3	中		15"	男子手机响起，急忙拿出手机，开始对话。 男子：“喂，哪位？……哦，她还没来呢，我在蒙娜丽莎咖啡馆等着呢！……收到，还是原计划，再过 15 分钟打你手机，美人就 OK，恐龙就说宿舍着火了。……OK，拜托了。”	手机铃声	
4	近→全	拉	6"	从男子到整个酒吧，人们还在继续着	喧闹声	
5	全		4"	镜头对准大门口，慢慢靠近，一红衣女子推门而入，站住看了看		
6	特		3"	大美女，惊艳		
7	特		2"	红玫瑰		
8	近	跟	3"	美女走到桌边，与男子对面坐下		
9	近		3"	男子：“啊，Hi！”		
10	近		3"	女子：“呵呵，你好啊！”		爵士乐
11	近		3"	男：“你是‘梦雪’吧？”		
12	近		3"	女：“是啊，你是‘寒冰’吧！”		
13	近		5"	男：“是呀……你真的就像我梦中的雪一样，冰雪聪明，美丽无瑕！”		
14	近		5"	女：“真的吗？！谢谢。其实你也很 Cool 啊，呵呵。”		
15	近		3"	男：“是啊，别人都这么说。”		
16	近		10"	女子手机响起，女子急忙接听。 女子：“喂，我是小雪。……真的吗？……好的，我马上赶回来！”	手机铃声	
17	近		10"	女子：“不好意思，我得马上回去！” “为什么，不才来吗？” “宿舍着火了！Bye Bye!”		
18	近		4"	男子木然地坐在那	铃声渐强	
19	特		10"	男子手机响，但他一直没接，任凭它响		

表 3.5　电视散文《一棵开花的树》分镜头稿本

镜号	景别	技巧	画　面	解　说	音乐	效果
1	特		一朵在风中摇曳的粉红色小花，背景为一片青青的草地		略为哀伤慢速的音乐	
2	全	化	屏幕正中出现字幕“电视散文欣赏”			
3	全	化	字幕换为“一棵开花的树——席慕蓉”			
4	中		夕阳下，阳光映出一名女子的侧脸，此女子迎风而立，长发随风飘散，双手合十。背景为葱郁的树木	（慢速）如何让你遇见 我在我最美丽的时刻		

续表

镜号	景别	技巧	画　面	解　说	音乐	效果
5	近		几根香在香炉中缓慢燃烧，背景为一寺庙大堂	为这 我已在佛前求了五百年 求佛让我们结一段尘缘	略为哀伤慢速的音乐	木鱼声
6	全		一棵长满翠绿叶子的树	佛于是把我化作一棵树		
7	特		阳光下似闪光的叶子，随风摆动	长在你必经的路旁		
8	特		树枝上的淡粉红色花朵随风轻摆	阳光下 慎重地开满了花 朵朵都是我前世的盼望		
9	全		正午的阳光下，一棵开满花的树			
10	远	慢动作	远处走来一名男子，越走越近	当你走近 请你细听		
11	全		男子经过树旁	那颤抖的叶 是我等待的热情		
12	远		男子缓缓走过，走远，消失	而当你终于无视地走过		
13	全		无风吹过的树			
14	近		一朵花飘然落下			
15	全		路面上散满花瓣。一阵风吹过，花瓣随风飘起	在你身后落了一地的 朋友啊 那不是花瓣		
16	近		一片完整但枯黄的叶子落下	那是我凋零的心	同上	
17	全		叶子被风吹至空中，背景为灰蒙蒙的天空			
18	全		叶子打着转儿，缓缓落至地面（淡出）			

表 3.6　专题片《留学热》分镜头稿本

镜号	景别	技巧	画　面	解 说 词
1			字幕:“谨以此片献给奋战在出国留学道路上的战士们……”	
2	全		高楼大厦	随着改革开放步伐的日益加快，经济全球化、教育全球化的概念被提上了议事日程
3	远		街景	
4	近		行色匆匆的人们（长焦）	
5	全		外商和内地商人签订合同并握手致意	越来越多的国家向中国敞开了大门
6	近	移	教室里，一些同学在听一位老师作报告，黑板上写着“留学出国前的准备工作”	出国留学也已经成为一件很普通的事

续表

镜号	景别	技巧	画　面	解　说　词
7	中	跟	南京邮电大学门口，背着书包往校园内走的两名女生	从20世纪90年代开始，我国有数以万计的大学生
8	全		放学时走出校园的中学生	中学生
9	近		校园内嬉戏玩耍的两名小学生	甚至是小学生走上了出国留学的道路
10	全		新东方课堂内上课的老师	近些年的发展也表明，留学归国的“海归派”们，带来了国外先进的科学理念
11	全	移	从南京依维柯汽车有限公司驶出的一辆辆依维柯汽车	为我们的社会创造了巨大的财富
12	远		学校里下课后的人流（长焦）	然而，正是这种留学热潮，引发了一系列不良的社会效应。在不久的将来，当这些负面效应反作用于我们的社会时，我们又该如何面对
13	特		行走的人群，匆匆的脚步（长焦）	
14			字幕：负面效应一——留学低龄化	
15	全		教室里坐满上自习的大学生	中国学生之间的竞争随着国门的打开而愈演愈烈
16	特	跟	从三牌楼小学走出的一名小学生走进路旁停着的汽车里	有条件的家庭为了让孩子逃避竞争
17	中		一名中年男子拿着报纸	开始考虑过早地将孩子送出国门
18	特		中年男子看的留学中介广告	
19	全	跟	两名小学生在路上走	于是出国学生的年龄越来越低，有些甚至才刚上小学
20	中		南京邮电大学里面一名身着奇装异服打街头篮球的男生	但是多年过后，当他们发现自己孩子的人生观、价值观全盘西化，已经和他们格格不入的时候，他们才意识到问题的严重性
21	全	跟	一对穿着校服的高中生情侣在嬉戏打闹	
22			字幕：负面效应二——留学盲目性	
23	特		南京日报上的出国中介广告	自从2000年开始，留学生突然增多，所到的国家也越来越繁杂，可谓五大洲、四大洋到处都有，就连冰岛等一些偏远国家也有很多中国留学生
24	特		现代快报上的出国中介广告	
25	全		某留学中介门口	
26	近		工作人员向家长、学生说着什么	与此同时，各种中介公司在这样的大环境中犹如雨后春笋般涌现出来
27	近		家长和学生在认真听着	
28	中	摇	从工作人员摇到咨询客户	这更加迎合了很多愿意自费出国的人的胃口
29	全→特		屏幕显示网络文章“留学黑中介魅力的陷阱”（快推）“黑中介”	可是，近年来由于中介市场的急剧扩大，黑中介应运而生
30	全→特		屏幕显示网络文章“郑州打击留学黑中介”（快推）“黑中介”	多少留学生和他们的家人成为了这些中介的牺牲品，直至走到人财两空的境地
31	特		屏幕显示网络文章“教育部曝光留学黑中介”（快推）“黑中介”	可以说，留学热正是“黑中介”滋生的温床

续表

镜号	景别	技巧	画　面	解　说　词
32	中	跟	金川亭旁早晨朗读英语的一名男生	出国留学，是很多人心中梦寐以求的人生经历
33	特	跟	操场上正在打球的一名男生	但是，当需要做出选择的时候，我们切不可被留学的热潮冲昏头脑
34	全	摇	眼镜湖左边的一对情侣，摇到在看小说的一名女生	毕竟，出国留学并不是我们唯一的道路。太多的事实告诉我们，大洋彼岸的天空也并不像大多数人想得那样蔚蓝
35	远	摇	俯瞰校园全景上摇到蓝色的天空	只要充实自己的现在，把握自己的未来，不论在什么地方，我们都能找到一片属于自己的天空

2．分镜头稿本的目的和作用

将文字稿本加工成分镜头稿本，不是对文字稿本的图解和翻译，而是在文字稿本的基础上进行画面语言的再创造。虽然分镜头稿本也是用文字进行书写的，但它已可以在脑海里“放映”出来，获得了某种程度可见的效果。

分镜头稿本的作用就像建筑大厦的蓝图，为作品的摄制提供了依据，全体摄制人员根据分镜头稿本分工合作，协调摄、录、制的各项工作。

3．分镜头稿本的创作原则

1）依据视觉心理的规律

画面是给观众看的，观众观看时就会产生如何将被拍摄对象看得更清楚的心理活动。例如，是从远处看，还是近处看；是整体看，还是局部看；是从高处往下看，还是从低处往上看；是跟着看，还是固定下来详细看；另外，是观众看，还是剧中人看等，这些都是根据视觉心理规律在分镜头中需要用到的景别与拍摄技巧。

2）依据蒙太奇组接的原则

用蒙太奇手法去进行镜头组接，从而构成镜头组，是分镜头的重要依据。

4．分镜头稿本的创作方法

1）研究文字稿本

根据文字稿本中画面内容的描述，勾画出一系列需要表现的形象和动作。这些形象和动作在导演的头脑中一经形成，就要仔细分析表现它们的可能性，设想用什么样的手法去表现。把这些设想的雏形和实际拍摄的对象进行核对后，要用多少镜头、每个镜头的长度，以及镜头的技术和艺术要求等基本上都可以确定了。

例如，文字稿本上有这样一段内容：“在辽阔的高原草地上，放牧着一群群肥壮的牦牛。牛群中一只黑色的小牛犊紧衔着母牛的乳头，吸吮着乳汁。小牛犊的脖子上系着一块小铜牌，上面打印着编号：试 B-012。”

如果用镜头来表现上述内容，可以这样分析：“在辽阔的高原草地上，放牧着一群群肥壮的牦牛”，其中要表现“辽阔的草地”和“一群群牦牛”，需要用远景或摇拍的全景镜头；

而要看清是“牦牛”，则只有选择全景镜头。对于“牛群中一只黑色的小牛犊紧衔着母牛的乳头，吸吮着乳汁”这一小段内容，其中“牛群”，应该用全景镜头；而表现“小牛犊吸乳”的动作，则最好用近景镜头；两者接合起来，可以用全景镜头推至近景镜头来表现。对于“小牛犊的脖子上系着一块小铜牌，上面打印着编号：试 B-012”这一小段内容，则应该用一个特写镜头来表现。

按照上面的分析，分镜头时可以有两种方案。

（1）第一种方案：用一个镜头表现。

镜头采用“全→近→特（30～35s）”的顺序，（全景，摇拍）辽阔的高原草地上，一群群牦牛。（机位下移、推拍）牛群中一只黑色的小牛犊紧衔着母牛的乳头，吸吮着乳汁。（推成特写）小牛犊的脖子上系着一块小铜牌，上面打印着编号：试 B-012。

这个镜头过程是全景摇推至近景，同时机位下移近景推至特写。全部过程完成一般需要 30～35s，并且从全景直推到特写，对摄像机变焦镜头的变焦倍数要求较高，摇、推、移全用上，拍摄难度较大。其中采用机位下移是由于全景摇拍时，一般拍摄角度是俯拍，机位较高，而近景拍摄小牛犊吸吮乳汁又必须采取较低的机位仰拍或平拍，因此在全景推近景的过程中机位要同时下移。

（2）第二种方案：用三个镜头表现。

① 远景 5s：辽阔的高原草地，牛群遍布。

② 全景 3s：牦牛群。

③ 近景→特写 10s：黑色的小牛犊紧衔着母牛的乳头，吸吮着乳汁。小牛犊的脖子上系着一块小铜牌，上面打印着编号“试 B-012”。

究竟采用哪一种方案，往往取决于作品的需要、导演的风格及拍摄的可能性等。以这个例子来说，第二种方案更合适。

2）分析与落实拍摄题材

撰写分镜头稿本的过程是导演将文字稿本的文字形象转化成银幕或荧屏形象的过程。这需要导演准确理解稿本主题，领会稿本的时代背景和社会氛围，梳理稿本中的人物、故事、风格，并对摄像、美工、录音、音乐、化妆、道具等方面进行设计。因此，撰写分镜头稿本时不仅要对文字稿本进行改动，还要做技术处理，确定场景、人物对白和表演，注明摄像机的位置、角度和运动方式，列出每一个拍摄场地所必需的各项要素，并对这些要素是否能落实做到心中有数，确保所有人员和物品在拍摄时能准确到位，从而保证拍摄工作的顺利进行。

3）构思分镜头的要点

分镜头不是对文字稿本的简单图解，而是在文字稿本基础上的再创作，是在文字稿本的基础上运用电影、电视的表现手法和蒙太奇方法将稿本内容分解成若干个镜头，并将这些分镜头按一定的逻辑关系组成一个个段落和场景。构思分镜头稿本时要在明确文字稿本的主题、风格、情节、矛盾冲突等基础上，充分考虑作品画面内容表现的需要、主题表现的需要、拍摄的可能性和观众的心理要求等。

在构思分镜头时要充分利用影视艺术的表现力，从艺术形式和表现手法两方面入手。在艺术形式上，分镜头稿本的编写要求从“形、声、光、色、美”5 个方面入手，做到画面内容形象生动、造型优美，解说精练、流畅，光效动人，色彩丰富，美术效果和真实效果统一，音乐的使用要服从整体。在表现手法的运用上要充分体现电影、电视的艺术性，可以从以下方面来考虑。

（1）有意识地运用构图手法来描述画面内容，包括主体和陪体的安排、画面上景物的位置安排、视野范围（通过景别表现）和镜头变化（通过拍摄技巧表现）的处理等，甚至可以直接用画图来取代文字内容。

（2）要注意变化景别。景别没有变化，长时间让观众看到相似的视野范围，则感觉很“平淡”，没有起伏，节奏慢。同时，景别的变化要注意逐渐变化，由近景逐渐到远景，或由远景逐渐到近景、特写。

（3）要灵活使用推、拉、摇、移、跟等拍摄技巧。一般而言，若画面内容是一些静止不动的景物，则可多考虑使用镜头运动变化的技巧；若画面内容是一些运动变化的事物或较细微的对象，则可多考虑使用固定镜头。这也是一种对比手法的运用。

（4）要考虑镜头组接的手法。构思分镜头时，要依据组接原则和表现方式进行镜头的分割和组接等。同时要适当选用组接的“化、淡、划、甩”等技巧，并注意寻找和构思镜头内容过渡的衔接因素，并在画面的文字描述中注明，以引起拍摄和剪辑人员的注意。

（5）编写时要考虑节奏。利用镜头的内容变化、景别变化、拍摄运动的快慢变化和长短组接，并利用音乐、音响等因素，造就作品的节奏快慢。①

3.3.3　画面稿本

分镜头稿本已经使创作者清晰地看到了作品的拍摄结构。为了进一步明确创作意图，体现整体构思，有时还会把分镜头稿本视觉化，也就是创作画面稿本。

1．画面稿本的概念

画面稿本又称故事版、画面分镜头稿本或镜头画面设计，是为了体现未来影片各镜头画面形象的构思而设计的图样。

电影美术师在影片开拍前，按分镜头稿本的提示和银幕画面的比例规格，以草图、绘画或照片的表现方法，制作出单色或彩色镜头画面，描述出未来影片主要的场景气氛、段落蒙太奇的造型意图、主要人物在情节中的动作和造型形象、光线处理、色彩基调、静态和动态构图、特殊场面的效果及运动中的造型节奏变化等。

2．画面稿本的目的及作用

画面稿本按照分镜头稿本的顺序，将影片段落或整部影片的主要动作和叙述流程视觉化地表现出来。画面稿本的主要功能是使分镜头稿本视觉形象化，它是深入研究镜头的有效手段。画面稿本把各个艺术部门的想象汇成可视的造型语言，把分镜头稿本的构思和设想——如画面的节奏变化、构图特点及影片的色彩等具体化、视觉化，用图画的方式展示出各种造型因素在影片中的运用。通过画面稿本来统一影片各部门的创作意图，体现影片的整体构思，从而起到将分镜头形象化的作用。画面稿本被广泛应用于动画片的制作中，以及呈现给客户审阅的电视广告影片企划中。

① 中国就业培训技术指导中心. 数字视频（DV）策划制作师[M]. 北京：中国劳动社会保障出版社，2008：16-18.

3. 画面稿本的创作原则

画面稿本需要用图画的方式落实故事稿本的内容，标出演员的旁白和解说词，用画面而不是用文字来描述镜头所表现的内容。具体来说，画面稿本创作要做到以下几点。

（1）将导演的创作意图充分体现在整个稿本中。

（2）根据不同的内容和影片风格，流畅、自然地使用分镜头。

（3）画面形象应该清楚明了，简单易懂。

（4）分镜头的连接，如切换、淡入淡出等要标记清楚。

（5）演员站位的空间感要明确。

（6）演员服饰的重点和细部要标记清楚。

（7）对话、声音效果要标记明确。

（8）要标明摄制组成员的工作注意事项。

4. 画面稿本的制作格式和创作方法

1）画面稿本的制作格式

画面稿本的制作没有固定的格式，它以使人能看懂为标准。画面稿本的主要内容是图画描绘和文字提示，其次是镜号、长度、背景音效等，如图 3.1 所示。

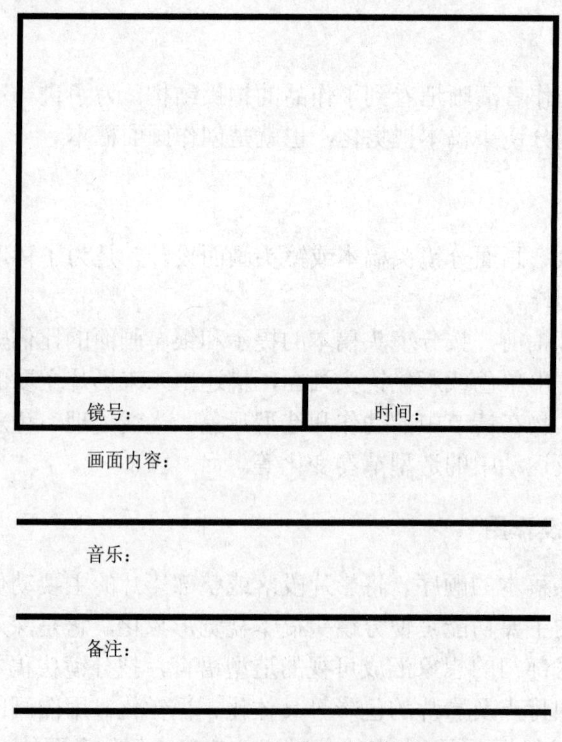

图 3.1　画面稿本的制作格式

2）画面稿本的创作方法

画面稿本的创作可以采用多种不同的方法，例如，采用手绘草图的方法快速表现；在手绘草图的基础上对画面着色；以照片的方式拍摄镜头构图；借助计算机软件合成照片或手稿研究镜头画面等。在制作画面稿本的过程中，还可以将不同的方法综合起来，如图 3.2 所示是画面稿本的一个实例。

镜号：21　时间：4s

画面内容：出租车上。王芝靠在张小勇的肩上说：“你真的不走了吗？”

镜号：22　时间：5s

画面内容：张小勇的画外音：“是的，不走了。”出租车拐了个弯，停了下来。

镜号：22　时间：5s

画面内容：王芝拿出钱递给了出租车司机，回头对张小勇说：“伯父和伯母一定等着急了。”

图 3.2　画面稿本实例

3.3.4　动态稿本

画面稿本表现了视觉信息所传达的色彩、构图、空间、运动等要素，但作为音频和视频作品，还需要加入时间和声音。动态稿本能够将时间和空间等要素组合在一起，完善视听语言的综合研究。

1．动态稿本的概念

动态稿本实际上是动态的画面稿本。读者可以将画面稿本进行扫描，将这些画面置入 Premiere 或者 After Effects、FinalCut pro 等时间线编辑软件或专门的动态稿本制作软件中，通过如放大、缩小、移动、叠化等软件功能，使画面稿本的单帧图画产生运动，然后加入声音进行合成，最后生成的效果就像一次实拍前的预演，或是一个影片的动画版。

一旦完成了一个动态稿本并基本确定之后，接下来需要做的是考虑实际拍摄的效果，以及在预想的拍摄环境中有可能更改的场景。

2．动态稿本的目的与作用

动态稿本是把平面的图画制作成活动的画面（一般做成动画的形式），可以用它来研究镜头的运动（如推、拉、摇）；计算每一个镜头的时间长度；镜头画面之间的衔接关系、声音和画面的关系，以及研究影片的节奏等。在动态故事版中，导演基本可以预见到实际的拍摄效果。

3．动态稿本的创作原则

在创作动态稿本的过程中，在注意和分镜头稿本保持对应关系的同时，也可以根据实际情况进行改进与再创作，这是因为分镜头稿本和画面稿本是静态的，而动态稿本是在时间线上画面的动态感觉与声效配合的表现。此外，在创作动态稿本时，还要注意时间长短、影片节奏、声音效果等问题。

4．动态稿本的创作方法

在计算机没有问世以前，动态故事版的制作是采用雇佣临时演员，用录像拍摄的方式进行创作的。目前主要使用计算机技术进行创作。

一种方式是通过计算机创作动态稿本。首先将画面稿本进行扫描，在 Photoshop 中把主要画面分出前景层和背景层，某些动作环节还要多分几层，然后将分层文件置入 Premiere 或 After Effects、FinalCut Pro 等时间线编辑软件中，通过编辑、特效处理、合成等，将静态的画面稿本动态化。最后配上声音，在时间线上进行合成。

另一种方式是使用专业软件制作动态稿本。利用专业软件所提供的各种素材、运动方式、场景空间等，创作者能够方便、快速地进行动态稿本创作。

总之，拍摄一部视频作品，前期的准备工作看似芜杂，但对实际的拍摄工作来说，至关重要。如果前期的工作充分、到位，在实际拍摄的时候，就可以将注意力集中在现场演员的表演、光线变化等这些不可预知的方面上。

3.4 练 习 题

一、填空

1. 提纲式的稿本一般用于以（　　）为主的作品中。

2. 声画式的稿本适用于类似电视专题片的数字视频作品。这种稿本包括详细的（　　）和（　　）两部分。

3.（　　）创作是数字视频作品制作的第一个阶段。它主要由编导根据作品需要进行构思，对大量的素材进行提炼和加工，把自己对生活的感受和对外部世界的看法融于视觉、听觉形象之中，并以文字描述出来。

二、名词解释

1. 文字稿本
2. 分镜头稿本
3. 画面稿本
4. 动态稿本

三、简答

1. 简述策划的特征和意义。
2. 简述数字视频作品的策划过程。
3. 简述分镜头稿本的创作原则。
4. 简述画面稿本的创作原则。

四、写作题

1．试使用影视剧本创作软件进行文字稿本的写作。

2．编写文字稿本。要求：题材不限，格式正确，叙述完整，具有视觉造型性；全文不少于 500 字。

第 4 章　数字视频制作系统的配置

摄像机和非线性编辑系统是数字视频制作的物质基础。目前数码摄像机和非线性编辑系统发展速度之快，超出了人们的想象。只有系统地学习摄像机、非线性编辑系统的工作原理、构造、种类和使用技巧，并且在实践中不断总结经验，才能高质量地完成拍摄和制作工作。本章主要介绍摄像机和非线性编辑系统的相关知识。

4.1　摄像机的性能与配置

4.1.1　摄像机的工作原理与种类

1．摄像机的工作原理

摄像机主要由光学系统、光电转换系统和录像系统 3 部分构成。其中，光学系统的主要部分是镜头，镜头由各种各样的透镜构成，当被摄主体经过透镜的折射在光电转换系统的摄像管或电荷耦合装置的成像平面上形成焦点时，光电转换系统中的光敏元件把焦点外的光学图像转变成携带电荷的电信号，从而形成被记录的信号源。录像系统则把信号源送来的电信号通过电磁转换成磁信号并将其记录在录像带上。因此，从能量的转变来看，摄像机的工作原理是一个光—电—磁—电—光的转换过程，摄像机的工作就是成像、光电转换和录像的过程。

2．镜头的工作原理

要弄清摄像机是如何成像的，首先要弄清什么是镜头。镜头是摄像机的重要部件，一般被突出安装在摄像机机身的前面，被称为摄像机的眼睛。它不但能将要拍摄的景物真实而清晰地反映到成像装置上，而且能改变被摄景物的客观影像。要了解镜头的成像原理，首先要了解与镜头相关的焦距、视场角、光圈和景深等概念。

1）焦距

焦距即焦点距离，是光学镜头的中心到摄像管前的靶面或固体摄像器件成像装置靶面（前表面）之间的距离。焦距是标志光学镜头性能的重要数据之一。在摄像的过程中，摄像师可以经常变换焦距，从而采用标准镜头、长焦距镜头和广角镜头等来进行造型和构图，以形成多样化的视觉效果。

2）视场角

不同焦距的光学镜头，在水平方向上可摄取的景物范围也不同，这一特征主要表现为视场角的不同。视场角指的是摄像管或 CCD 中有效成像平面边缘与光学镜头的中心所形成的夹角。从造型角度来说，镜头的视场角反映了摄像机所拍摄景物范围的开阔程度。在摄像机与被摄主体之间的距离相对固定的情况下，镜头的视场角越大，所拍摄画面的视野就越开阔，被摄主体在画面中也就越小；反之，镜头的视场角越小，所拍摄画面的视野就越狭窄，被摄主体在画面中也就越大。镜头的视场角主要受镜头成像尺寸和镜头焦距的制约，但由于摄像机的成像面积基本上是固定不变的，因而在实际的拍摄中，影响镜头视场角变化的往往只有镜头焦距的变化。镜头焦距与视场角的大小成反比关系，焦距越长，视场角就越小；焦距越短，视场角就越大。

3）光圈

光圈是镜头里面用来改变通光孔径、控制通光量的机械装置，它由一组弯月形的薄金属片组成。在实际的拍摄中，通过调节这些金属叶片来构成大小不同的镜头开口，可以改变光圈通光口径的大小，控制进入摄像机光线的多少，光圈越大，通光量就越大；光圈越小，通光量也就越小。

镜头的光圈一般用光圈系数来表示，如 2、2.8、4、5.6、8、11、16、22 等。光圈与光圈系数成反比，即光圈越大，光圈系数就越小，如光圈 1.8 的通光量比光圈 22 的通光量要大。提高或降低一挡光圈数，其通光量就减少一半或增加一倍，因此，镜头的光圈系数越小，就意味着其能在越低照度的条件下工作。

现在的摄像机一般都有自动调节光圈的装置，在很多情况下，自动光圈可以根据拍摄场景的平均照度而自动开启或闭合，给摄像师带来了很多便利。但是，在光照条件发生快速而频繁的变化时，当被摄主体明暗对比过分强烈时，自动光圈不能完全代替手动光圈，摄像师只能采用手动光圈来选择适当的通光孔径。

4）景深

当镜头聚焦于被摄主体的某一点时，这一点上的物体就能在电视画面上清晰成像。在这一点前后一定范围内的景物也比较清晰。这就是说，镜头拍摄景物的清晰范围是有一定限度的。这种被摄主体中可以清晰成像的纵深范围就是景深。景深有一个最近距离和最远距离，当镜头对准被摄主体时，被摄主体前面的清晰范围称为前景深，后面的清晰范围称后景深。前景深和后景深加在一起，就是整个电视画面从最近清晰点到最远清晰点的深度，称为全景深。通常所说的景深指的是全景深，如图 4.1 所示。

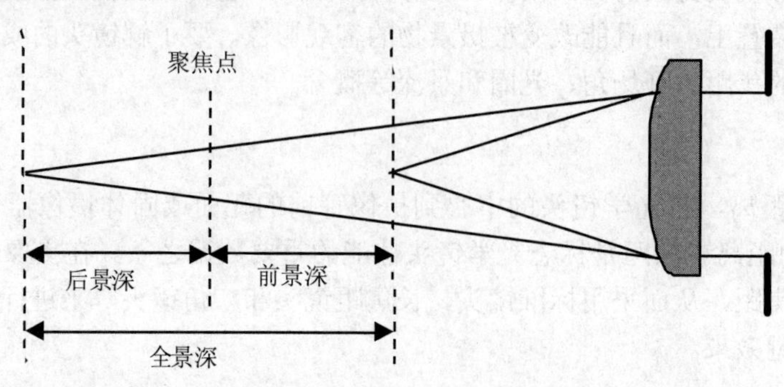

图 4.1　景深

正确理解和运用景深原理，有助于拍摄出满意的电视画面。如果景深大，焦点清晰的区域也大，被拍摄的人和物能够在景深范围内移动而不会离开焦点；如果景深小，焦点清晰的区域也小。决定和影响景深的主要因素有光圈、焦距和物距。

- 光圈：在镜头焦距相同和拍摄距离相同的情况下，光圈口径越小，画面的景深范围就越大；反之，光圈口径越大，景深的范围就越小。
- 焦距：在光圈系数和拍摄距离都相同的情况下，镜头焦距越短，画面的景深范围就越大；镜头焦距越长，景深范围就越小。
- 物距：物距指的是被摄主体与镜头之间的距离。在镜头焦距和光圈系数都不变的情况下，物距越远，画面的景深范围就越大；物距越近，景深范围也就越小。

3．摄像机的种类

摄像机的种类繁多，用途也越来越广泛。可以按不同的标准对摄像机进行分类。

（1）按性能和用途的不同，可将摄像机分为广播级、专业级和家用级 3 种。

广播级摄像机是最高档的，主要用于广播电视领域，其图像质量最好，彩色、灰度都很逼真，几乎无几何失真，具有优良的暗场图像。在允许的工作范围内，图像质量变化很小。即便是在工作环境恶劣的情况下，也能拍摄出比较满意的图像，性能稳定，自动化程度高，遥控功能全面，体积稍大，价格也最高。

专业级摄像机主要用于电化教育、闭路电视、工业、医疗等领域。图像质量低于广播级，价格便宜、小巧轻便。

家用级摄像机主要用于家庭娱乐，如旅游、婚礼、生日、聚会等场合，图像质量一般，价格低廉。但是，它在节目制作上也有用途，例如，业余人员遇上突发事件时，用家用级摄像机可拍摄一些趣闻、奇观。近几年来，家庭级摄像机逐渐向着高质量、固定化、小型化、自动化、数字化的方向发展。

（2）按制作方式的不同，可将摄像机分为演播室用（ESP）、现场制作用（EFP）和电视新闻采集用（ENG）3 种。

演播室用（ESP）摄像机图像质量最好、清晰度最高、信噪比最大、体积也稍大。

现场制作用（EFP）摄像机图像质量等指标略低于演播室用摄像机。

电视新闻采集用（ENG）摄像机主要用于外景工作环境下，要求体积小、重量轻、便于携带、机动灵活、操作简单。

（3）按摄像器件的不同，摄像机可分为摄像管摄像机和固体摄像机两种。

固体摄像机的光电转换是由半导体摄像器件完成的。广播电视用摄像机是由电荷耦合器件（CCD）构成的。其主要方式有 3 种：行间转移方式，简称 IT 方式；帧间转移方式，简称 FT 方式；帧-行间转移方式，简称 FIT 方式。

摄像管摄像机目前已被淘汰。

（4）按摄像器件的数量，可将摄像机分为三片摄像机、两片摄像机和单片摄像机 3 种。

三片摄像机使用 3 个 CCD 芯片，分别产生红、绿、蓝 3 个基色信号，能够得到很高的图像质量，彩色还原好，清晰度与信噪比高，用于广播级和业务级摄像机。

两片摄像机的图像质量低于三片摄像机，价格并不便宜，是一种过渡型机种。

单片摄像机使用了一个 CCD 芯片，利用特殊的方法产生红、绿、蓝 3 个基色信号，图像质量一般，多用于监视系统及家庭娱乐类摄像机。

（5）按摄像机存储介质的不同，可分为磁带式摄像机和硬盘式摄像机两种。

磁带式摄像机是将所拍摄的素材保存在磁带中，其主要优势在于使用方便，价格相对比较低，技术相对而言比较稳定和成熟，维修也比较便宜。而购买方面，从低端入门到中高端机器，不论是品牌或型号及价格都非常丰富，能满足各类消费者的需求。主要不足在于其后期的采集、压缩和编辑，需要专门的视频采集卡和采集软件。

硬盘式摄像机的存储介质采用的是微硬盘。在用法上，只需要连接计算机，就能通过摄像机或者读卡器将动态影像直接复制到计算机上，省去了磁带式摄像机采集的麻烦，非常方便。当然，由于硬盘式摄像机产生的时间并不长，还存在诸多不足，如怕震、价格高等，但随着技术的不断进步和价格的进一步下降，未来对硬盘式摄像机的需求必定会大大增加。

4.1.2　摄像机的基本构造

无论是哪种档次的摄像机，一般都是由镜头、寻像器、机身和话筒等部分组成的，如图 4.2 所示。

1. 镜头

镜头是一种光学装置，由许多光学玻璃镜片和镜筒等部分组合而成。它最基本的作用就是把自然环境中景物的影像经过选择之后投影到摄像管靶面上成像，一般为变焦距镜头，由遮光罩、聚焦环、变焦环和光圈等部分组成，如图 4.3 所示。

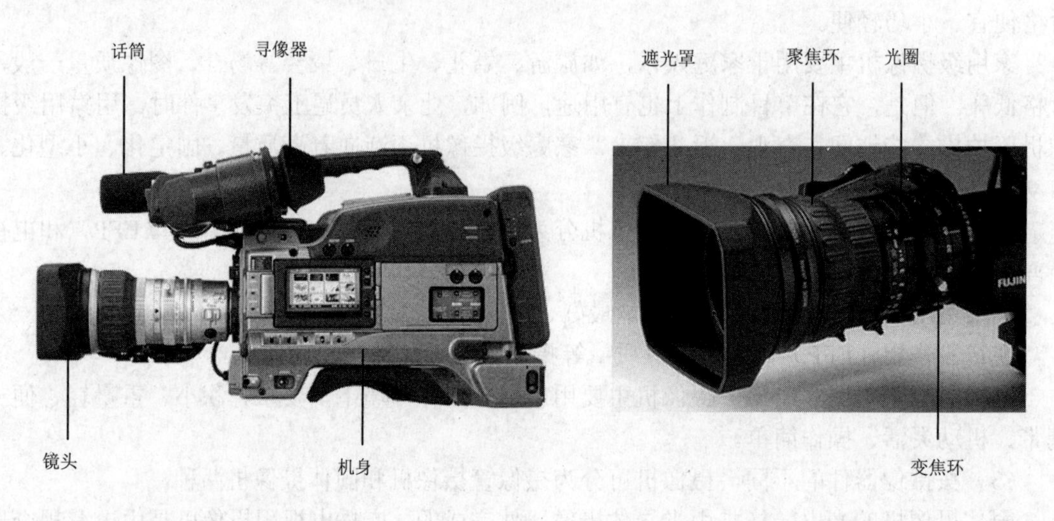

图 4.2　摄像机的构造　　　　图 4.3　镜头

1）遮光罩

遮光罩在拍摄时主要用于遮挡余光。

2）聚焦环（FOCUS）

聚焦环用于调整被摄主体的虚实，以达到聚焦的目的。

聚焦环的调整方法主要有特写聚焦法和自动聚焦法两种。

- 特写聚焦法：选定机位、角度和画面构图之后，选择构图中的主体（主要表现物），推至主体特写或大特写，观察寻像器并调整聚焦环使主体清晰，调好后再将焦距改为原定画面构图需要的聚焦。以上调整应确保从广角（W）到摄远（T）镜头之间的变焦均能使图像清晰。这是经常采用的一种聚焦方法。

- 自动聚焦法：通过电子线路的方法或光学的方法进行自动聚焦。自动聚焦功能在很多情况下不能进行，如被摄主体照度过暗、对比度太低、画面没有垂直线条、远近物体同时在检测范围之内、由远到近连续移动的物体、画面具有等距的细条纹状的物体等，在这些情况下应使用手动聚焦。

3）变焦环

变焦环用于改变视场角的大小，以达到改变景别（景别指被摄主体在单个镜头中所呈现的范围）的目的。

变焦镜头具有在一定范围内连续变换焦距而成像位置不变的特性，在拍摄中对画面取景的大小可相应地连续变化，即景别可以从大到小或从小到大连续变化。

在摄像机和被摄主体距离不变的情况下，应用不同焦距的镜头摄取画面，画面效果将存在很大的差异，主要体现在对景物构图剪裁的范围大小的不同。广角镜头所拍摄的范围最大，标准镜头居中，望远镜头最小。

目前有很多摄像机都具有数字变焦功能，该功能可增加原焦距的倍数，延伸镜头的长焦范围，但会影响图像质量，一般在要求较高的艺术节目中不宜使用。

4）光圈

光圈是一个由许多互相重叠的金属片组成的开度可调的圆形光阑，能在很大范围内变换镜头的有效孔径，可以用来控制通光量的多少。调整光圈可改变图像的亮度和景深。光圈环上有一组数字，称为光圈系数，如 2、2.8、4、5.6、8、11、16 等。光圈系数越大，通光量就越小；光圈系数越小，通光量就越大；C 为关闭。

5）手动变焦杆

当手动/电动（MANU/SER）变焦选择开关打到手动位置时，转动此杆可以达到手动变焦的目的。

6）放大杆/微距（近距）摄像调节杆

大多数摄像机镜头在靠近接头的地方，有一个 1～2cm 的拨杆，旁边标有英文字母 MACRO 或 M，此杆称为放大杆或微距（近距）摄像调节杆。调节此杆可实现近距离拍摄。需要注意的是，近距离拍摄后务必将放大杆再拨回原来的位置。

7）ZOOM 变焦距选择开关

此开关用于选择变焦方式是手动还是电动。手动拨至 MANU，电动拨至 SER。

8）FB 焦点长度调整环及后聚焦固定杆

FB 焦点长度调整环也称为后聚焦环。此环可调整焦点长度，与聚焦环配合调整可使摄像机在变焦过程中始终保持良好的聚焦，一般情况下不需要调整。后聚焦固定杆用于旋松或固定后聚焦环。

9）电动变焦选择开关

当摄像机手动/电动变焦选择开关置于 SER 位置时，按此开关的两端，可实现摄远（T）

或广角（W）。电动变焦的速度可由开关选择，也可由按动的力度控制。当变焦速度开关置于FAST或用力按下时，变焦速度快；当变焦速度开关置于SLOW或轻按时，变焦速度慢。

10）光圈自动/手动选择开关IRIS

用于选择光圈是处于自动调整状态还是手动调整状态，A为自动调整，M为手动调整。

11）光圈临时自动调整按钮

当光圈自动/手动选择开关置于M位置时，按住此按钮，光圈就处于临时的自动调整状态；当把这个按钮松开时，光圈就固定于刚才自动调整的位置。如果有需要，还可以再进行手动调整，此按钮可在手动调整光圈时为摄像人员提供一个参考值。

12）视频返回按钮RET

此按钮可以用于检查录像信号。在摄录状态下，按下此按钮，可以把E-E录像信号从VTR传送到寻像器。如果有视频线路输入，按住此按钮时，摄像人员可以在寻像器中查看线路输入的视频信号而不影响正在拍摄的影像。如果摄像机与摄像机控制器（CCU）相连接，则按下此按钮可将返回的录像信号从CCU传送到寻像器，即可以将导播台上输出的信号反馈到寻像器屏幕上，以便于合成画面的特技制作。

13）录像机启/停按钮VTR

摄录一体机，或摄像机与便携式录像机一起联用时，这个按钮可以控制录像机的启用和停止。若第一次按下为录，则第二次按下为停。

2. 寻像器

寻像器主要供摄像人员观看画面，一般为1.5英寸的黑白监视器。必要时也可外接寻像器。现在有不少机型具有液晶显示器，也可以起到监看画面的作用。

寻像器通常包括以下几个部分。

1）屈光度调整旋钮

寻像器可以上下、左右调整，也可以进行屈光度调整。

2）斑马纹开关ZEBRA

斑马纹开关是确定手动光圈的一个参考量，当此开关打到ON位置时，寻像器画面上70%～80%以上的亮度部分会出现斑马纹图形，可利用它来判断曝光量的大小。斑马纹越多，曝光量越大；斑马纹越少，曝光量越小。

3）亮度旋钮BRIGHT

该按钮可用于调整寻像器的亮度，顺时针调整将增加亮度，逆时针调整则减小亮度。

4）对比度旋钮CONTRAST

该按钮可用于调整寻像器的对比度，顺时针调整将增加对比度，逆时针调整则减小对比度。

5）峰值控制开关 PEAKING

峰值控制开关用于调整寻像器中图像的轮廓，以帮助聚焦，不影响摄像机的输出信号。

6）演播指示开关 TALLY

演播指示开关用于控制播出指示灯。当 TALLY 开关在 ON 位置时，此灯进入工作状态。当录像机部分进行记录时，此灯点亮，它和寻像器中的 REC 指示灯以同样的方式闪亮，以提示操作者。不用时应将其置于 OFF 位置。

3. 机身

机身是摄像机的主体部分，它可将镜头形成的光信号转换为电信号。机身包括以下几个部分。

1）POWER（电源）开关

开机拍摄时将此开关拨至 ON 位置，关机时将此开关拨至 OFF 位置。

2）警告音量控制键 ALARM

用于调整从扬声器接到 PHONES 插孔并可在耳机中听到的警告音量的大小。

3）监听音量控制键 MONITOR

用于调节扬声器或耳机的音量。

4）增益开关 GAIN

此开关有多个数值可供选择，数值越大，图像信噪比就越小。目前有些摄像机具有超级增益功能，这种增益对图像质量基本没有损伤。当景物亮度低于摄像机最大光圈所需的亮度时，需要调整此开关，正常情况下应将其置于 0dB 位置。

5）输出信号选择 OUTPUT/自动拐点开关 AUTO KNEE

此开关有以下 3 项设置。

- BARS：需要调整视频监视器或需要记录彩条信号时，应将此开关置于该位置。
- AUTO KNEE OFF：在 CAM 状态下，当开关在该位置时，输出摄像机拍摄的图像，但不启动自动拐点功能。
- AUTO KNEE ON：在 CAM 状态下，当开关在该位置时，输出摄像机拍摄的图像，启动自动拐点功能。当拍摄处于非常亮的背景前的人或物时，如果根据人或物来调整电平，背景会过白，同时背景中的景物将会模糊不清，若启动了自动拐点功能，则背景能呈现清晰的细节。

6）白平衡存储选择开关 WHITEBAL

此开关有以下两种设置：PRST（预置）位置，在应急状态下，当来不及调整白平衡时，可将此开关置于此位置；A 或 B 位置，当 AUTO W/B BAL 打到 AWB 时，白平衡根据滤色片的位置设定自动调整，且将调整值保存在存储器 A 或 B 中。

7）录像机节电/等待（磁带保护）开关 VTR SAVE/STBY

此开关用于选择录像机记录暂停时的电源状态。录像机记录暂停时有以下两种电源状态。

- SAVE：磁带保护模式，磁鼓停在半穿带位置。与 STBY 状态相比，电源消耗更少，主机使用电池可以操作更长时间。
- STBY：按下 VTR START（录像机启停键）时，立即启动记录状态，超过等待时间后，自动转到 SAVE。

8）自动白/黑平衡调整（AUTO W/B BAL）开关

当此开关置于 ABB 位置时，摄像机可自动调整黑平衡，并将调整值自动存储起来，连续按动 10s 以上，将自动进行黑斑补偿。

当此开关置于 AWB 位置时，摄像机可自动调整白平衡，并将调整值自动存储起来。

9）快门（SHUTTER）开关

使用电子快门时，需将此开关置于 ON 位置，反之置于 OFF 位置。当置于 SEL 位置时，速度和模式显示在设置菜单预置的范围内变化。

10）音频通道 1/2 记录电平选择（AUDIO SELECT CH1/CH2）控制键

音频通道 1/2 记录电平选择控制键用于选择调整音频通道 1 和 2 的音频电平的方法，AUTO 为自动，MAN 为手动。

11）音频通道 1/2 记录电平（AUDIO LEVEL CH1/CH2）控制键

当音频通道 1/2 记录电平控制键设为手动时，音频通道 1 和 2 的音频电平可以使用这些控制键来调整。

12）音频监听选择（MONITOR SELECT）开关

该开关用于选择输出的音频通道，其声音可以从扬声器或耳机中听到。

13）电池仓

电池仓用来安放电池，同时对电池起保护作用。

14）音频输入通道 1/2（AUDIO IN CH1/CH2）接口

使用音频组件或话筒时，将其接在此处。

15）音频输出（AUDIO OUT）接口

此接口可将音频输出到其他音频组件。

16）耳机（PHONES）插孔

将耳机插入此插孔，在耳机中可监听声音，此时扬声器都变为静音。

17）外部电源输入（DC IN）接口

当主机使用交流电源时，将交流适配器插入此接口。当使用外接电池组时，也将外接电池组的电源线插入此接口。

18）视频输出（VIDEO OUT）插孔

此插孔可与录像机或监视器的视频输入插孔相连接。

19）锁相进入（GENLOCK IN）接口（BNC）

摄像机部分要进行锁相操作（即将一组信号与另一组信号同步），或者将时间码锁定到外部时，可将基准信号接入此接口。

4．话筒

话筒是用来拾取声音的，一般需配备较高质量的话筒。

4.1.3　摄像机的配件设备

1．需要准备的其他设备

当外出摄像时，除了摄像机外，还要根据工作的需要携带以下设备。

1）磁带

每一类摄像机都有适配的盒式录像带，需要根据机型选购。如图 4.4 所示的是不同的磁带。

图 4.4　磁带

使用新磁带之前要打开保护钮，最好录 1min 的彩条加 30s 的蓝底，这是后期制作的要求。每次重新开机，第一个镜头都要多拍 5s 以上的画面，或者按一下监看钮，录像机会自动接回到上一个画面尾部。

录制彩条的方法：打开摄像机，放入磁带，将 BARS/CAM（彩条/录像）按钮拨至 BARS 位置，按下录像按钮录制。停止录制后，把 BARS/CAM（彩条/录像）按钮拨回 CAM 位置。

磁带存放的环境，要求温度在 20℃，湿度在 35%～45%。过分潮湿阴冷，磁带会粘连；过于干燥闷热，磁带会产生静电，吸附尘埃或变形。另外，存放磁带要注意以下几个问题。

- 磁带要装入盒内，注意防虫。
- 磁带要竖放，以免变形。
- 磁带要远离磁场，不要放在收录机、电视机等电器附近。
- 新磁带或长期未用过的磁带容易粘连，要快速进带、倒带一次，把磁带拉开后再使用。

2）存储卡

近年来，随着数码产品的不断发展，存储卡应用也快速普及。它不但可以用于摄像机，还可以用于手机、数码相机、便携式计算机等数码产品上。存储卡具有体积小巧、携带方便、使用简单的优点。同时，由于大多数存储卡都具有良好的兼容性，便于在不同的数码产品之间交换数据。

存储卡有 MMC 系列、SD 系列、记忆棒、PCIe 闪存卡等不同的类型，如图 4.5 所示。

图 4.5　不同类型的存储卡

3）三脚架

三脚架如图 4.6 所示。三脚架要配合摄像机的平台一起使用，使用前要检查支脚是否拉伸自如，各个固定螺钉能否旋紧稳固。

4）外接话筒

外接话筒如图 4.7 所示。外接话筒往往要配一条话筒连线，话筒要避免碰撞。有些话筒内装有电池，长期不用时需将电池取出。

图 4.6　三脚架

图 4.7　外接话筒

5）充电器

所有的摄像机在出售时都有适配的充电器。长时间连续拍摄时要带上充电器随时充电。

6）反光板

反光板如图 4.8 所示。

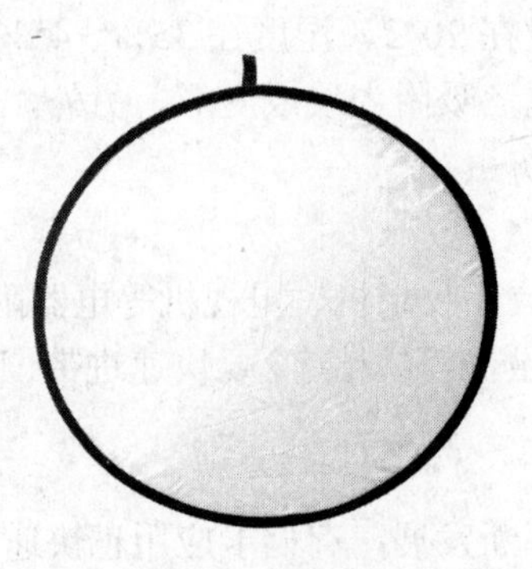

图 4.8　反光板

反光板的基本作用是反射光线，为画面配光。如何用好反光板反射的光线，使影像臻善臻美，其中大有学问。从"少用正面光、不用单一方向光"这一摄影规律出发，反光板是改变自然光单一方向的重要辅助工具。阴天时，反光板可以提亮被摄主体一侧的光照度，形成两个方向光的照明效果，从而改变阴天摄影影像平淡的弊病；晴天时，它可以改变被摄主体光照不均匀、降低影像反差；逆光拍摄时，反光板可以补光、配光，保证影像的完美。一个经验丰富的摄像师外出工作时，应当是驾驭自然光的高手，做到随身携带反光板，随时使用反光板。在演播室内，反光板同样是配光的重要工具。

反光板无论是市场成品还是自制，其反光性能可分为柔性反光和镜面反光两大类。柔性反光板耗光亮大，大致可反射原投射光强度的 30%～45%，它反射的光线柔和；镜面反光板耗光亮小，大致可反射原投射光强度的 60%～80%，它反射的光线刚硬。两类反光板无优劣之分，实际应用时应视摄影环境与需要分别取舍。成品反光板的形状、大小、材质都不尽相同，应根据具体需要进行购买。

从自制的角度上讲，可准备 $1m^2$ 的五层夹板（或较厚的纸板），裁制成便于携带的尺寸，用铰链接合，使之可折叠，既便于携带又可整体展开。在此基础上，于夹板平整的一面贴上铝箔（建材装饰店有售）即可。铝箔大面积平整为镜面反光；将铝箔大面积揉皱成漫反射状态，则为柔性反光。

从色温的角度上讲，常见的反光板多为白色和银色，它们基本不会改变现场光的色温，根据节目色调的不同要求，还可以通过反光板的不同颜色（如金色、黑色、红色等）来改变其反射光的色温，以求达到特殊的色彩效果。

7）常见附件

- 机箱：专用或特别配制的机箱需防撞抗震，长途运输摄像机一定要装箱。
- 镜头盖：保护镜头必需品。经常外出拍摄，可用细绳将其系在机身上，以免遗失。
- 背带：可减轻长时间持机的疲劳，山地拍摄尤其好用。
- 平台：是连接三脚架必不可少的配件。
- 雨衣：雨中拍摄的机用雨衣。

2．调节黑平衡

彩色摄像机拍摄黑白图像时，必须输出 3 个完全相同的图像信号，才能重现出黑白图像。因此，要想在没有光照时呈现出纯黑画面，必须调节黑平衡，即在输出端输出 3 个很低但却完全相等的基准电压。所以，摄像机不仅要调节白平衡，还要调节黑平衡。

黑平衡的调节很简单，只需将白/黑平衡开关（AWB/ABB）向下拨，镜头光圈自动关闭，寻像器显示"BLK：OP"字样，几秒钟后显示"BLK：OK"字样，黑平衡调节完毕。

黑平衡调节好后，相当长的一段时间内不必再调，当画面的黑色不纯时才需要重调。

3．调节白平衡

调节白平衡的目的是保证摄像机获得机器需要的标准光源，从而使拍摄画面的色彩还原正常。它的原理是让摄像机认知"眼前"的白，调节摄像机的滤色片和放大电路，使它输出的红、绿、蓝 3 路信号电平相等，还原出正确的颜色来。

1）选择滤色片

调节白平衡首先要选择滤色片。专业摄像机一般都预设了一组滤色片来保证进入摄像机的光线色温正常。

A 挡——3200K 色温；B 挡——4300K 色温；C 挡——5600K 色温；D 挡——6300K 色温。

色温指的是热辐射光源的光谱成分。当光源的光谱成分与绝对黑体（即不反射入射光的封闭的物体，如炭块）在某一温度时的光谱成分一致时，就用绝对黑体的这一特定温度表示该光源的光谱成分，即色温。色温的单位为 K。

光源的色温，说明了光线中包含的不同波长的光量的多少。色温低，表明光线含长波光多，短波光少，光色偏红橙；色温高，表明光线含短波光多，长波光少，光色偏蓝青；白光既不偏红也不偏蓝，各种波长的可见光含量比较接近。

为了拍摄的画面色彩正常，必须做到色温平衡。色温平衡主要是指照明景物的光源与摄像机之间的色温协调关系。摄像机对被摄主体色彩的还原情况与光源色温有密切的关系，如果光源色温与摄像机要求的色温一致，物体的颜色将会得到准确的还原；如果光源色温高于摄像机要求的平衡色温，则画面的色调就会偏蓝；如果光源色温低于摄像机要求的平衡色温，则画面的色调就会偏红。

常见光源的色温如表 4.1 所示。

表 4.1 常见光源色温

光 源	色 温
一般的新闻灯	3200K
高色温灯（如镝灯）	5600K
一般的太阳光	4200～8000K
日出不久和日落前	2800～4200K

和滤色片并排在一起的还有一组衰减滤光片，分为 4 挡，每挡以其上一挡的 1/4 衰减滤光。

- 1 挡=直通（Clear）
- 2 挡=1 挡光通量的 1/4
- 3 挡=1 挡光通量的 1/16
- 4 挡=1 挡光通量的 1/64

实际拍摄时，最好能根据光线的强弱选择相应的衰减滤光片，保持自动光圈 f=8 最好。

目前流行的专业和广播级摄像机的滤色片和滤光片已经合二为一。

① 3200K，这一挡是摄像机的标准光源，所以滤色片不带任何颜色，光线 100%通过镜头成像设备的靶面。

② 5600K，该挡滤色片专供室外拍摄。因为日光的色温较高，所以滤色片呈橘黄色，能够吸收较高色温的蓝光，使它与 3200K 的色温接近。

③ 5600K+1/4 ND，该挡滤色片的颜色与 2 挡相同，但带有一些衰减光线的作用，主要用于室外强光。

④ 5600K+1/16 ND，该挡滤色片的颜色也与 2 挡相同，只是加大了衰减作用。

2）调节白平衡的方法

选定滤色片后，调节白平衡的方法如下。

- 镜头对准光照下的白色物体，变焦使白色充满画面。
- 拨动白平衡调节开关 AWB 向上，寻像器显示“WHT：OP”，几秒钟后出现“WHT：OK”字样，白平衡已调好，并被自动记忆。

有时寻像器会显示一些信息，其含义如表 4.2 所示。

表 4.2　寻像器中显示的信息及其含义

显示信息	含　义
WHTNG	白平衡未调好
TEMP	色温低
CHGFILTER	重新变换滤色片
TRYAGAIN	再试一次

这时应按提示重新选择滤色片并重新调节白平衡。

调节白平衡是保证摄像色彩正常的关键，所以只要感觉拍摄的色温有改变，就要调节白平衡。野外拍摄时，如果暂时找不到白色，可以面向天空调节白平衡。

4.1.4　数码摄像机的关键指标

1．CCD

CCD（Charge Coupled Device，电荷耦合器件）是摄像机成像系统的核心部件，其质量优劣直接关系到最后成像效果。

CCD 所成图像具有解析度高、信噪比和灵敏度高、体积小、功耗低等诸多优点。

数码摄像机中的 CCD 数量一般是一片或三片，前者主要用于家用级摄像机，后者主要用于专业级和广播级摄像机。三片式 CCD（3CCD）摄像机中的分色系统先将彩色图像分解为红、绿、蓝 3 种基色图像，然后再分别将其转化为三基色信号。三基色信号能准确地反映图像的彩色信息。因此，3CCD 影像传感器色彩还原更为精确，得到的图像也更鲜明，具有层次感，不会像单片式 CCD 那样在还原色彩信号的过程中产生色彩误差。

CCD 尺寸是影像成像质量的一个重要指标（CCD 尺寸通常用其对角线的长度来表示）。CCD 尺寸一般有 2/3 英寸（1 英寸＝2.54 厘米）、1/2 英寸、1/3 英寸和 1/5 英寸等几种规格。较大尺寸的 CCD 感光区较大，感光灵敏度较高，同时像素数也较多，图像质量好。在其他指标都一样的情况下，小尺寸 CCD 的成像质量相对要模糊些，色彩还原丰富程度也要差些。家用级 DV 机主要使用 1/3～1/5 英寸的 CCD，部分专业级摄像机也使用 1/3 英寸的 CCD，广播级摄像机多采用 2/3 英寸的 CCD。

CCD 的像素是体现 CCD 器件解析能力的主要指标，像素的大小直接决定所拍摄影像的清晰度、色彩及流畅程度。专业级 CCD 的实际有效像素一般可以达到 40 万，广播级 2/3 英寸的 CCD 已超过百万有效像素。

2．水平清晰度

水平清晰度又称水平分解力，是指图像中心部分沿水平方向能够分辨的电视线数，单位是电视行（TV Line），也称线。线数越高，图像的清晰度越好，如水平清晰度 700 线的图像清晰度比 600 线要好。一台摄像机的水平清晰度达到 700 线，在拍摄一幅水平方向具有 700 条黑白相间垂直线条的图像时，监视器上重现图像的中心部分，能清晰地分辨出黑白线条。对于 CCD 而言，全图像内的水平清晰度都是一致的。摄像机的水平清晰度随镜头质量、CCD 像素和视频带宽的不同而变化，镜头越好，像素越多，带宽越宽，水平清晰度就越高。通常数码摄像机都标明了水平清晰度的大小，普遍等于或者高于 500 线。三片式 1/2 英寸 CCD 系列为 800 线左右，2/3 英寸 CCD 系列为 880 线左右。

3．镜头

摄像机的镜头质量是决定成像质量的一个重要因素。镜头的各项指标如下。

（1）变焦比。这里指的是光学变焦比。光学变焦比越大，拍摄的场景大小的取舍程度就越大，给拍摄构图带来很大便利。专业级数码摄像机的变焦比一般有 12×、16×和 20×几种规格。摄像机还带有数字变焦功能，其原理是在不改变焦距的情况下，放大 CCD 已有影像的像素面积而达到放大影像的效果，但是画面的清晰度和画质都有不少的损失。

（2）光圈系数。光圈的调节可以控制镜头的进光量。光圈系数（F）与镜头的有效孔径（D）成反比，和镜头的焦距（f）成正比。常见的光圈系数有 F2.8、F4、F5.6、F8、F11、F16、F22 等。最小的光圈系数 F 值对应于镜头最大的进光量，此时在同样的外照明条件下，摄像器件的成像面上照度最大。为了适应各种不同条件的拍摄环境，建议选购光圈系数范围大的产品。

（3）品牌。知名品牌的镜头无论是成像质量还是光线采纳都更加令人满意。

4．灵敏度

灵敏度用在一定测量条件下，摄像机达到额定输出时所需的光圈系数来表示，即用同一照度下拍摄同一景物得出额定输出时所用的光圈大小来衡量。通常取光照度为 2000lx，色温 3200K 的标准白光下，拍摄反射系数为 89.9%的景物，关掉电子快门，信号输出为 700mV，此时使用的光圈越小，表示摄像机的灵敏度越高。如光圈系数为 F5.6 比光圈系数为 F4 的灵敏度要高。通常摄像机的灵敏度可达到 F8.0，一些新型高档摄像机的灵敏度可达到 F11，甚至更高。

5．最低照度

最低照度是指在一定信噪比的条件下，摄像机输出信号达到额定指标时，拍摄景物所需的照度。照度越低说明摄像机灵敏度越高，因此，它也是灵敏度的另一种表示方法。如摄像机视频处理放大器的增益为+18dB，光圈系数为 F1.6 时，所需最低景物光照度为 1 lx 就比 3 lx 要好。现在成像技术发展很快，最低光照度可以做得很低，专业级的数码摄像机可以做到 1lx 以下，完全可以满足在暗光条件下的拍摄要求。

6．信噪比

摄像机的信噪比指视频信号放大与处理电路的输出信号电压（S）与同时输出的噪声电压（N）之比，通常用英文字符 S/N 来表示，单位是分贝（dB）。信噪比越大，表示信号里的杂波越少，视频质量越高。广播级摄像机的信噪比通常为 60dB 以上。[①]

4.2　摄像机的日常维护和常见故障排除

4.2.1　摄像机的日常维护

日常的保养和维护对于数码摄像机这样结构复杂、技术先进的精密设备来说尤为重要。数码摄像机的日常维护主要有清洁维护、紧固维护和润滑维护三大项，其中以清洁维护和紧固维护最常用。

1. 清洁维护

摄像机经常在室内外各种气象、温湿度、空气条件中使用，机身表面积灰、镜头生霉斑、寻像器物镜变脏、受潮锈蚀等现象的出现在所难免，这就要求人们及时地做好清洁维护工作。清洁分摄像机外部和内部两个部分进行，清洁用具一般选用软毛刷、软布、麂皮、皮球、专用清洁液、专用清洁带、酒精棉球等。

1）外部清洁

对于机身表面的灰尘，轻者可用软布轻轻擦除或用皮球吹掉；对于像在镜头与机身连接处的重度积灰，应先用毛刷反复粗擦，再用软布及皮球擦拭干净。对于镜头的清洁工作，一般只能使用干净的麂皮和专用清洁液清洁（切不可用酒精等化学品），清洁时可适当呵气湿润镜头表面后再擦拭，但不能用唾液，以免弄巧成拙。对于寻像器及眼罩上的脏物同样可用擦拭镜头的方法进行，为擦拭方便可以将寻像器先从摄像机上拆下，再将眼罩从寻像器上拆下，然后分别进行清洁。摄像机包括镜头、机身多是用镁铝合金制成的，一般不太会出现受潮锈蚀现象，但用于连接的紧固件如通用螺钉、各种接插件，因材质的不同却会因汗水或长时间的潮气侵入而锈蚀，由此引发的故障也时有发生，所以对这些器件的清洁不容小视。尤其在夏天要经常用软布将机身特别是手经常操作的部件如镜头控制组件等擦拭干净，以免汗渍、污渍的侵蚀。

2）内部清洁

摄像机机身密封相对较好，但其录像部分的带仓却仍然是开放的，磁带（或光盘）的进出或多或少会带入一些如头发、纸屑甚至塑料等小杂物而引发故障。清洁时一要注意仔细观察，二要将机器来回倒换监听，判别内部是否有杂物，并及时处理掉。对于用磁鼓做录放的摄像机，因为磁带上的磁粉会因种种原因而掉落堵塞磁头或增加机构传动阻力，需要定期对磁鼓磁头、CTL 控制磁头、走带机构进行清洗。其方法一是可以用专用的清洗带进行清洗，清洗时间按规定要求进行，不能超过 5s；二是用酒精将麂皮湿润后清洗。正确清洗磁鼓的方法是，先将麂皮压在磁鼓上，再顺时针或逆时针转动磁鼓数圈即可（此时磁头与麂皮间做的是径向运动，与磁带走向一致，不会损坏磁头）；错误的方法是将麂皮在磁鼓上做轴向擦洗，

① 庄思聪，许之民. 数字视频（DV）策划制作师（高级）[M]. 北京：中国劳动社会保障出版社，2007：70-72.

这样很容易将磁头损坏，要引起高度重视。对走带机构清洗时要注意各部件的活动度，不能硬擦硬碰。

2. 紧固维护

摄像机在实际使用过程中避免不了各式各样的震动、部分部件的机械调节和接插件的接插，由此而引出的部件松动现象时常出现，如不及时处理会引起更大故障，所以在日常维护摄像机过程中特别是对镜头和寻像器两大部件要高度重视。

摄像机在工作过程中对镜头的操作最频繁，其中镜头控制器又是最常用的，所以它最易松动，日常维护时要特别关注，及时紧固，对固定控制器用的4个螺钉长短要多加注意，它们应两两一致。另外一个容易松动处是镜头与摄像机机身的连接卡口内的固定螺钉，一旦出现松动现象将引起镜头装卸的困难，平时要做好定期维护。

寻像器也是操作频繁的部件，由于它前后、左右时常调节，将使其调节支架出现松动。日常维护中要检查相关的紧固件，发现松动应及时紧固。

3. 润滑维护

摄像机需要润滑的部位主要是以磁带为记录体的记录单元中的运动部位，在加油前应将润滑部位清洗干净，油的用量不宜过多。对于带盘轴、压带轮轴、主导轴的轴承、皮带的传动轴等部位，应选用录像机生产厂家推荐的品牌润滑油。对于穿带环、功能传递链条、传动齿轮、带仓滑动齿轮等部位，通常使用润滑脂润滑，量要合适。值得注意的是，不要随意往上述部位以外的其他部位加润滑油、润滑脂，更不能往电机轴加油。①

4.2.2 摄像机的常见故障排除

摄像机的常见故障主要如下。

1）摄像键不起作用

常见的原因主要有：

（1）使用者没有把模式转盘拨到“摄像挡”；

（2）录像带已经用完；

（3）湿气凝结（也称“结露”），造成摄像带与摄像机的磁鼓粘连，摄像机自动保护，摄录按钮暂时失效，无法继续拍摄。

前两种原因的解决方法相对简单，只要将模式转盘拨到“摄像挡”或更换磁带即可。

如果是湿气凝结，会在显示屏中看到一个小水滴形状的指示灯在闪烁。要解决这一故障，可以将磁带退出带仓，把摄像机放在干燥通风的地方插电1小时以上，一般都可以解决问题。

当把数码摄像机从寒冷的地方拿到比较温暖的地方，或者在雨后和高温高湿的环境下使用数码摄像机时，很容易使机器发生湿气凝结，所以使用时要注意尽量避免这种情况的发生，以免机器受损。如果必须要把数码摄像机从寒冷的地方拿到比较温暖的地方，那么可以先将数码摄像机装在塑料袋中密封，经过1小时左右，当袋内空气的温度达到周围环境温度时，再取下塑料袋，这样可以有效地防止湿气凝结现象的发生。

---

① 王威. 数字摄像机的基本使用技巧和日常维护[J]. 现代电视技术，2007，(10)：134-136.

2）使用取景器取景时看到的影像模糊不清

常见的原因是使用者未调整取景器的镜头。在取景器的两侧有一个小小的调节旋钮，可以根据使用者的视力情况进行调整，从而使取景器中的影像变得清楚。

3）回放的图像上有横线或短暂的马赛克出现，有时声音也出现中断现象

这种情况一般是由于数码摄像机的视频磁头脏了，解决办法是使用专门的清洁带清洁磁头，或者使用棉球蘸取无水乙醇来轻轻擦洗磁头，擦拭时，切记不可用手或其他硬物触摸磁头，以免弄脏或划伤磁头。建议每使用数码摄像机拍摄 10 小时左右，就要清洁一次视频磁头，这样可以保证获得满意、清晰的拍摄效果。当数码摄像机使用了很长时间后，清洁带也不起什么作用时，可能磁头已经磨损得比较严重了，这时就需要更换一个新的视频磁头了。

4）无法从带仓中取出数码摄像带

常见的原因是由于未接通电源或者是充电电池没电了，只要接通电源或更换电池即可。当然，还有相对复杂的原因是带仓的机械故障，这往往需要专业维修。

5）机器除了可以退带之外，其他一切功能均不能操作

常见原因是摄像机湿气凝结，解决办法如上（1）所述。如果结露指示灯没闪，那么还可以按下“reset” 键进行复位操作。如果机器还不能正常工作，则需要更细致的检查维修了。

4.3　非线性编辑系统的配置

4.3.1　非线性编辑的概念

非线性编辑是用以计算机为载体的数字技术来完成传统视频制作中需要切换机、数字特技、录像机、录音机、编辑机、调音台、字幕机、图形创作系统等十几套设备才能完成的视频后期编辑合成任务。

要了解非线性编辑的概念，可先了解线性编辑。所谓的线性编辑，实际上就是通过一对一或者二对一的台式编辑机将母带上的素材剪接成第二版的完成带，这中间完成的诸如出入点设置、转场等都是模拟信号转模拟信号。由于一旦转换完成就记录成为磁迹，所以无法随意修改。一旦需要在中间插入新的素材或改变某个镜头的长度，后面的所有内容都得重来。

传统的线性编辑一般由 A/B 卷的编辑机、特技机、调音台和监视器等几个主要部分构成，大型的演播室还有诸如视频切换台、矢量示波器等许多复杂的硬件设备。为了制作丰富多彩的转场效果，至少需要两台放像机、一台录像机、一台视频控制器和一台特技机，这样即可完成诸如淡入淡出、叠化、划变等多种转场；而且通过更复杂的特技机还可以实现键控功能及简单的二维甚至三维数字特技。直到现在，线性编辑，尤其是 A/B 卷的编辑机和特技机还广泛运用于电视后期制作中，而且在如现场直播等特殊场合它确实比非线性编辑更方便。同时，线性编辑还是非线性编辑的基础，这可以从两方面得以印证：一是在观念和艺术原理上，线性编辑和非线性编辑是一模一样的，而这是后期制作的核心所在；二是两者的许多专业概念和专业术语也完全相同，例如，著名的非线性编辑软件 Speed Razor Pro 的用户手册中全是色键、亮键、下游键等线性的概念，甚至整本手册就是按线性编辑中高级特技机的功能来写的，仅从这个例子就能看出线性编辑的重要性。

线性编辑的一个缺点是像质损耗大，一般到了第三版以后就达不到播出要求了。而非线性编辑在这一点有很大的改进，由于非线性编辑采用了数字的方法记录视音频信号，所以无论转换多少次，都不会损失像质。

4.3.2 非线性编辑的特点

与线性编辑相比，非线性编辑主要有以下特点。

（1）在编辑过程中，镜头的顺序是可以任意编辑的。可从前向后进行编辑，也可从后向前进行编辑，或者分成段落进行编辑；一个镜头能够直接插入节目的任意位置，也可以将任意位置处的镜头删除。

（2）素材使用方便。传统的磁带编辑，审看素材时只能看到一段，而在非线性编辑系统中，每一个素材都以帧画面的形式显示在计算机屏幕上，寻找素材很容易，可以随时取得任意素材。不必像传统的编辑系统那样来回倒带，只需用鼠标拨动一个滑块选中所需的素材即可。在非线性编辑中同样可以逐帧探索，很容易打入、出点，而且没有录制时间，入、出点确认后，这段素材就编上了（或把它拉到节目的相应位置上）。

（3）操作的任意性。先按导演的要求将所需镜头编辑成一个序列，从而确定整个节目的框架结构，对该结构进行仔细调整，使整个节目在内容上达到要求，然后再为整个节目加入特技、字幕，并完成音频的制作。

（4）充分体现编导的意图。在传统的编辑系统中，编导在编辑前必须把节目设计成熟，对每一个镜头的长短与在何处使用要反复考虑，可以说操纵机器只是完成制作而已。而在非线性编辑系统中，编导可以边思考边制作而不用先去考虑特技、字幕，甚至可以设计不同的版本。节目的内容是实质，而特技、字幕等只是实现内容的手段而已，因此非线性编辑能够最大限度地体现编导的创作意图。

（5）修改不会影响节目的图像质量。所存储的数字视频信号无论指定多少层面的相互重叠，无论修改多少次，都能保持始终如一的质量。利用非线性编辑系统进行编辑，图像并非一点损失都没有，随着素材的不同，多少会有些损失，但与转录相比，损失大大降低了。

（6）可以大幅度地提高编辑制作的效率。

4.3.3 非线性编辑系统的分类

如上所述，非线性编辑产品是由不同的单元所组成的系统产品，它的种类很多，目前还没有一个公认的分类标准，本书主要从系统的软、硬件构成及应用上对其进行划分。

1. 按软、硬件运行环境进行划分

1）基于 MACINTOSH 机的系统

早期的非线性编辑产品大都是建立在 MACINTOSH 机平台上的，因为苹果公司的 MACINTOSH 机一开始就有良好的多媒体功能，图形功能也很强，因此早期的产品都以它作为硬件平台。但是 MACINTOSH 机的兼容性较差，不是一个开放性的平台，因此其硬件配件的可选范围和软件种类都比较少。不过它优良的图形图像处理性能还是让一些非线性编辑产品选用它作为软、硬件平台，例如，较早从事非线性编辑产品开发的 AVID 公司的 MC-8000 和 MC-1000 系列产品，以及 MEDIA-100 系列产品，它们都基于 MACINTOSH 机平台。

2）基于 SGI 工作站的系统

SGI 是属于微机类的高端产品，从性能上看，它具有更强的图形图像处理能力，更适合作为非线性编辑系统的软、硬件平台。比较高档的非线性编辑系统都利用它来作为软、硬件平台，例如，Discreet Logic 公司的一系列非线性编辑软件都运行在 SGI 工作站的系列产品上。

3）基于 PC 平台的系统

随着计算机技术的发展，PC 的 CPU 运算速度越来越快，总线能力不断加强，多媒体技术的发展使得它的图形图像处理能力不断得到提高。更为有利的是，它的软件平台 Windows 的性能也越来越高，运行其上的非线性编辑软件和图形图像处理软件也越来越多，因此，近年来以 PC 作为平台的非线性编辑系统越来越多。在这方面以国内开发的系统产品为多，例如大洋、新奥特、索贝等。另外，SONY 公司的一些编辑工作站也采用了 PC 平台。

2. 按视频数字化过程中的数据压缩情况进行划分

1）有压缩非线性编辑系统

在数字视频中包含大量的数据流，就目前计算机发展的技术水平而言，这些数据流会使数字视频的存储、传输及处理都受到很大的限制，因此，在非线性编辑系统中，数字视频的处理都采用了压缩的方法，以节省存储空间并提高处理速度。目前绝大多数的非线性编辑系统采用数字视频压缩技术。

2）无压缩非线性编辑系统

对比较高端的计算机平台和视音频处理卡来说，可以实现数字视频的无压缩采集和处理，以获得高质量的效果。目前高档的非线性编辑系统均采用无压缩的数字视频处理方法，如 QUANTEL、JELLO 等。

3. 按系统的特技处理能力划分

1）实时非线性编辑系统

这类系统都有专门的特技处理单元，一般都可以进行多层（如两路活动视频、一层图像、一层字幕）画面的实时合成，无须生成等待。目前具有双通道视频处理板的非线性编辑系统成为主流。

2）非实时非线性编辑系统

这类系统一般只有一块视频/音频处理卡，也称为单通道系统，只可实现视频/音频的输入/输出功能。在非线性编辑时，如果只是剪切还可以实时完成，但特技处理需要依靠计算机的 CPU 运算来实现，需要生成等待。虽然，通过 CPU 速度的提高、内存的加大可以提高处理速度，但这毕竟不是最终的解决方法。但是这类系统的价格较低，可运行的软件也很多，有较高的性能价格比。

4. 按系统软、硬件的开放情况划分

1）专用型非线性编辑系统

这类系统一般都把计算机平台和视频/音频处理单元合二为一，使整个系统成为一套专用

的设备。它的优点是视频质量高，一般可以提供无压缩的输入/输出，能够实现多层画面的实时合成，无须生成等待，工作效率很高，软件也都是专门开发的，其功能强、可靠性高、稳定性好，比较典型的是 QUANTEL 公司的产品。但是，这类系统作为公司独家生产的产品，其系统是封闭的，不能兼容其他的编辑软件，而且操作起来比较复杂，硬件上也无法通用，且价格昂贵。

2）通用型非线性编辑系统

相对于专用型的系统，通用型非线性编辑系统指的是建立在通用的计算机平台上（如 PC、SGI 的 O2、OCTANE、ONYX 等）可以兼容多种非线性编辑软件的系统，它的开放性较强，一般可以兼容第三方的软件及模块，目前大多数非线性编辑产品都属于这类产品。

从应用上划分，非线性编辑系统可用于各种不同水平的制作领域，大致可分为初级非线性编辑系统和高级专业系统，前者是为家庭和教学用户设计的，用于编辑家庭视频节目。另外，不太昂贵的非线性编辑系统向不同教育水平的学生提供了使用计算机处理视频及声音的极好手段。高级专业非线性编辑系统可用于专业视频的制作和编辑电影片。

4.3.4　非线性编辑系统的构成

非线性编辑系统最根本的特征就是借助于计算机软、硬件技术达到视频信号在数字化环境中进行制作合成的目的，因此，计算机软、硬件技术就成为非线性编辑系统的核心。非线性编辑系统以多媒体计算机为工作平台，由专用的视频图像压缩解压缩卡、声音卡、高速硬盘及一些辅助控制卡组成，通过相应的制作软件来完成编辑工作。

1. 计算机硬件平台

目前的非线性编辑系统，不论复杂程度和价格高低如何，一般都是以通用的工作站或个人计算机作为系统平台的，编辑过程中和编辑结果的图像信号数据均存储在硬盘中。在这类编辑方式中，重要的是系统需高效地处理数字化的图像信号。对于高质量的活动图像，其存储媒体与编辑装置间的传输码率应在 100Mb/s 以上，存储媒体的容量应达 30GB 或更高。

从近几年非线性编辑系统产品的发展来看，“高性能多媒体计算机+大容量高速硬盘+广播级视频/音频处理卡+专业非线性编辑软件”这样的产品组合架构已被广大业内人士所认可。在这种架构的非线性编辑系统产品中，计算机属于基础硬件平台，任何一个非线性编辑系统都必须建立在一台多媒体计算机上，该计算机要完成数据存储管理、视频/音频处理卡工作控制、软件运行等任务，它的性能和稳定性决定了整个系统的运行状态。除了极少数厂商将它们的系统建立在自有平台上以外，作为一个标准化的发展趋势，越来越多的系统采用通用硬件平台，一般以 PC、MACINTOSH 机为主，比较高档的非线性编辑系统采用如 SGI 工作站这样的操作平台，或者采用更为昂贵的 ONYX 平台，如 AVID 公司的 Media Fusion 运行在 SGI 工作站上，Media Spectrum 运行在 ONYX 平台上。大多数早期的系统选择了 MACINTOSH 机，因为当时 MACINTOSH 机与 PC 相比在交互性和多媒体方面有着先天的优势。然而，随着 PC 的迅速发展，CPU 的性能越来越高，计算机又广泛采用了速度高达 132Mb/s 的 PCI 总线技术，使得当年需要在小型机或工作站上完成的工作，如今 PC 上就可以胜任，PC 在非线性编辑系统平台竞争中处于更加有利的竞争地位。

需要指出的是，非线性编辑系统的大部分特技功能并不依赖计算机的速度，在这种情况下计算机所起的作用只是管理人机界面、提供字幕、支持网络而已。

随着 PC 的发展，基于 PC 的操作平台 Windows 也不断发展，越来越多的公司把其非线性编辑系统转到 Windows 平台上。

2．视频/音频处理卡

视频/音频处理卡是非线性编辑系统的“引擎”，在非线性编辑系统中起着举足轻重的作用，它完成视频/音频信号的 A/D、D/A 转换、视频/音频信号的采集、压缩/解压缩、视频/音频特技处理、图文信号发生器及最后的输出等功能。因此，它是非线性编辑系统产品的决定性部件，一套非线性编辑系统的性能如何主要取决于它所采用的视频/音频处理卡的性能。

在计算机与视频技术结合的早期，非线性编辑系统的开发商不得不独立开发主要的硬件，OEM 其他厂商生产部分硬件，然后开发整个系统的软件，发展比较缓慢。而随着视频技术的发展，参与到非线性编辑领域的公司越来越多，生产视频/音频处理卡的硬件公司逐渐开放。

3．大容量数字存储媒体

数字非线性编辑系统所需存储的是大量的视频/音频素材，数据量极大，因此需要大容量的存储媒体，目前硬磁盘（即硬盘）是一种最佳选择。用于非线性编辑系统的硬盘从 20GB、40GB、80GB 发展到更大容量，也难以满足系统的需要，硬盘阵列技术成为大容量数字存储媒体今后的发展方向。另外，随着光盘技术的发展，今后将能开发出用于非线性编辑系统的大容量、低价格、便于携带的可读写光盘技术，这将大大改善非线性编辑系统的性能。

4．非线性编辑系统的软件环境

1）稳定可靠的操作系统

运行在硬件平台上的是计算机的软件操作平台，不同的机型对应着不同的操作平台。早期非线性编辑系统的主流操作平台是建立在 MACINTOSH 机之上的 Mac 操作系统，Mac 具有强大的处理能力。例如，创造性的应用程序为广告制作商、后期制作室和演播室等用户提供了比较完善的功能。在初期，大约有 60%的非线性编辑系统基于 Mac 平台。目前比较高档的非线性操作系统都运行在 Windows NT 平台上，支持 32 位线程级多任务、对称多处理器和多种类型的中央处理器，具有工业级的稳定性、安全性和容错能力。对于以 SGI 工作站为硬件平台的系统来说，UNIX 是最流行的操作系统。

2）方便实用的非线性编辑软件

非线性编辑软件是指运行在计算机硬件平台和操作系统之上，在开发软件平台上用于非线性编辑的应用软件系统，它是非线性编辑系统的核心，非线性编辑的大部分操作过程都要在非线性编辑软件中完成。

生产非线性编辑系统的厂家很多，各家的产品都有不同的操作界面，但也有共同之处，具体来说，这些产品都由编辑工作区、素材显示区、预演区、工具栏等几个部分组成。

5. 非线性编辑系统的接口

非线性编辑系统在工作时，视频/音频素材从录像机上载至计算机的硬盘上，经过编辑后再输出至录像机记录下来。信号的传送通过视频/音频信号接口来实现。另外，为了适合网络传送的需要，非线性编辑系统的接口也要考虑到广播电视数字技术及计算机网络发展的潮流。在非线性编辑系统中，数字接口由两部分组成：计算机内部存储体与系统总线的接口，以及非线性编辑系统与外部设备的接口。非线性编辑系统与外部设备的接口又包括两个组成部分：与数字设备连接的接口及与网络连接的接口。

4.3.5　非线性编辑系统网络

随着计算机专业多媒体技术的迅速发展，非线性编辑系统日趋成熟，越来越多的视频节目以数字形式进行编辑与存储，这使得计算机网络技术在视频后期制作领域的应用成为可能。计算机网络技术在各行各业的成功应用给广播电视行业描绘出了美好的发展前景，然而，广播级高品质画面与声音带来的大数据量和高速同步传输要求向计算机网络技术提出了挑战，通用的计算机网络确实无法满足如此高的要求。时至今日，一些并不为人熟知的高速网络与存储技术渐渐成熟，适用于数字视频网络的需求，将给电视节目制作和播出及传输技术带来一场革命。与此同时，无磁带网络化自动播出代替录像机播出必将成为主流，非线性编辑技术的最终方向是与网络技术相结合，直接使用多媒体数字视频网络，这也是目前国内外相关行业最现实的选择。

1. 网络的概念

计算机网络是指将分散在不同地点的计算机和计算机系统，通过通信设备和线路连接起来，按照一定的通信规则相互通信，以实现资源共享的计算机系统。

计算机网络是计算机与通信这两大现代信息技术密切结合的产物，它代表着目前计算机体系结构发展的一个主要方面，计算机只有和网络相结合，才能发挥更强大的作用。

2. 非线性编辑系统网络

将不同的非线性编辑工作站连接成一个能相互传输信息和能共享资源与数据的网络，各工作站使用由视频/音频信号转换成的存储在计算机网络存储器（硬盘）中的数据来进行视频作品编辑的各种操作（如剪切、串接、配音、加字幕、制作特技等），依据这些操作结果再把数据转换成视频/音频信号，从而得到编辑完成的作品。

这种系统有以下 3 个重要的特点。

（1）用专门的多媒体计算机工作站来作为进行各种编辑工作的设备。

（2）使用高速网络技术将工作站连接成网络系统。

（3）在编辑过程中使用存储在网络系统中的共享数据。

3. 非线性编辑系统网络应用的优势

在目前的视频制作领域中，非线性编辑设备替代线性编辑设备已经成为不可逆转的趋势，而非线性的编辑模式也已被广大用户所接受。然而，用非线性设备架设网络，在网络中使用非线性的优势和必要性又在何处呢？

具体来说，非线性编辑系统网络具有以下优势。

1）资源共享

网络所带来的最大优势是能够实现资源共享，共享的资源不只是众多视频/音频工作站对硬盘资源的物理共享，如硬盘、设备硬件的共享，还有软件资源的共享，包括数据、信息的共享，更重要的是创作思路、才能、思想等各种软资源的共享。

2）降低设备投资和使用成本

从传统设备和非线性设备的性能来看，传统设备在设备投资、信号质量等方面都与非线性设备相差甚远。但从网络角度来说，非线性视频网络的一次性投资虽然很大，但用同样的资金购置传统设备能产生的效果是无法与网络相比的；从长远的角度来说，使用非线性视频网络是发展的方向。传统设备在使用中需要大量的消耗品，而且设备的寿命（如磁头）相对较短，价格较高，一旦设备出现故障，其维修成本高，对维修技术要求也很高。而使用非线性视频网络设备则可以解决这些问题，它基本不需要消耗品，设备的使用寿命和维修成本也可满足要求。另外，在视频网络中，只需在某个站点中加入一些特殊设备，即可共享其他设备的素材进行编辑，这样既可降低成本，又可提高效率。

3）资源安排合理

以往在使用非线性单机工作站时经常会遇到的一种情况是，两台具有相同硬盘容量的非线性设备，一台存在大量剩余存储空间，而另一台则苦于存储空间不足。如果将这两台非线性设备联网共享硬盘，则上述问题即可迎刃而解。从理论上讲，网络中的工作站越多，资源安排越趋于合理。

4）提高节目质量

超大容量的存储介质使得超长视频利用多媒体非线性编辑的梦想得以实现。从采集到制作、输出，始终保持第一版的数字级图像质量，且不会因传送过程中的不断复制而造成信号损失。

5）提高工作效率

视频网络不但因共享硬盘资源而节省投资，更重要的是，对硬盘上所存信息的共享，使编辑人员不必因为资源被他人占用而浪费时间排队等待。同一视频由不同工作站分段并行编辑，工作效率成倍提高，这在诸如新闻类时效性强的电视节目制作中尤为重要。采集与输出可同时进行，传统方式下录像机的低使用率被流水线协同作业的高使用率代替，多种录像格式的兼容性问题在此一并解决。

6）流程化管理

传统的编辑模式分工协作性差，不易管理。而非线性网络将节目制作分工细化，形成流水线生产，使流程可量化管理。

7）充分发挥个人才能，同时强调协作精神

要使一个工作群体能协调一致地共同工作，并高效地制作出高质量的节目，关键是要有一个能进行大量介质交换及共享的高速网络。

作为一种新兴的科技，数字视频网络正被广大电视行业人士所认识，正将其开发并应用于非线性编辑、实时无磁带播出、审片系统、视频点播系统、广域传输等众多领域中。在国内已有部分电视台采用数字视频网络进行节目制作及广告播出。

4.4　非线性编辑软件的选择

目前，非线性编辑软件有很多，它们有各自的优点和特色。本节介绍几种常用的主流非线性编辑软件和后期合成软件。

1. Inferno/Flame/Flint

Inferno/Flame/Flint 是加拿大 Discreet 公司在数字影视合成方面推出的专业级合成软件系列，与 SGI 公司的高性能硬件构成整个系统（这 3 套系统的软件功能及配套硬件性能有些差别，但主要功能、工作界面及操作方式都相同），无论是在软件功能还是在硬件性能（图像/存储等）方面都非常强大，是当前影视非线性编辑和特效制作的主流系统之一。如图 4.9 所示是 Inferno 硬件及其软件界面。

图 4.9　Inferno 硬件及其软件界面

2. Combustion

Combustion 是 Discreet 公司推出的 PC 平台产品，是一款三维视频特效软件。该软件充分吸取了 Inferno/Flame/Flint 系列高端合成软件的长处，在廉价的 PC 平台上能够实现非常专业的数字视频制作，工作界面和工作方式都非常人性化，因此成为当前 PC 平台主流数字视频制作软件之一，如图 4.10 所示。

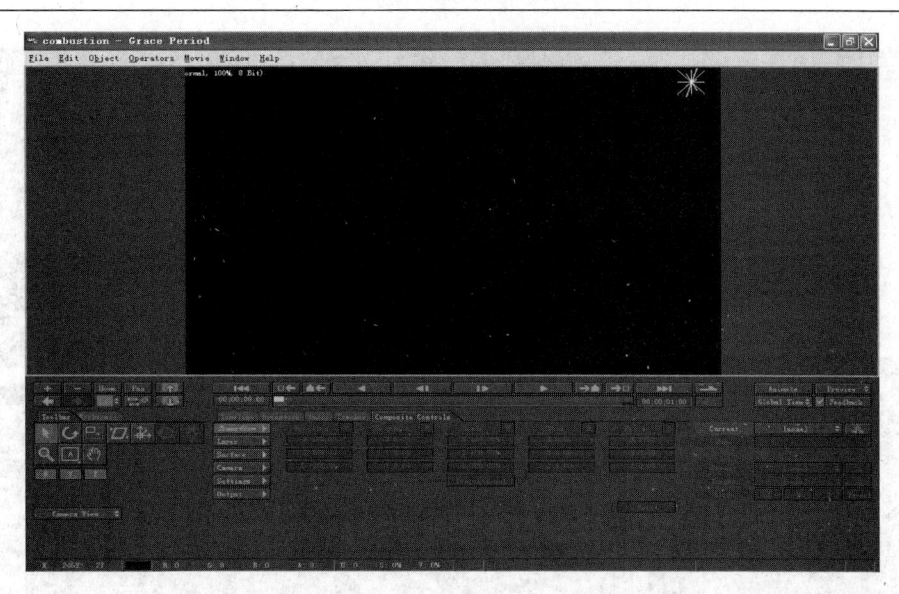

图 4.10　Combustion 工作界面

3. Avid Xpress Studio/Avid Media Composer

Avid Xpress Studio 系统是业内首款高清内容创作软件套装，包括了高度整合的高清视频编辑、音频制作、3D 动画、合成与字幕制作、DVD 创作等，并集成了专业的视频与音频制作硬件，如图 4.11 所示。该系统将整个媒体制作流程集成到一套整合的系统中，能够帮助专业的内容制作人员进行各种创作，如视频编辑、音频后期处理、图像合成、字幕、特技及磁带、DVD 发行或互联网发布。

图 4.11　Avid Xpress Studio 硬件及其软件界面

Avid Media Composer 系统是比 Avid Xpress Studio 系统性能更高的用于电影和视频编辑的系统，也是全球媒体与娱乐行业最受信赖的编辑系统。它不仅能提供剪辑工具，并且能够提供媒体管理和各种创新功能。但是 Avid Media Composer 对硬件要求很高。使用 Avid Media Composer 参与剪辑的影片有《钢铁侠 2》、《2012》、《阿凡达》等。Avid Media Composer 软件界面如图 4.12 所示。

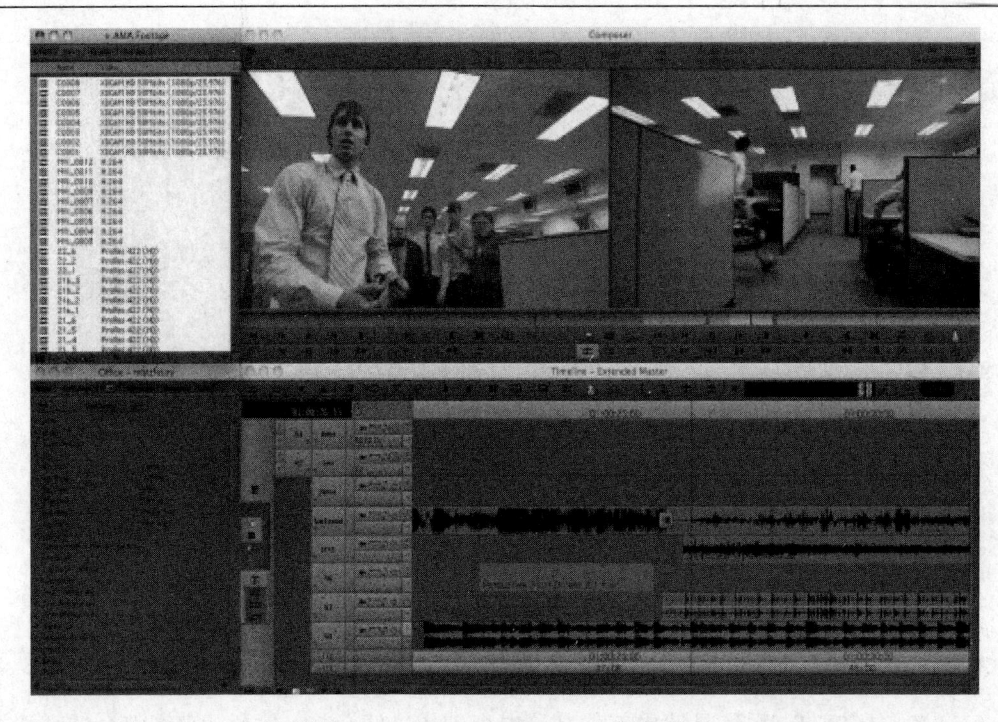

图 4.12　Avid Media Composer 软件界面

4．Premiere Pro

Premiere 是 Adobe 公司推出的一款非常优秀的非线性视频编辑软件，在多媒体制作领域扮演着非常重要的角色。它能对视频、声音、动画、图片、文本进行编辑加工，并最终生成电影文件。Premiere Pro CC 是其最新版本，有较好的兼容性，其功能比先前的版本更加完善和强大，并且易学易用，受到越来越多的专业和非专业影视编辑爱好者的青睐。其工作界面如图 4.13 所示。

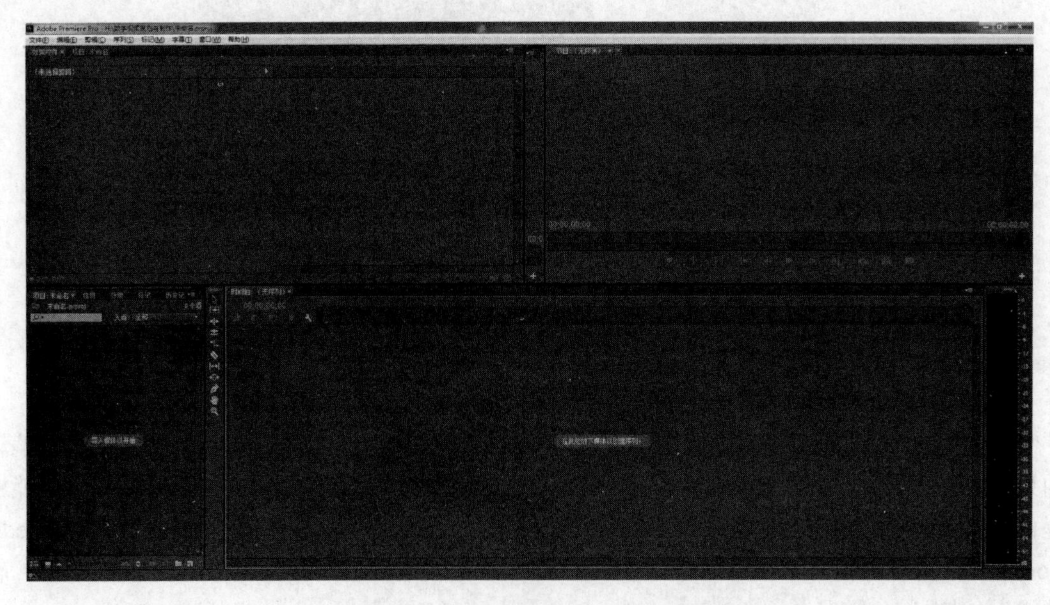

图 4.13　Premiere Pro CC 工作界面

5. After Effects

After Effects 是 Adobe 公司推出的运行于 PC 和 Mac 上的专业级影视合成软件，也是目前最为流行的影视后期合成软件。After Effects 拥有先进的设计理念，与 Adobe 公司的其他产品 Photoshop、Premiere 和 Illustrator 有着紧密的结合。最近推出的 After Effects CC 相比之前的 After Effects CS6、After Effects CS5 和 After Effects CS4 提供了更强大的视频编辑与制作功能，包括新的调整边缘工具、画面稳定器、像素移动模糊化、3D 组件工具等，以剪辑制作出剧院视觉效果与动态图片。其工作界面如图 4.14 所示。

图 4.14　After Effects CC 工作界面

6. EDIUS

EDIUS 是 Canopus 推出的最强大的非线性视频编辑软件。它集成了 Canopus 强大的效果技术，为编辑者提供了高水平的艺术创造工具。例如，几十种实时视频滤镜，包括白平衡/黑平衡、颜色校正、高质量虚化和区域滤镜、实时色度键和亮度键等。另外，EDIUS 能够实时回放和输出所有的特效、键特效、转场和字幕，而且具有完全用户化的 2D/3D 画中画效果。其工作界面如图 4.15 所示。

7. Digital Fusion

加拿大 Eyeon 公司推出的 Digital Fusion 一直是 PC 平台上功能强大的合成软件，能支持 After Effects 的 plugin 和世界上最著名的 5D 与抠像 ULTIMATTE 插件。它是以节点流程方式进行图像合成的，即每进行一个合成操作，都要调用相应的功能节点，若干节点构成一个流程，以完成整个合成操作。这种方式与 After Effects 以图层方式进行图像合成的方法截然不同，其操作虽然没有那么直观，但是逻辑性很强，能够实现非常复杂的合成效果。其工作界面如图 4.16 所示。

图 4.15　EDIUS 工作界面

图 4.16　Digital Fusion 工作界面

8. Final Cut Pro

Final Cut Pro 是目前业界唯一同时支持 DV、SD、HD 电影等全系列专业视频编辑格式的软件，如图 4.17 所示。Final Cut Pro 具有 300 多种新功能，引入了用于实时合成和增效的 RT Extreme、功能强大的新界面定制工具、新型高质量 8/10 位未压缩格式，并且首次在价格低于 100 000 美元的编辑系统中引入了每通道 32 位浮点视频处理功能。Final Cut Pro 还引入了 3 个全新的集成式应用，分别是用于制作标题的 LiveType、用于创作音乐的 Soundtrack 和用于全功能批量代码转换的 Compressor。

在国内，使用 Final Cut Pro 剪辑的大片有《冷山》、《射雕英雄传》、《天龙八部》和《荷香》等。Final Cut Pro 可以制作高清（高清晰度电视的简称）和标清，适合长远发展的需求。由于苹果的 Final Cut Pro 剪辑系统物美价廉，很多电视台和媒体制作公司都开始使用它，它的发展形势非常好。其工作界面如 4.17 所示。

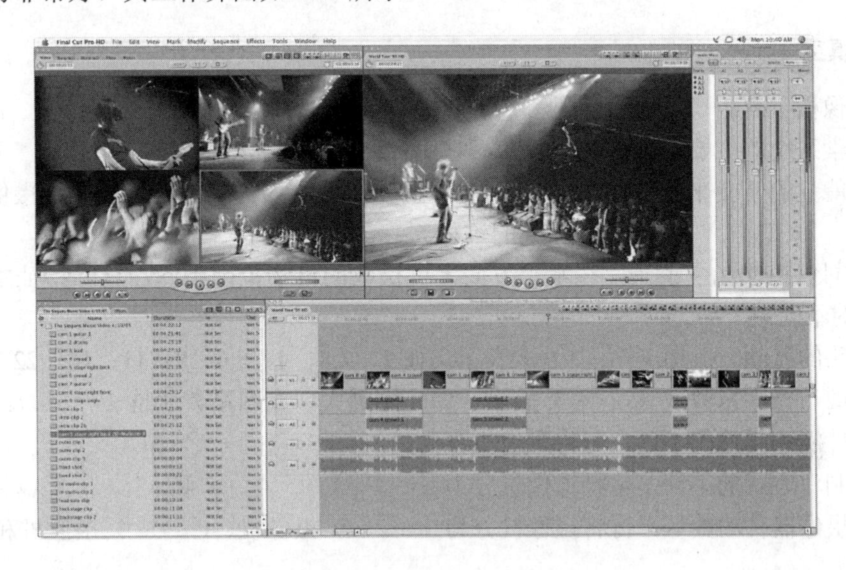

图 4.17　Final Cut Pro 工作界面

9．VideoStudio

VideoStudio（会声会影）是一套专为个人及家庭所设计的影片剪辑软件，原为 Ulead 公司旗下的编辑软件，后被 Corel 公司收购。它首创双模式操作界面，入门新手或高级用户都可以轻松地进行操作，该软件操作简单，功能强大的会声会影编辑模式使得入门新手能够在很短的时间内掌握从采集、剪辑、转场、特效、覆叠、字幕、配乐到刻录的全过程，因此在 DV 爱好者中有较高的普及率。其工作界面如图 4.18 所示。

图 4.18　VideoStudio Pro 工作界面

4.5 练 习 题

一、填空

1. 摄像机主要由（　　）、（　　）和（　　）3 部分构成。

2. 光学系统的主要部分是（　　），它由各种各样的（　　）构成。

3. 从能量的转变来看，摄像机的工作原理是一个（　　）的转换过程，摄像机的工作就是（　　）、（　　）和（　　）的过程。

4. 不同焦距的光学镜头，在水平方向上可摄取的景物范围不同，这一特征主要表现为（　　）的不同。

5. 镜头的光圈一般用（　　）来表示，如 2、2.8、4、5.6、8、11、16、22 等。

6. 光圈与光圈系数成（　　）关系，即光圈越大，光圈系数就越（　　）。

7. 按性能和用途的不同，可将摄像机分为（　　）、（　　）和（　　）3 种。

8. 按制作方式的不同，可将摄像机分为（　　）、（　　）和（　　）3 种。

9. 按摄像器件的数量，可将摄像机分为（　　）摄像机、（　　）摄像机和（　　）摄像机 3 种。

10. 按摄像机存储介质的不同，可分为（　　）摄像机和（　　）摄像机两种。

11. 无论是哪种档次的摄像机，一般都是由（　　）、（　　）、（　　）和（　　）等部分组成的。

12. （　　）的目的是保证摄像机获得机器需要的标准光源，从而使拍摄画面的色彩还原正常。它的原理是让摄像机认知“眼前”的白，调节摄像机的滤色片和放大电路，使它输出的红、绿、蓝 3 路信号电平相等，还原出正确的颜色来。

13. 光源的色温说明了光线中包含的不同波长的光量的多少。色温低，表明光线含（　　）光多，光色偏（　　）；色温高，表明光线含（　　）光多，光色偏（　　）。

14. 摄像机对被摄主体色彩的还原情况与光源色温有密切的关系，如果光源色温与摄像机要求的色温一致，物体的颜色将会得到准确的还原；如果光源色温高于摄像机要求的平衡色温，则画面的色调就会偏（　　）；如果光源色温低于摄像机要求的平衡色温，则画面的色调就会偏（　　）。

15. CCD 的（　　）是体现 CCD 器件解析能力的主要指标，其大小直接决定所拍摄影像的清晰度、色彩及流畅程度。

16. 摄像机的（　　）越大，拍摄的场景大小的取舍程度就越大，给拍摄构图带来很大便利。

17. 数码摄像机的日常维护主要有（　　）、（　　）和（　　）三大项。

18. 非线性编辑系统以（　　）为工作平台，由专用的视频图像压缩/解压缩卡、声音卡、高速硬盘及一些辅助控制卡组成，通过相应的制作软件来完成编辑工作。

19. （　　）是非线性编辑系统产品的决定性部件，一套非线性编辑系统的性能如何主要取决于它所采用的这一部件的性能。

二、名词解释

1. 焦距
2. 视场角
3. 光圈
4. 景深
5. 特写聚焦法
6. 色温
7. 水平清晰度
8. 信噪比
9. 非线性编辑

三、简答

1. 简述反光板的作用。
2. 与线性编辑相比，非线性编辑主要有哪些特点？

四、实践

1. 检查摄像机，对摄像机进行适当的清洁维护、紧固维护和润滑维护。
2. 试用 4.4 节介绍的软件完成一个编辑任务，总结其特点。

第 5 章　数字视频作品的拍摄

5.1　摄像的基本要领

数字视频作品的拍摄一般可以采用两种方式进行：（1）三脚架拍摄；（2）肩扛或手持拍摄。无论哪种方式，都要做到平、稳、匀、准。

1．平

平指的是在拍摄过程中，除了有特殊画面构图的要求外，要注意保持画面"端正"。要获得端正的画面，关键在于镜头构图时找准参照物。每次在开始拍摄一个镜头前，应先在镜头内有意识寻找水平或垂直的线条。室外可以寻找地平线、树木，室内可以寻找门窗、桌椅、墙角等一些垂直或水平线条的物体。将这些物体的边缘线条和取景框的边缘平行，这样可以保证拍摄端正的画面。如果镜头内实在没有水平或垂直的线条作为参照物，可以将镜头水平或垂直平移少许，找到镜头外可参照物体，对准后再将镜头平移回原构图处。

2．稳

画面的稳定既是拍摄的最基本要求，也是最重要的要求。除了一些特殊的拍摄效果外，稳定的镜头可以使画面更具可视性。要使拍摄的画面更稳定，要注意以下方法。

1）多用广角镜头

除了特写的画面构图需要外，在一般画面的拍摄过程中要尽可能运用广角镜头。因为广角镜头的视角大，抗抖动和抗晃动的性能好；而长焦距镜头视角小，在拍摄中手稍有抖动，画面就会变得模糊不清。拍摄前不妨自己做个实验：试着用镜头对准远处的一个静物，然后将镜头调到最大倍数的变焦位置（T），观察镜头就会发现，只要摄像机稍微有一点颤抖，镜头中的静物就会产生相当大的晃动。正确的操作是拍摄时将变焦镜头调到广角（W）的位置。

2）尽量靠近被摄主体

在拍摄和构图允许的条件下，应尽可能地靠近被摄主体。因为只有尽可能地靠近被摄主体，才能采用视野更大的广角镜头拍摄，这两点是相辅相成的。

3）使用三脚架

保持摄像机稳定的最好方法是使用三脚架。三脚架不但可以有效地防止机器抖动，保持画面清晰稳定，而且在拍摄摇镜头等画面时能够显得更加流畅平滑，过渡自然。有的三脚架上还配有遥控装置，可以利用遥控装置来完成拍摄的全部过程。

在固定场合长时间拍摄时一定要使用三脚架，如婚礼仪式、生日宴会、商务会议、文艺晚会等。应尽可能选择结实、坚固的三脚架，放置在平坦稳固的表面上，尽可能远离有震动的表面，如有汽车行驶的公路、有人来回走动的地板、震动的机械设备等。此外，利用三脚架拍摄时，身体要注意离开机器，避免因为呼吸和心跳影响拍摄。

除了三脚架以外，还有一种独脚架（如图 5.1 所示），虽然没有三脚架使用起来那么稳定，但它轻巧、易于携带，在外出拍摄时同样能发挥很好的作用。

4）掌握正确的持机姿势，减少身体的抖动

人的身体本身带有轻微的颤抖，这无法完全消除，但可以尽量加以控制。在拍摄时为了保持稳定，应双手持摄像机，一只手在机套内握住机身，另一只手则从下方托住镜头（如有些机型镜头太短，则托住机身下部），双臂用力夹紧肋部，将机身抵住胸膛。这样，双臂、身体和摄像机就形成了稳固的三角形（如图 5.2 所示）。双腿要自然分立，约与肩同宽，脚尖稍微向外分开站稳，保持身体平衡。另外，在拍摄时要尽量依托周围固定的物体，如门窗、墙壁、树木等。采取正确的拍摄姿势，在短时间内可以保持非常稳定的画面。

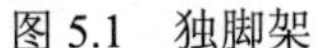

图 5.1　独脚架

图 5.2　肩扛摄像

持机的稳定性和摄像机的重量也有一定的关系。现在的 DV 摄像机日趋小型化，有些甚至只有手掌大小，用一只手就能轻松托起。因为小巧，不少人忽略了持机姿势的重要性，事实上机器过小反而不利于稳定性的控制。因此，在使用时一定要注意，越是小巧的机器越容易抖动，即使操作手掌大小的小型摄像机也要尽可能双手持机，并依靠身体的支撑保持机器稳定。采用正确的姿势不但有利于操纵摄像机，也可以避免长时间拍摄引起的劳累。

5）掌握合理的呼吸方式

拍摄中的抖动很大一部分是由于呼吸引起的。根据不同的拍摄要求，可以采取不同的方式加以控制。在拍摄短镜头时，可以在按下“REC”键之前，长长地吸一口气，拍摄过程中屏住呼吸，这样可以大大减少抖动。如果是拍摄较长的镜头，无法始终屏住呼吸，则可以采用腹式呼吸的方法，即胸部在呼吸时屏住不动，腹部呼吸时要注意慢、匀、浅，不进行深呼吸。

此外，还可以开启摄像机的图像稳定功能。DV 摄像机一般都有图像稳定功能，图像稳定功能的设置方式在不同的 DV 摄像机中并不相同。以 Sony 系列的摄像机为例，该功能通常是在菜单的“Camera Set”中，进入“SteadyShot”，选择“ON”即可。图像稳定功能采用的技术包括电子防抖和光学防抖，光学防抖技术采用了机械式防抖原理，稳定性比电子防抖更好。

3．匀

匀是指在拍摄运动镜头时，除了特殊的画面要求外，施加的速率要匀，不能忽快忽慢。

为了做到“匀”，在拍摄移动镜头的画面时，不能采取平常走路的方式，而应双腿屈膝，身体重心下移，蹑着脚走。腰部以上要直立，行走时利用脚尖探路，并靠脚补偿路面的高低，减少行进中身体的起伏。腰、腿、脚三者一定要配合协调，这样可以使机器的移动达到滑行的效果。无论是前进还是后退，都要均匀保持与被摄主体相同的运动节奏。另外还应注意的是，拍摄时一定要搞清目标的行走路线及路况，做到心中有数。如果路面不平或有障碍物，则应该提前做好应对措施，以免影响拍摄效果，甚至出现意外。

4．准

在拍摄时，无论是构图、起幅、落幅还是对焦等都要准确。

不同景别、角度、方位的镜头，有不同的作用和特点，这就要求摄像人员合理把握作品内涵，准确构图。

在拍摄运动镜头时，对起幅和落幅的画面也需要构图准确。起幅是指镜头运动开始时静止的画面，落幅是指镜头运动结束时静止的画面。摄像时起幅、落幅画面通常要求有 5s 以上的时间，以便于后期编辑使用。

在拍摄时，准确对焦以使画面保持清晰，也是一个基本的要求。此外，有时还需要根据作品要求，将画面焦点在前景物体与后景物体之间进行变换，即通过“变焦点”来调动观众的视觉变化，使观众准确地观察在同一画面中的不同物体。

5.2　拍摄技巧

5.2.1　固定镜头的拍摄

1．固定镜头的概念

固定镜头是指在摄像机机位、光轴和焦距三者均不发生变化的情况下所拍摄的画面，即画面框架处于静止状态下所呈现出的镜头画面。

顾名思义，固定镜头的画面框架是固定不动的，画面的空间范围、拍摄角度和方向均保持不变，主体所占据的上下、前后、左右幅画位置始终不变。从某种程度而言，固定镜头的画面近似于美术作品和摄影作品。虽然固定画面没有外部的运动，但并不妨碍其对运动对象的记录。固定镜头排除了由于画面外部运动所带来的画面外部节奏和视觉情绪的干扰，可以突出被摄主体的运动，观众的视线跟随被摄主体的运动而运动，可以清楚地了解被摄主体的动作形态和运动轨迹。

画面框架给观众带来了稳定的视觉感受。固定画面视点稳定，符合人们日常生活中“驻足观看”的视觉体验和心理需求，观众可以仔细观看，慢慢品味。由于消除了画面框架移动所导致的观众观察时间的限制，观众的视线可以在画面内随意浏览，从而获得舒适自然的视觉感受。观众在观看固定镜头拍摄的画面时，能保持相对冷静、客观的心态，提高画面信息的到达率和接受率，因而固定镜头在影视制作中具有重要的地位。一部影视作品，可以没有运动镜头，但几乎离不开固定镜头。

2．固定镜头的功能

（1）有利于表现整体的环境。由于不存在摄像机的移动和画面框架的变化，静态的环境能在画面内得到强化和突出，在观众的视线内停留较长时间，从而很好地起到交代客观环境、反映场景特点、揭示景物方位等作用。在实践中，常常在拍摄会场、庆典、事故等各类事件时用远景或全景等大景别固定镜头来表现事件发生的环境空间和人物活动的生活场景。

（2）有利于表现静态人物。静态人物指语言神态、表情动作发生变化，但不发生较大位移变化的人物。这时，人物的形体姿态和人物与画面框架、人物与环境间的关系基本处于相对静止的状态，观众的视觉注意力自然会在被摄人物身上停留较长时间。在拍摄人物采访等画面时，一般采取近景和特写等小景别画面，使观众能仔细审视画面中的人物，倾听其说话，观察其细微的神态变化。

（3）有利于表现画面内部的运动关系。静态的画面框架与动态的运动主体形成了鲜明的对比。使运动对象的动感和动势得到张扬甚至是夸张的表现。例如，在固定框架与静态背景中的运动，往往能突出紧张的现场气氛，给予观众较强的心理感受。

（4）具有绘画和装饰作用。固定镜头与运动镜头相比，更富有静态造型之美。在一些山水风光片、纪录片中，对自然风光、人文景观等静态物体的表现上，构图精美的固定画面能使观众感到赏心悦目。

（5）画面的客观性较强。镜头运动反映了摄像师的操作结果和创作者的主观意图，它强制规定了观众的视觉注意指向；而固定画面记录和表现被摄主体时，能让观众随意地、有选择地观看，具有较强的客观性。

3．固定镜头的局限

虽然固定镜头是影视画面的重要内容，但与运动镜头相比，其本身也存在着一些局限性。

（1）固定镜头画面视点单一。受固定画框影响，画面呈现的景物范围有一定的局限性。

（2）构图形式单一。在一个镜头中，画面内容缺乏变化，容易使人感到乏味。

（3）难以表现复杂的运动。由于受到固定画面框架的限制，对于运动范围广、运动幅度大和细节动作多的被摄主体，固定镜头难以有良好的表现。

（4）难以表现复杂、曲折的环境和空间，难以让观众“深入”现场、获取身临其境的视觉感受。

（5）无法比较完整地、真实地记录和再现一段生活流程。尤其在纪实性的拍摄中，仅用固定镜头，难以构成较长的叙事段落和营造特定的气氛。

4．固定镜头的拍摄要求

（1）捕捉画面内的动感因素，增强画面内部活力。固定镜头如果没有画面内部的动感因素，就与照片无异。因此，应尽可能利用画面的内部运动和对画面空间的表现来增强画面的表现力，从而做到静中有动，动静相宜。

（2）注意画面的艺术性。与运动镜头相比，固定镜头往往更重视画面的视觉艺术效果。摄像师应从视觉形象的塑造、光线色彩的表现、主体陪体的提炼等多个层面加强尝试和创作，从而拍摄出构图精美、主体突出、艺术感强的画面。

（3）力求画面稳定，努力消除各种可能导致画面晃动的因素。一般情况下尽可能利用三脚架拍摄，最大限度地保持画面的平衡和稳定。

5.2.2 运动镜头的拍摄

1. 运动镜头的概念

在拍摄过程中，DV 摄像机的镜头光轴、机位、焦距中的任何一项发生变化即形成运动镜头。

运动镜头是影视艺术独有的造型手段。通过镜头的运动可以在一个镜头中连贯地表现事物的不同侧面，保证时空的完整性和连贯性，能使观众获得更加真实的时空感受，形成较强烈的视觉冲击力。

一个规范、完整的运动镜头的拍摄要求包含三个部分：起幅、运动过程、落幅。

在拍摄运动镜头时，一定要有起幅和落幅，这是拍摄运动镜头时应具有的一个重要意识。运动要有起因和依据，并符合人们在生活中的视觉运动习惯。在拍摄运动镜头时，起幅或落幅在内容上及形式上都有明确的要求。

起幅是指运动镜头开始的画面，要求构图讲究，长度适中，DV 摄像机由固定画面转为运动画面时要自然流畅。

落幅是指运动镜头终结的画面，要求 DV 摄像机由运动画面转为固定画面时能平衡自然，画面构图要精确。

2. 运动镜头的拍摄要求

（1）镜头运动要有目的。摄像机的运动只是手段，镜头运动的目的跟画面所要表达的意思紧紧联系在一起，不要滥用或盲目地使用运动镜头。必须仔细考虑是否要采用运动，采用哪些运动摄像的表现手法、镜头运动的目的是什么，以及要达到什么样的效果。

（2）特别要注意起幅和落幅。通过起幅和落幅可以使观众看清镜头运动前后的状态，同时也有利于后期编辑时保证镜头组接的流畅。一般起幅和落幅的时间应长于 5s。

（3）在拍摄运动镜头的时候要做到干脆利落，切忌拖泥带水。

（4）在镜头的运动过程中要保证聚焦准确，焦点清晰。在运动拍摄中，由于主体或摄像机处于不断运动的状态，很容易出现虚焦的情况，要时刻注意调整画面的焦点，使主体始终处于景深范围内。同时也要求拍摄者对被摄主体的运动速度和方向有一个大概的估计，避免画面中出现被摄主体忽左忽右、忽上忽下的现象，造成视觉上的晃动。

5.2.3 摄像用光

拍摄艺术是用光来作画的。光线对于拍摄者，被人们比作是“画家手中的笔，雕塑家手中的刀，音乐家手中的乐器”，可见其重要性。拍摄时，画面造型的处理、画面中影像的形成、黑白影调的分布、色彩的还原，都离不开光线；在平面上真实地再现空间感、立体形象、质感，以及造成某种特定的环境气氛、取得某种画面效果等也离不开光线。

光线是复杂多变的。不同时间的光线，给画面带来不同的时间气氛；不同环境中的光线，可以表现出不同的环境特征；不同的光线效果，可以营造画面不同的情调、气氛，影响人们的情绪，产生不同的艺术感染力。认识光线、掌握光线的变化规律是正确运用光线的基础。

光线分为自然光线和人工光线两大类。

1. 自然光线

自然光线指以太阳光为光源的照明条件。自然光线受各种条件的影响变化很大，季节不同，时间、地理位置、环境的变化，都会有不同的光线效果。自然光线照明条件包括晴天、阴天、多云天、雨雪天，一天中又有早、中、晚等时间的变化。从环境上又可分为室外自然光线和室内自然光线两类。下面分析常见的 3 种光线：室外直射光线、室外散射光线和室内自然光线。

1）室外直射光线

室外直射光线指的是晴天或薄云天气里直接在阳光下拍摄的光线条件。此时，人们能看清太阳的位置，光线有明显的投射方向和入射角，照射在物体上可以形成明显的受光面、阴影面和投影。

一天之中，直射光线的入射方向、角度及光线强弱因时间的变化而不断变化。摄影中常把一天分为以下几个阶段。

（1）太阳初升和太阳欲落时刻。早晨太阳已升出地平线，傍晚太阳尚未落到地平线以下之前，即太阳光线与地面景物呈 0°～15°角的一段时间。这段时间的特点是太阳入射角度小，光线要穿过较厚的大气层斜射到地面上，因此强度较小，显得柔和。由于入射角度小，使地面景物朝向太阳的垂直面受光面积大，并在物体的另一侧形成长长的投影。由于地面反射光线少，因而景物受光面与阴影面的亮度反差大。这段时间地面上水蒸气多，常有薄雾，在太阳光的照射下，空气透视现象明显，景物像是披了一层纱，画面朦胧、含蓄。这段时间的光线色温较低，平均值为 2800～3400K，光线中多橘红色的长波光，画面的早晚效果明显。另外，这段时间光线亮度变化大、位移快，时间很短促。摄影者要事先做好充分的构思，才能抓住这转瞬即逝的时刻，创造出理想的画面来。

这段时间，用逆光、侧逆光拍摄全景场面，可获得明显的空气透视效果；用仰拍，向着太阳，光线通过树木的枝叶可形成美丽的光束；地面景物多呈剪影或半剪影，轮廓姿态非常突出，但不利于表现立体感、质感。

（2）正常拍摄时刻。即太阳光线与地面呈 15°～60°角的时间，一般是上午 8～11 点、下午 2～5 点。当然，由于季节、所处纬度的不同，时间还有差异。这段时间光线入射角适中，光线稳定，亮度变化小，被称为正常摄影时间。这段时间的地面景物垂直面和水平面都有足够的亮度，景物的阴影面上可以得到地面的反射光，使景物的明暗反差减弱，而且阴影部分的质感也能充分表达出来。因此，在这段时间拍摄的景物，层次清晰、丰富而且比较柔和，可表现景物的空间感、立体感，质感细腻、真切。这段时间光线的平均色温为 5600K。

（3）顶光照明时刻。太阳光线与地面呈 60°～90°角时，即上午 11 点以后至下午 2 点以前的这段时间。这段时间的太阳光线近于垂直下射，景物顶部受光多，垂直面受光少。虽然地面很亮，但反射光向上，阴影部分反射光很少，因此景物明暗反差很大，不利于表现物体的立体感和质感。

这段时间由于阳光强烈，空气干燥，拍摄时难以表现空气透视效果，景物层次不丰富；拍摄人像时，额头、鼻尖亮，眼窝、下颊等凹进去的部分很暗，不利于形象的表现，但若加辅助光，顶光表现人像也可取得较好的效果。为了表现主题的需要，拍摄人员有时也有意利用顶光拍摄。利用仰拍表现层次多的景物，或俯拍以亮的地面衬托暗的主体等，也可获得层次分明的画面效果。

在对一天内室外直射光线的特点分析基础上，拍摄人员可以根据创作意图，选择恰当的太阳光入射方向。由于拍摄方向与太阳光入射地面方向的不同，可形成顺光、侧光、顺侧光、侧逆光和逆光等几种光线方案，如图 5.3 所示。

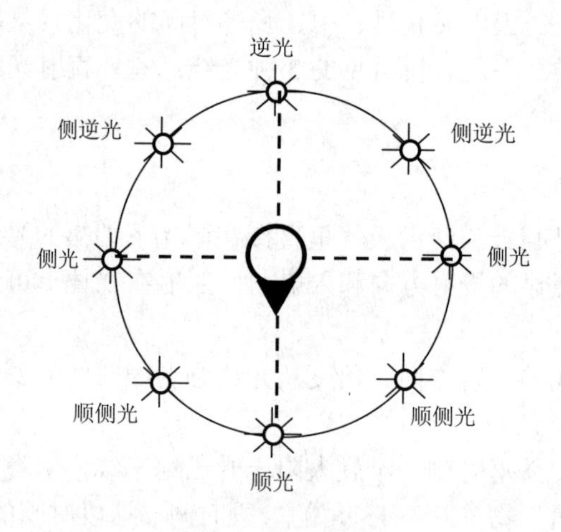

图 5.3　光线方案

① 顺光。顺光是指光线入射方向与拍摄方向一致，也称平光或正面光。光源在被摄主体的前方，景物朝向镜头的一面都受到同样的照明，阴影面和投影都在被摄主体的后方，因此，画面上没有明显的明暗配置和反差，影调配置只能靠景物本身的色调来完成，如图 5.4 所示。

顺光拍摄人物中近景能够全面地表达对着镜头一面的外貌特征，层次过渡平缓细致、自然柔和，质感真切。若选择的景物本身轮廓清晰、前后景物都亮，则可取得高调效果。由于顺光照明，前后景物同样受光，影调缺乏变化，画面平板，因此不利于表现被摄主体的空间感和立体感。此外，顺光也不利于表现数量众多的内容，例如，对群众场面进行拍摄，若用顺光，前后人物叠在一起，分不出明暗，表现不出数量和层次。

② 侧光。侧光指光线的入射方向是从拍摄点的左侧或右侧照射到被摄主体上。侧光一般分为正侧光和斜侧光。

正侧光，光线来自被摄主体左侧或右侧，被摄主体明暗各半，投影落在侧面，造型效果较强，能突出被摄主体的立体形态和轮廓线条，如图 5.5 所示。

图 5.4　顺光

图 5.5　正侧光

斜侧光，一般指前侧光（顺侧光）。光源来自被摄主体的左前侧或右前侧方向。在这种光线条件下，景物大部分受光，有鲜明的受光面、阴影面和投影，并依光线斜侧程度的不同在画面上形成不同比例的面积，画面明暗配置鲜明、清晰，景物层次丰富。斜侧光有利于强调空气的透视现象，有利于塑造被摄主体的立体形象和表达空间纵深感。若加以适当的辅助光照明，使明暗反差减弱，则可以表现出物体细腻的表面形状、质感特点，如图 5.6 所示。

运用侧光时，要根据被摄主体的特点，恰当安排受光面与阴影面在画面上所占的比例，例如，拍摄瘦脸、高鼻的人像时，受光面要大些；而在拍摄胖脸、塌鼻的人像时，受光面则要小些。利用侧光拍摄人像一般要避免受光面与阴影面各占一半的“阴阳脸”，还要注意把主要光线投射在脸部最富有表现力的部位上。

后侧光，即侧逆光，光线来自被摄主体的后侧方，使景物大部分处于阴影中，具有逆光的特点，如图 5.7 所示，因此，在使用中，人们常常把后侧光归于逆光之中。

图 5.6　前侧光

图 5.7　后侧光

③ 逆光。逆光也称为轮廓光、隔离光或背光。太阳光线从被摄主体的后侧方射来，或者镜头正对着太阳方向进行拍摄。逆光能清晰地勾画出被摄主体的轮廓形状，宜拍摄剪影，如图 5.8 所示。在表现数量较多的对象时，由于各个物体上都勾画出一个亮的轮廓，使物体彼此分开，区别出层次，从而强调了数量。

图 5.8　逆光

逆光拍摄有利于表现空气透视现象，能表达出空间深度及环境气氛。由于远近景物呈现出不同的亮度，近景暗、远景亮，形成了画面丰富的影调层次。逆光能使物体的投影落在画面的前方，成为画面构图的因素，有时可以起均衡画面的作用，还可增强空间感和立体感。

逆光拍摄常常可以造成暗色背景，使背景中杂乱的线条和不必要的细节隐藏在黑暗中，从而简化了背景。逆光使主体与背景之间被阳光勾画出一道亮的轮廓线，使主体形象突出。

逆光不利于表达被摄主体正面的色彩和质感。拍摄近景人像时，正面要有足够的辅助光，使质感得到较好的表现。要注意将人物衬在深色调的背景上，以突出其明亮的轮廓线条，否则，人物的亮轮廓线条被亮背景吃掉，影响立体感的表达。

除了表现某种寓意或气氛外，逆光拍摄一般要避免太阳光直射在镜头上。

2）室外散射光线

室外散射光线即室外无直射的光线，包括景物完全处于阴影中、日出前、日落后、阴天、雨雪天、雾天等。

（1）景物完全处于晴天的阴影之中，靠周围物体的反射光和散射光照明，光线柔和，多蓝紫光。若环境中反射光强烈，阴影中的物体也会产生丰富的明暗层次，适宜细腻地表达物体的质感。

（2）日出前及日落后，指的是黎明太阳即将升出地平线之前和黄昏太阳刚刚落山之后，即太阳在地平线0°角以下。这段时间，地面上无直射阳光，但天空很亮。地面上的景物处于云霞、天空的微弱反射光和散射光照明之中，亮度很低。可利用地面景物与天空较大的暗亮对比拍摄剪影，使地面景物的轮廓可分明地衬在明亮的天空上。这段时间不宜拍摄人物近景，也不利于表现人物的神情或细部层次。拍摄剪影要选择线条简练、清晰、富有表现力的景物，用仰角进行拍摄。

日出前和日落后这段时间常作为拍摄夜景的“黄金时间”，这是因为太阳即将升起或刚刚落山，天空还有一定的亮度，能与地面景物区别开来，地面景物也能表现出一定的层次。若完全天黑时拍夜景，景物的外部轮廓与天空融为一体，没有天空的散射光，景物层次也全部消失了。胶片与录像磁带远没有人眼的分辨能力强，只能记录下灯光的亮点。在接近夜景时拍摄夜景，能再现人眼对夜景的视觉印象，获得真实的夜景效果。

在这段时间拍摄夜景应特别注意以下两点。

第一，注意保持画面上大面积的暗色调，形成夜的基调。不论是全景，还是中、近景都应保持背景中的暗色调占主要地位。人物中、近景可用侧光、侧逆光勾出轮廓。

第二，注意亮处和暗处的分布，真实再现夜景的空间深度。在夜晚人眼能分辨出远近的景物，画面需真实再现这种视觉印象，要选择亮度较高的景物或物体，如路灯、车灯、窗户的光、炉火、篝火、地面上水的反光等与周围环境形成亮、暗对比，并注意画面的景物布局，形成远近明暗影调的配置、对比，以强调夜景的空间透视。

（3）在阴天，太阳被浓重的云遮住，景物主要依靠散射光照明，没有明显的投影。景物的明暗反差弱，主要依靠景物自身的明暗及颜色的深浅来表现亮暗区别。阴天光线色温偏高，为7000～8000K，景物色调偏蓝，呈冷色调。如果运用不好，画面会缺乏明暗层次、灰平一片，色彩灰暗、平淡。

在阴天进行拍摄要注意选择亮度反差大、色彩明快的物体，用景物本身的明暗、色彩阶调形成画面的影调、色调层次；要注意选择较暗的前景，以形成前后景物影调的对比和大小的对比，从而表达出空间深度感。

拍摄人像近景，要以暗色调为背景，避免以天空为背景。天空是阴天光线下画面中最亮的部分，人脸亮度远不及天空，若衬在天空上，会变得灰暗、没有层次。晴天，蓝天下人脸不是最亮的部分，由于人脸受到阳光照射，衬在蓝天上，并不影响人脸的亮度。若要表现人的姿态动作，要使人物与背景、周围景物形成影调对比，暗的主体衬在亮的背景上，亮的主体衬在暗的背景上，以突出动作、姿态的轮廓线条。

阴天拍摄还要注意调整好白平衡。阴天光线的色温并不平衡，阴影处光线色温比开阔地光线的色温高。调白平衡时最好选择该场景中光线色温相对较高的地方，以提高摄像机记录低色温光线的能力，使画面不至于严重偏色。

3）室内自然光线

室内自然光线由于受室外自然光线变化和室内环境的影响，故比室外自然光线复杂。室内自然光线有如下特点。

（1）光线有固定的方向。光线通过门窗进入室内，方向一定。若一室有多处门窗，则有多光源的效果。除了直射光照明外，室内自然光线随着室外自然光线的变化只有亮度大小的变化，没有方向的变化。

（2）光线亮度变化大。室内光线的亮度不仅与室外早、中、晚及阴天、晴天等因素有关，还与门窗的朝向、大小和多少，以及室内墙壁和物体对光的反射能力有关，因此，不同时间室内光线的亮度变化很大，同一时间不同环境的光线亮度也有差别。

（3）光线柔和细腻、过渡层次丰富。有时进入室内的光线经玻璃、纱窗、窗帘等介质，光线亮度、强度减弱，有柔和细腻的过渡层次。有时门窗处有部分直射阳光，大部分为散射光和漫射光照明。由于距离门窗的远近不同，室内景物的亮度也不同，呈现出由亮到暗的丰富过渡层次。

（4）光线明暗反差大。室内景物反射光的能力远低于室外自然光线下的物体反射光的能力，因此室内亮度间距较大，尤其室内有直射光照明时，被摄主体受光面和阴影面明暗反差会更大。

（5）富有环境气氛。光线真实、自然，利用室内环境、门窗开设情况的不同，光线强弱、反射的不同，可营造特定的环境气氛。

（6）室内色温偏高于室外色温。越远离门窗的地方色温越高。

运用室内自然光线条件要注意以下几个问题。

（1）用逆光、侧逆光表现室内空间、场面的规模和气氛。尤其有直射阳光进入时，明暗层次分明，一道道光束使气氛浓烈、环境特点明显。

（2）利用门窗的光线侧光进行拍摄，有利于勾画人物的主要轮廓线，立体感很强。若有大面积的暗背景，易形成低调画面。

（3）利用门窗的光线顺光拍摄，主体亮、背景暗，形象突出，人物脸部神情细致，但要注意选择亮的物体作为背景或穿浅色服装、头巾、帽子等，以避免人的轮廓和头发被暗背景吞没。

（4）若有两个以上的门窗，可以一个门窗的光线做主光，其他门窗的光线做辅助光或背景光。

在室内完全用自然光线照明拍摄（直线拍摄）时要注意以下几个问题。

（1）镜头尽量避开强光窗口，以减小画面中的亮度反差。可适当提高曝光量，以提高画面内室内景物的亮度。

（2）在光线不平衡的室内拍摄运动镜头，需用手动光圈，避免画面忽明忽暗。

（3）应选择色调、亮度反差大的物体，以形成画面影调层次。

（4）在室内光线色温较高的地方调白平衡，以减少画面中的蓝紫光调。

2. 人工光线

人工光线是指运用聚光灯、碘钨灯、强光灯、闪光灯等照明器械而形成的光线条件。人工光线可以按照拍摄人员的创作意图及其艺术构思进行配置，人为控制、调整光线的投射方向、角度，改变光的强度或调整色温，从而艺术地再现现实生活中的各种光线效果。有时人工光线也用于对自然光线进行补充。人工光线是摄影艺术中有力的造型表现手段。

1）人工光线的成分分析

人工光线的运用，要以生活中真实的光线效果为依据，不能违反现实生活中的照明规律。按照自然光线的规律，人工光线一般分为主光、辅助光、轮廓光、背景光、装饰光等几种基本光线，除此之外，还有效果光、底子光、顶光、脚光等。

（1）主光。主光是表现被摄主体的主要光线，在整个照明方案中，它是最强光。主光用来勾画被摄主体的主要轮廓线和照亮物体最主要、最富有表现力的部分。它在形成画面的造型结构、表现物体的立体形象、建立画面的空间关系及造成画面影调的明暗配置中起主要作用。主光属于直射光，有明显的光源方向，可使被摄主体形成明显的亮部、阴影和投影。

配置人工光线时，首先要确定主光的方向、高度和亮度，然后在主光的基础上配置其他光线。主光位置的变化，使光线的投射角度不同，从而使被摄主体受光面、阴影与投影的比例发生变化，形成不同的造型效果。主光一般在被摄主体左前侧或右前侧的顺侧光位置上，如图 5.9 所示。当主光光位在被摄主体左前侧或右前侧 30°～45°时，一般称为正常主光照明。水平位置上主光角度小于 30°时，属正面照明，造型能力较弱。水平位置上主光角度在 45°～90°时，称为窄光照明，适宜人物脸部较平或需要强调其立体感、质感的被摄主体。

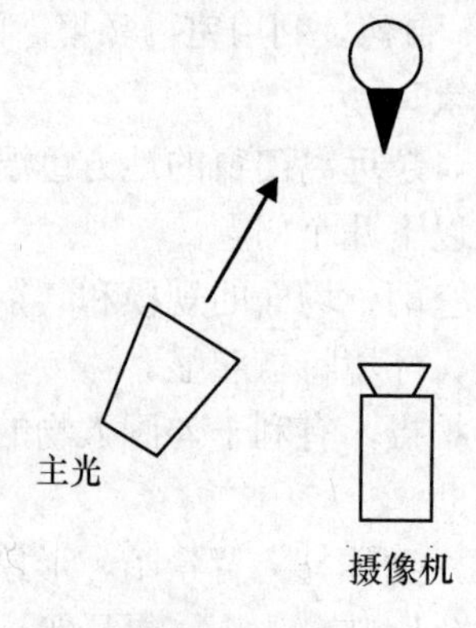

图 5.9　主光

垂直位置上主光角度在 45°～90°时，顶光效果明显，一般不利于表现人物。主光在水平线以下，由下向上照明，被称为脚光。脚光自下向上的投影，产生特殊的造型效果，可用于刻画特殊的人物形象、情绪或气氛。

主光的位置不是固定不变的，它要根据被摄主体的特点、拍摄环境的特征、创作的意图及构图的要求等进行调整。例如，要表现被摄主体后侧面的轮廓特征时，其主光位置应在人物的后侧，以侧逆光射向被摄主体。而主光常用顺侧光则是为了突出被摄主体的正侧面特征。

（2）辅助光。辅助光是补充主光照明的光线。辅助光用于减轻或消除由主光造成的阴影，以调整画面影调，完善被摄主体形象的塑造。辅助光提高了阴影部分的亮度，有利于物体阴影部位的细部特征、质感的体现。

辅助光光源属柔光，通常用散射光作为辅助光，以避免使被摄主体产生第二个阴影。辅助光的亮度不能强于主光，不得破坏画面中主光的方向性和光线效果及阴影部位的层次、质感。要恰当控制主光与辅助光的光比，它决定画面的阴暗反差及画面基调。在主光亮度不变的情况下，辅助光越弱则反差越大，辅助光越强则反差越小。一般辅助光位于摄像机的另一侧与主光相对的位置，如图 5.10 所示，有时也与主光位于同一侧。辅助光在水平位置上的角度略大或略小于主光，在垂直位置上的高度略低于主光。

（3）轮廓光。轮廓光的作用是照亮、勾画被摄主体的轮廓，使之与背景分开，有助于表现被摄主体的立体感和空间感。轮廓光位于被摄主体的后方或侧后方，即逆光或侧逆光，一般与主光相对。例如，若主光用右前侧光，轮廓光则从对象的左后侧投向被摄主体，如图 5.11 所示。有时轮廓光的亮度与主光相同，有时强于主光。轮廓光不仅可以使被摄主体的轮廓线条清晰明亮，还丰富了画面的影调层次，具有较强的造型性。为了避免轮廓“发毛”，轮廓光不可过亮。轮廓光属直射光，一般从高于对象处向下投射，光区要限制在具体的部位上，例如，人物肖像的轮廓光要照亮人物的头部和肩部，以突出人物的立体感。

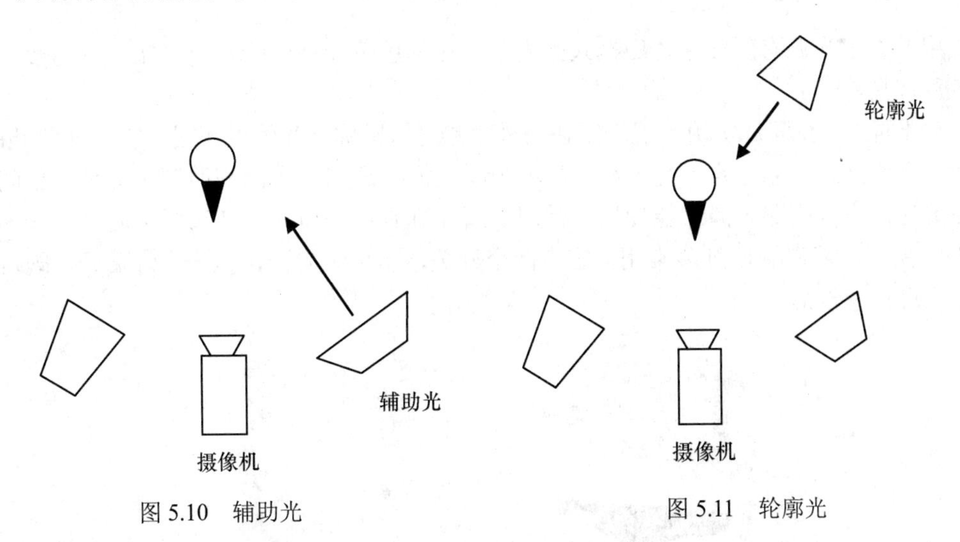

图 5.10　辅助光　　　　图 5.11　轮廓光

（4）背景光。背景光是用于照明被摄主体周围的环境及背景的光线。背景光的主要作用是通过对被摄主体所处环境、背景的照明，使背景的影调与主体形成对比，使主体形象鲜明、突出。通过对背景光亮度的控制和调整，可获得不同的画面影调，形成不同的画面基调。例如，背景光亮度与主光相同或略高于主光时，可得到高调画面；背景光亮度低于辅助光或不用背景光时，可得到低调画面；背景光亮度控制在主光与辅助光之间或使主体的亮背景部分暗些、主体的暗背景部分亮些，可以取得正常影调的画面效果。背景光还可以创造出特定时间、环境气氛和光线效果，有利于深刻地表现主题。

（5）装饰光。装饰光是对画面进行均衡修饰的光线。在主光、辅助光、轮廓光、背景光确定之后，用装饰光弥补局部照明的不足，达到画面照明的均衡，或对被摄主体的局部、细节进行修饰，使其形象更完美、突出。装饰光的运用要合理，照明要准确。运用时需进行必要的遮挡，避免对其他光线产生干扰。眼神光就是一种装饰光，它可使人的眼球上产生闪烁的光斑。在拍摄人物的近景时，表现好眼神光是很重要的。对于眼神光的处理，光线要柔和，光束要尽量小。眼神光可用主光、辅助光构成，或用专用灯对眼睛照明。

（6）效果光。效果光是用来再现生活中某种特定光线效果的照明，例如，台灯光、炉火光、篝火等。使用效果光时，光线效果要真实，投射方向要符合特定光线效果的要求。例如，在拍摄白天内景时，主光要从窗户方向投入；而拍摄夜景中的房间时，主光则应从室内射出。运用效果光时，还要注意与其他光线成分进行合理配置。

（7）底子光。底子光是从场景前方或中心的上方对场景进行普遍照明的光线。其目的是使场面和人物都受到均匀的弱光照明，以避免画面上出现死点。通常用低照度的散射光照明。

（8）顶光。顶光的光源来自被摄主体正上方。与自然光中的顶光一样，拍摄人像会使人顶部、头发、前额、鼻尖、颧骨、眼眶等凸出的部位亮，而眼窝、下颊等凹进去的部位暗，因此，一般顶光不利于表现人物形象。演播室拍摄常用顶光对环境进行普遍照明。

（9）脚光。脚光是由下向上照明被摄主体的光线，可分为前脚光（在对象的前方）和后脚光（在对象的后方）。脚光除了刻画特殊的人物形象外，一般不用于表现人物。有时脚光用来创造特殊的情绪及环境气氛，有时还用于再现台灯、篝火等光源的照明效果。

2）常用的人工光源

常用的人工光源有新闻灯、便携式聚光灯、三基色荧光灯、PAR 灯、柔光灯、散光灯及其他各种灯具。

（1）新闻灯。新闻灯常用于现场采访与外景摄像，以弥补光线的不足。它是一种碘钨灯，功率大、亮度高、色温稳定，是一种很好的外景光源，适用于大面积照明。但是，新闻灯的移动不灵活，需要交流电源才能使用。常用的新闻灯有单联新闻灯和双联新闻灯，如图 5.12 和图 5.13 所示。双联新闻灯最常用，它有两个开关，一个灯先开，另一个灯后开，既可接成单灯，又可接成双灯。

图 5.12　单联新闻灯

图 5.13　双联新闻灯

（2）聚光灯。聚光灯是一种硬光型灯具，如图 5.14 所示，主要用于内景照明，如摄影棚、演播室等。它的投射光斑集中、亮度较高，边缘轮廓清晰，大小可以调节，光线的方向性强，易于控制，能使被摄主体产生明显的阴影，照明时常用作主光、逆光、造型光或效果光。

（3）三基色荧光灯。三基色荧光灯如图 5.15 所示。

图 5.14　聚光灯　　　　图 5.15　三基色荧光灯

三基色荧光灯装在灯箱中，灯箱采用非金属玻璃钢材料制成，使用比较安全，且不会被腐蚀。灯箱可在一定幅度内随意升降，也可在一定的角度内前后俯仰，常被悬挂在演播室灯架顶上，用作天幕光、顶光和正面辅助光等。

三基色荧光灯一般只发出红、绿、蓝三基色可见光，其光束完全能够满足摄像机所需要的色温要求。它属于冷光源，几乎不发出热量，既省电，又减少了空调的通风量。它的灯管使用寿命长，更换费用低。

3）调光设备

20 世纪 80 年代以前，电视演播室的灯光控制以模拟控制系统为主。20 世纪 80 年代中期，由于计算机技术的迅速发展，调光及控制设备已进入数字化时代，并且随着网络技术的普及和成熟，在灯光控制系统中应用 TCP/IP 网络技术也已经成为一种明显的趋势。这些新照明设备的使用极大地丰富了视听创作手段，大大地提高了视听作品的技术质量和艺术效果。

调光设备的发展经历了若干阶段，从最初的三相闸刀控制、空气开关控制、可变电阻器控制、自耦变压器控制、可控硅控制，到今天的计算机监测控制，实现了控制的数字化、网络化。

计算机数字调光设备一般由计算机调光台、数字（智能）调光立柜及两者之间的信号连接线组成。目前的计算机调光台大多通过 DMX512 信号控制调光立柜使其各个光路的输出电压在 0～220V 内变化，从而达到控制灯光亮度的目的。

数字化灯光控制系统具有以下特点。

（1）数字化、智能化。

近几年，调光设备发展很快，调光台由模拟手动调光台、数字化手动调光台发展到大型计算机调光台，调光立柜也由模拟式、数字模拟式发展到全数字式。数字化使得调光台和调光立柜的功能大大增强。

计算机调光台是计算机技术与调光技术结合的产物，它在控制灯光亮度变化时具有准确、容量大、操作方便灵活等特点，可编几百至上千个灯光场，新编资料还可以保存。它不但具备常规的调光台功能（如场、集控、效果、配线等），还拓展了调光台的使用空间（如双用调光台兼有智能灯具控制及调光功能），具有多种特殊效果及效果模型的效果库、用户友好的编辑器和各种信息的反馈。计算机调光台如图 5.16 所示。

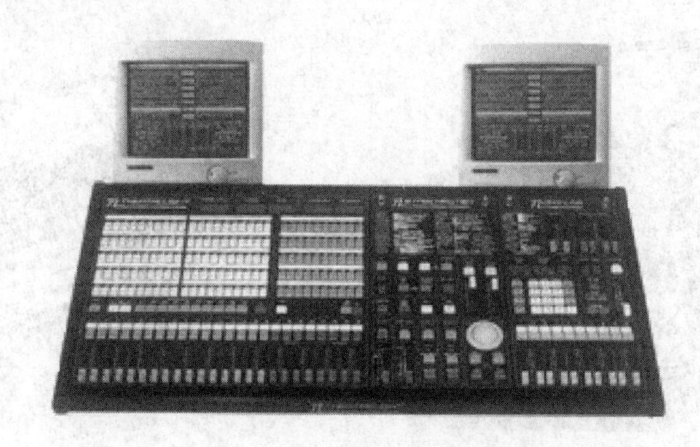

图 5.16　计算机调光台

全数字调光立柜的内核是计算机控制系统，因此它具有智能化的优点。其输入/输出接口采用光电隔离技术，机柜采用了强冷通风系统。它能自动检测系统的各个工作状态与误差状态，如负载状态、温度状况、电流状况、保护装置状态等，并能将状态和信息等参数反馈到数字调光台，即所谓的 Reporting（报告）功能。全数字调光立柜具有调光平稳、调光曲线可调、过热保护等功能。

全数字调光立柜如图 5.17 所示。

（2）网络化。

随着计算机网络的不断普及，网络化技术已经开始渗透到各个应用领域，演播室灯光控制系统也不例外，如图 5.18 所示的是数字网络调光台。

图 5.17　全数字调光立柜

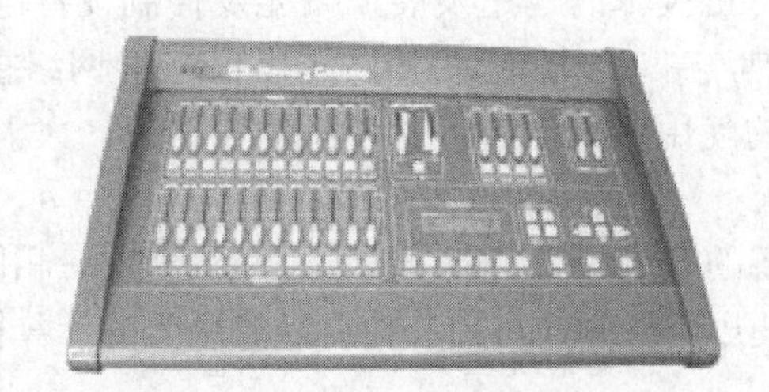

图 5.18　数字网络调光台

随着网络灯光设备技术的成熟，应用 TCP/IP 灯光控制网络的工程案例将逐步增加。由于国际上各灯光设备厂商和有关技术标准组织近几年来的共同努力，灯光控制系统也正在逐步实现所有灯光设备之间的双向高速数据传送。灯光网络的应用将成为演播室网络化、信息化和自动化管理的重要组成部分。

网络化是数字化灯光控制系统的一个新的发展趋势，它具有以下几个优点。

资源共享。主控台上存储各类信息资源，如灯光设计方案资料、计算机效果灯信息资料、演出数据库、演播室灯光系统资料等。通过网络，分控台可以随时调用有关的资料，实现资源共享。

集散控制。演出时分控台可以放置在不同的地方，主控台借助网络将任务分解到各个分控台上。在主控台的统一协调下，分控台分工合作，共同完成整台节目的制作播出任务。

风险分散。在调光网络中，当一台调光台发生故障时，另一台立即自动转入跟进输出，实现无缝切换。整个过程瞬间完成，保证了节目制作播出的顺利进行。

实时监控。网络化技术的信息反馈功能，能够监控到任意设备的运行情况，对系统的故障点一目了然，为及时、快速处理故障设备提供了可能。

便于管理。利用网络可以进行远程监控，可以和各种管理网连接，有效地提高了现代化管理水平。

电视演播室灯光控制网络化，满足了当今社会数字视频制作的需要，体现了视频制作技术的先进性，是视频制作数字化的又一个飞跃。

4）人工布光的基本方法

为了实现拍摄构思，创造出特定的光线效果，人工布光的基本方法是确定光位、光照强度，调整光比，弥补局部缺陷，协调整体光线效果等。一般按照主光、辅助光、轮廓光、背景光、修饰光等的顺序安排各种光线。

（1）3 点布光。上述几种光线是人工布光的基础，各种布光方案都是以上几种性质光线的组合。但是，这几种光线并非在任何场合、任何对象都必备，有时只需要其中的两三种，有时甚至只用主光也能较好地实现创作意图。所谓 3 点布光，即指对被摄主体以主光、辅助光和轮廓光 3 个基本光位照明，完成人物基本造型任务的照明方法。不论多么复杂的照明方案，都是以 3 点布光为基础的。这 3 种光线分别承担不同的造型任务，它们相互制约，又相互补充。如果主光的光位高，则辅助光就要低；主光光位侧，辅助光就要正；而逆光则根据主光和辅助光的位置决定其高低、左右。3 点布光中的 3 种光线，如果处理得当可以相互补充，从而取得满意的造型效果；如果处理不当，则会相互干扰，影响形象的表现。

（2）交叉布光。指光线交叉照射的布光方法。根据主光的不同位置，交叉布光又可分为前交叉光（如图 5.19 所示）、后交叉光（如图 5.20 所示）和对角交叉光（如图 5.21 所示）3 种。

在拍摄两人对话的场面时常用后交叉光。它使主体从背景中分离出来，有助于表现被摄主体的立体形态，使主体形象突出。后交叉光也常用于多人活动的场面。前交叉光用于人物背靠墙壁时的表现，但一般不适用于人物的近景，尤其是正面静态的近景，因为双鼻影的产生会影响人物形象的表现。使用前交叉光时，要注意使主体投影于镜头视角之外，避免画面中出现多余的影子。

为了使画面形成丰富的影调层次，交叉的两光线在照度和照射方向上常常有明暗区别和分布变化，而不采用相等或对称的方式。

（3）布光实例——三人照明。如图 5.22 所示，每个被摄主体都有各自的主光、辅助光和轮廓光。每个人的形象都可以得到完美的表现。拍摄多人对话的场面可以采用这种布光方法。但是，为了减少光线的相互干扰，一般是减少光源的数量或使光线尽量简单。因此，有时利用一个光可取得多种效果。例如，一个被摄主体的主光可以兼作另一个被摄主体的辅助光或轮廓光；几个被摄主体也可以共用一个辅助光或轮廓光等。有时几个灯以相近的机位和角度取得一种光线效果，使用光简化。

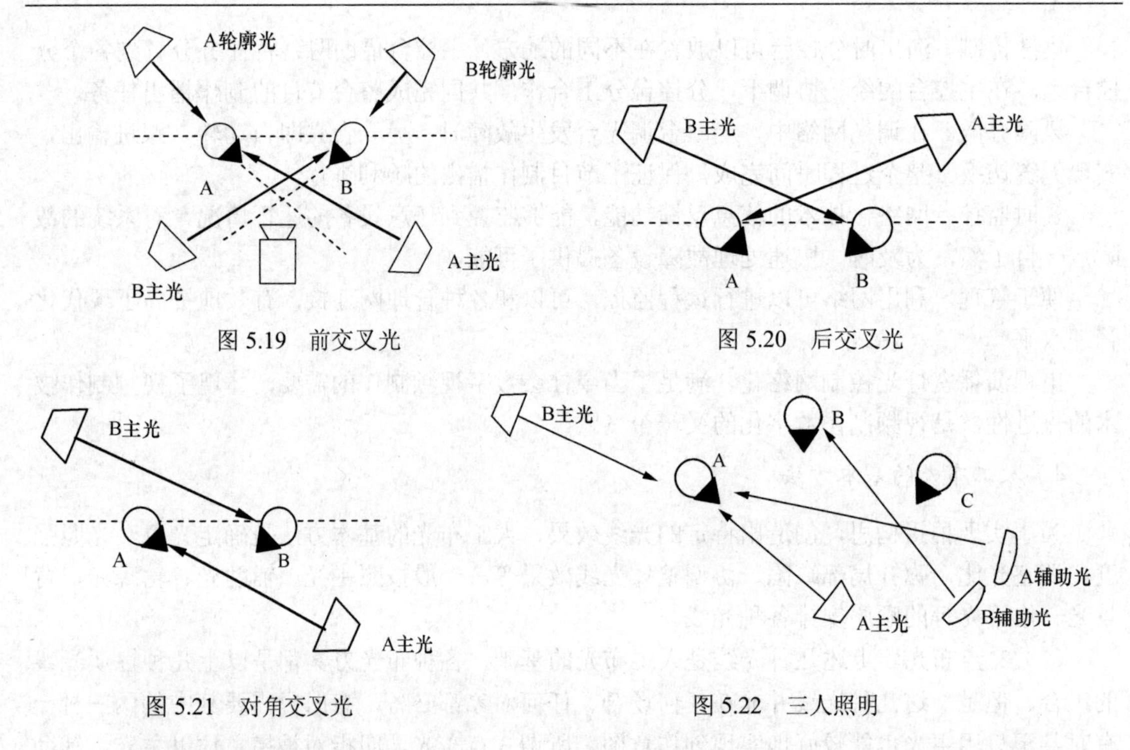

图 5.19　前交叉光　　图 5.20　后交叉光

图 5.21　对角交叉光　　图 5.22　三人照明

3. 光线的综合运用

为了弥补自然光线条件下拍摄的某些不足，常采用自然光线与人工光线的综合运用方案。例如，在室外直射阳光下拍摄人物的中、近景时，常常由于受光面积和阴影面的亮度反差大，使阴影部分的质感得不到很好表现，这时可用反光板调节，使反差减弱，也可用闪光灯等人工光线对阴影部分进行适当的补光。在室内自然光线条件下，有时也用人工光线作为辅助光，此时辅助光的运用需注意在提高被摄主体局部亮度的同时，不要破坏被摄主体整体的光线效果及室内原有的光调气氛。人们常将人工光线投射到天花板、墙壁或反光伞上，然后反射到被摄主体上，其光线均匀、柔和，是一种理想的补光。

在室内综合运用光线时，要注意平衡色温。室内自然光线的色温普遍高于 5500K，而人工光源的色温大多是 3200K，因此在拍摄时首先应平衡光线色温。可以用提高人工光线色温的方法，即在人工光灯头前加挂 5500K 色温纸，使照明光线色温由 3200K 提高到 5500K，然后以 5500K 色温调白平衡进行拍摄。还可以用降低自然光色温的方法，即用 3200K 色温纸粘贴在室内中所有的自然光线入口处，使自然光线色温由 5500K 降低到 3200K，以 3200K 色温调白平衡进行拍摄。

5.3 场面调度

场面调度这个词源于戏剧，《电影艺术词典》中有关场面调度是这样解释的："Mise-en-Scene 出自法文，意为‘摆在适当的位置’或‘放在场景中’。最初用于舞台剧，指导演对一个场景内演员的行动路线、地位和演员之间的交流等表演活动所进行的艺术处理。由于电影和戏剧在艺术处理上具有某些共性，场面调度一词也引用到了电影创作中来，意指导演对画框内事物的安排。”①

电视的场面调度在《中外广播电视百科全书》中是这样解释的：“场面调度是电视导演对一个场景内，演员行动路线、位置的转换与移动的安排，通过人物的外部造型形式与景物的配置和组合，调动摄像机方位的运动，形成一幅幅角度、景别不断变化的活动画面，达到屏幕造型与艺术感染力的最佳效果。”②

可以说，场面调度是导演和拍摄人员为了达到某种目的，对进入画框的人物形象和视觉效果进行安排和统筹调配的一种系统工程。

导演在场面调度过程中，最基本的处理方式是单个镜头的场面调度和一个场景的场面调度。在这两种类型的场面调度中都包括两个方面：被摄主体（包括演员）的调度和摄像机的调度。

5.3.1 被摄主体（演员）的调度

1. 横向调度

这是被摄主体沿上下画框并与画框平行移动的方式。被摄主体此时的移动方向与摄像机呈 90°角，这种水平横轴的调度就像戏剧中的上台和下台，常表现为入画和出画。导演在调度过程中有以下 3 种方式可供选择。

1）穿越式的横向调度

被摄主体沿画面水平轴穿越画面。这种调度受景别和被摄主体运动速度的影响，被摄主体在画面中的面积越大，速度越快，穿越画面的时间就越短，这种调度方式具有一般的介绍性功能。因为画面中横向移动中长度有限，所以一般不用它来展开剧情。

例如，在影片《阿甘正传》中有一个阿甘长跑穿越美国的片断，其中就有穿越式横向调度的大远景镜头：阿甘独自一人在旷野中跑着，富有诗情画意，表现了阿甘不屈不挠、不达目的誓不罢休的性格。

2）具有突出被摄主体的横向调度

被摄主体从画面左右两侧入画后，在画面中停顿。在影片《战争与和平》中，法国将军在审讯比埃尔·别祖霍夫，画面中最初只有法国将军，一个影子移进画面，随后一个军官从画外走到将军身边，就好像是舞台剧中演员上台一样。

3）被摄主体的往返式横向调度

被摄主体入画后，沿水平轴运动后转向后向相反方向运动，这种演员调度方式在舞台上很常见，要么是忘了什么东西，要么就是有件未了的事放心不下，所以会瞻前顾后。《阿甘正传》中也采用往返式横向调度，说明了阿甘创造穿越美国长跑奇迹的真实想法。

2. 纵深调度

这种调度是影视区别舞台戏剧调度的最主要形式。巴赞推崇的景深镜头，其镜头内在的表现形式最主要的就是纵深调度。纵深调度有以下 3 种方式。

---

① 许南明，富澜，崔君衍. 电影艺术词典[M]. 中国电影出版社，1996：208.

② 赵玉明，王福顺. 中外广播电视百科全书[M]. 中国广播电视出版社，1995：85.

1）穿越式的纵深调度

被摄主体迎着镜头或背对着镜头沿纵向轴的一种运动方式，这种被摄主体的纵深调度是每个电影和电视剧的镜头中都可以找到的调度方法。在电影和电视剧中有一种被称为挡黑镜头的演员调度方式，即被摄主体向镜头走来，挡住镜头的光线，这个镜头还有一个和它对应的镜头，同一个或不同的拍摄主体，从镜头前向前走去，镜头由黑到亮，两个镜头连接在一起主要用作转场。和这种方式类似的镜头如汽车等交通工具向摄像镜头驶来，并在头顶上疾驶而过。大型纪录片《望长城》中，主持人焦建成背对摄像机向博物馆走去的镜头，以及影片《罗拉快跑》中罗拉迎着影片向观众跑来，再背对镜头向远处跑去，都是这样的用法。这种“过客”式的镜头，都是用作过场戏的过渡方式，它会产生纵深的空间感。

2）具有突出被摄主体的纵深调度

被摄主体从景深深处向镜头运动，然后停在镜头前。这不像前一种调度，被摄主体在镜头前是一个由远及近的“过客”，消失在镜头中（如挡黑）或镜头外（如在镜头前左右上下跃过），被摄主体在镜头前停下来，具有展示和突出被摄主体的作用，它往往会引发一段戏剧故事。在影片《阿甘正传》中，阿甘从远处向镜头前跑，跑着跑着他突然停住了，后面跟着跑的人也站住了，阿甘转过身，对身后跟跑的人群说：“我该回家了。”这时阿甘身后的众多追随者中有一个问道：“那我们怎么办？”

3）被摄主体的往返式纵深调度

被摄主体从镜头前向景深深处运动，然后停住，向反方向运动；或者和这种形式相反。

在影片《阿甘正传》中，阿甘从美国大陆的一头跑到另一头，到了海边一个连接水中搭建的小屋的小木桥上，没了路，又折返向回跑。这种往返式纵深调度往往喻示着故事将发生某种形式和内容的转折，为他后面要回家做铺垫。

3．斜线调度

斜线调度是沿画框的对角线移动的调度方式，所以也可以称为对角线调度。对角线在构图中是最长的直线。利用对角线最长这一特性可以表现运动，尤其是动感强烈的镜头。例如，电视中的体育比赛，往往选用对角线构图。又如冬季奥运会上的跳台滑雪，往往采用斜线调度。在影视作品中，表现动感强烈的镜头也常常使用斜线调度。

影片《真实的谎言》开始的一段雪地里精彩的枪战戏之所以动感强烈，和导演运用了一系列的斜线调度不无关系。

4．交叉调度

交叉调度是为了避免镜头缺少变化，通过演员的交叉换位，使场面富有生气。例如，影片《小兵张嘎》中嘎子给躲在村子里的老钟叔送饭，开始老钟叔坐在画左，嘎子在画右。老钟叔掏出给嘎子做的小手枪，嘎子站起来，跑到老钟叔身边，高兴地拿着小手枪，磨老钟叔讲罗金保用笤帚缴鬼子王八盒子的故事，这时两个人又坐下，双方自然地换了个位置。这种交叉调度使一个较长的镜头富于变化，使人感到富有生气。

在 1998 年中央电视台春节联欢晚会上，歌曲《相约一九九八》中，第一段，歌手那英和王菲一左一右站在舞台两侧，第一段唱完之后，在第二段音乐过渡中，两人向舞台中央走去，换位后，各自走到对方原来站的位置上，形成交叉换位的调度，当第二段歌曲快结束时，两人从两侧走向舞台中央。交叉换位调度，使场面富于变化，充满生气。

5. 上下调度

被摄主体沿画框左右两侧进行纵向移动。和横向移动一样，一般也有 3 种方式：穿越画面、进入画面后在画面中停留、进入画面后又转向重新出画。一般上下调度时被摄主体要利用立体空间中的物体进行上下移动，如台阶、山坡等，这是利用演员自身的运动；还有一种是利用上下移动的工具，如电梯、直升机、降落伞等。

演员的上下调度在舞台剧中是极少出现的。在电视晚会中，近年来，通过搭台阶实现了演员在舞台上的上下调度。

6. 曲线调度

与直线调度不同，被摄主体是进行曲线运动的，有以下 4 种形式。

（1）弧线调度。被摄主体进行半圆形的走位。

（2）圆形调度。被摄主体围绕某一特定物体或没有一个特定物体，而进行圆周运动的形式。后面这种空心转的形式以歌舞片中出现居多。美国音乐歌舞故事片《出水芙蓉》，在游泳池中，女演员们通过游泳造型在水中组成了一个圆圈，这是一个比较有名的圆形调度。

获 1987 年第 60 届奥斯卡 6 项大奖的影片《末代皇帝》，溥仪要在弟弟溥杰面前显示皇帝的威风，便吆喝太监放下轿子，和溥杰在前面跑，而抬轿子的奴才们跟在后面追。两人跑到太和殿前的广场上，转着圈跑，后面簇拥的轿子和随从紧跟其后。镜头通过高角度的俯拍，使队伍出现了圆周形的演员调度。另一种圆形调度不是空转圈，而是围绕一个道具。这种形式要比转空圈更容易被观众接受，而且不容易看出这是导演有意在进行场面调度。例如，溥杰说溥仪现在已不是皇帝了，溥仪说是，溥杰还说不是，于是溥仪气愤地开始追溥杰，俩人围着写字的台案转起了圈子。导演在处理这个圆形调度过程中，用了长镜头，既有顺时针追，也有逆时针追，使并不很规则的圆形调度真实可信，不留人为的导演痕迹。此外，在电视综艺晚会舞蹈节目中，舞蹈演员组成的圆周图案会形成这种圆形调度。这种调度拍摄角度是关键问题，如果角度太低，利用平拍，镜头前往往不会形成圆形调度，只有高角度进行俯拍或者镜头与地面垂直的扣拍，才会产生圆形调度的构图。如果被摄主体是两队人或三队人组成圆周运动，而且各队运动方向相反，则会形成非常好看的画面构图。在大型团体操中常采用直升机进行航拍或在热气球上拍摄，会产生非常壮观的场面。

（3）S 形曲线调度。被摄主体呈 S 形运动，规则的 S 形运动在实际生活中很难找到，往往出现在舞蹈节目和一些特殊项目的体育比赛中，像高山滑雪的大回转和在大海中的冲浪运动，被摄主体是呈 S 形运动的。S 形运动如果是沿画框横轴方向曲线前进，则其前进方向时而朝向摄像机，时而背离摄像机，呈∽形运动，被摄主体在画框中的面积不会发生太大的变化，景别变化不大；如果是沿画框纵轴方向曲线前进，表现为景深方向的移动，则被摄主体在画框中的面积会发生变化，即景别会有改变。

S 形曲线调度常常用于表现一个被摄主体（演员）在众多陪体中穿行，形成不太规则的 S 形场面调度。例如，在某些地方找人或找什么东西时，通过走向镜头和离开镜头，出现两次往返，或向画框两侧反复运动，便可以形成这种调度。

（4）螺旋式调度。螺旋式表现为立体的圆周式运动，这种调度方式与平面调度不同，摄像机一般要居高临下，被摄主体借助旋转楼梯或是可以构成这种运动形式的特殊设施进行纵深调度。

7．不规则调度和综合调度

在实际生活中，人们不可能都机械地按上述图形方式活动，往往表现为不规则的运动形态，有时在一个镜头内也会同时出现几种调度，称为综合调度。一般来讲，被摄主体往往是处于不规则和综合的调度之中，在导演要拍摄的一个镜头中，演员既可能进行水平的横向调度，也可能突然改变为其他运动方向，因此这种调度是最多的，往往在水平调度的过程中也会出现上下调度，如一个人最初在大街的人行道上直走，拐了个弯向路边的方向走去，然后又上了一个台阶。如果是一个镜头拍下来，就有了横向、纵向和上下 3 种调度。这样的镜头既形成了不规则的图形，也可以看成是综合图形。这种类型的演员或被摄主体的调度是很多的。在纪录片中，这种不规则或综合的调度更是司空见惯，导演不可能过多地干预采访对象的活动，特别是纪实性很强的抓拍镜头，导演无法去调度被摄主体，因此这种不规则的调度往往是纪录片的主要调度形式。

5.3.2　镜头调度

导演在场面调度的过程中，除了指导演员走位——调度被摄主体外，还要调度镜头。镜头调度主要指拍摄人员按照导演的要求，对所要拍摄的每一个镜头画面的景别变化、摄影角度和运动形式的具体操作。镜头调度包括单个镜头的调度和组合镜头即一场戏的镜头调度两种。

1．单个镜头的调度

单个镜头的调度包括两层含义：一是光轴的变化，即通过改变摄像镜头的摄像焦距可以改变景别，使被摄主体在画面中的面积大小发生改变，这主要是指推、拉、摇镜头；二是改变摄像距离，即摄像机与被摄主体的位置，即改变景别，主要通过移镜头，包括水平移镜头和垂直移（升降）镜头，使被摄主体在画面中的面积发生改变。

前面介绍了各种被摄主体的场面调度形式，这些调度形式在镜头调度的过程中也可以表现出来，主要通过移镜头来实现。

苏联著名导演罗姆认为："除了表现纯粹的日常生活场景之外，采用移动镜头有 3 个优点，第一，以环视全景的角度所拍摄的移镜头应该展示出事件的规模。""第二和第三个优点：它令人信服地给观众表现出动作的同时性……和动作地点的统一。"移镜头，从画面看，多为动态构图；从机位看，处于连续不断的运动之中；从被摄主体看，镜头的视点不断改变。

镜头在移动的过程中，与被摄主体角度不同会产生不同的视觉感觉。如果移镜头在被摄主体前做直线横移，那么主体在画面中会与镜头移动方向做逆向直线运动；如果镜头在被摄主体前做斜线运动，主体将出现斜线上升或下降；如果镜头在被摄主体周围做圆弧运动，被摄主体将会出现旋转。此外，还可以拍摄出被摄主体上下运动和不规则的综合运动。总之，镜头的移动使得在视觉上不断出现新元素，它的强烈动感和不断进入镜头的戏剧因素，充分表现了视听艺术的优点和独具的特点。移镜头的这些特点，是定点的推、拉、摇镜头的视觉感受所无法比拟的。这就是为什么现代视听艺术在表现手法上特别注重移动摄影的原因。

1）横向调度

这是指镜头的横移。在横移的过程中，前景的景物移动快，后景的景物离得越远，移动得就越慢；速度越快，前景就会越模糊，运动感就越强烈。横移的镜头调度主要有以下几个作用。

（1）展现大场面。

由于被摄主体呈静止或相对静止的状态，摄像机在移动中，被摄主体依次在镜头前闪过，可将整个大场面巡视一番，对全局有个全面的认识，因此横移镜头常用于表现大的战争场面。

美国影片《西线无战事》以连续性的移动镜头拍摄美国士兵进攻德军战壕的情景。摄像机沿着战壕快速移动，它的视野包括冲向战壕的士兵和中弹倒下的士兵。在前景中，不时有机枪手射击的背影，一批又一批的士兵倒下，有人冲出战壕后又倒下。这使得镜头画面获得充分的表现力。在影片《战争与和平》中表现波诺基诺战役的片断，用了长达上百米的横移镜头，表现了史诗般的战争场面。我国影片《大决战》中，凡表现三大战役的宏观场面均采用了横移镜头。辽沈战役中通过杜聿明坐在飞机上的主观镜头，用空中移动摄影，将我军围歼廖耀湘兵团的场面表现得非常壮观。平津战役中则用移动摄影表现我军海河大桥上胜利会师的场面。淮海战役中则用快速横移表现我军发动最后进攻，与《战争与和平》中的波诺基诺战役有异曲同工之妙。

（2）表现大场面或一般环境中的局部细节。

在 1998 年中央电视台春节歌舞晚会《致春天》的《战友之歌》中，从台阶上走下一排排戴贝雷帽的驻港部队指战员，为了表现他们的精神风貌，通过多次横移，将战士们的一个个近景展现在观众面前。

2）纵深调度

镜头的纵深调度需要采用纵深移和跟镜头来实现。在纵深移的过程中，景物和被摄主体会产生向观众移动的感觉，速度越快，感觉就越强烈。在移动的过程中，当前面有障碍时，拐过去或跨越过去，就会发现新的空间。而跟镜头由于摄像机跟随着被摄主体移动，特别是在新闻和纪实摄影中，由于被摄主体不规则的行动方向和路线，所以呈现出不规则的镜头调度。纵深调度的作用有以下几点。

（1）移镜头作为拍摄人员的主观镜头，可以代替观众的眼睛去探寻事物的奥妙。

镜头在前移的过程中，方向、视点、角度、景别可以在移动中不断变化，可以用一个镜头获得所在空间的不同方位、侧面的总体印象。《望长城》中有一段探寻水下长城的精彩水下移动摄影。既是潜水员又是拍摄人员的记者一头栽进水中，镜头在水草中穿行，渐渐地，前面出现了一段淹没在水中的完好的长城。镜头不仅看到水下长城的外观，而且钻进长城的敌楼中探幽，随后镜头掉转方向，又钻了出来，沿着城墙向前游去。这是一段电视界津津乐道不可多得的水下摄影场面。

（2）移镜头和跟镜头可以代替拍摄人员的眼睛搜寻感兴趣的人和事。

定点拍摄的主观镜头无法深入现场，而移镜头却可以根据需要随意前行，它可以跟着主持人走，也可以不设主持人跟着采访对象走，甚至可以自己向前，拍摄视点之内一切有趣的东西。例如，在《望长城》中，主持人焦建成去寻找王向荣，他一路打听，包括询问牧羊人，随后向一位背柴草的妇女打听，又跟一个小孩进了村，在村里碰上一位村民，村民告诉他王向荣的家，焦建成费了几番周折才进了王家的院子，后来才见到王向荣的婆姨、孩子、年迈的母亲。这一段镜头一直跟着主持人走。

跟镜头和前移镜头的纵深场面调度有一些区别。跟镜头，顾名思义，它是跟随被摄主体前进的，摄像机可以前跟（摄像机在被摄主体前，镜头方向朝后）、后跟（摄像机在被摄主体后，镜头方向朝前）和侧跟（摄像机在被摄主体一侧，处于基本平行的位置）。跟镜头拍摄的画面中被摄主体的大小基本一致。而移镜头则没有一个固定的被摄主体，前景和后景的动态构图会产生前快后慢的效果。意大利著名导演安东尼奥尼拍摄移镜头时，为了获得真实的影像，常把摄像机扛在肩上，镜头朝后，用偷拍的办法获得真实感人的场面。

（3）移镜头可以作为剧中人的视线。

在电影和电视剧中，剧中人常行走或坐车，为模拟剧中人的视线，导演会根据剧情需要，在行进中或在车上拍摄一些车窗外的移镜头。在汽车拉力赛中，每当人们看到镜头放在驾驶员的位置上向前拍摄时，就能体验到驾驶员此时此刻的视觉感受。

（4）当移镜头的方向与被摄主体的运动方向相反时，移动速度的快慢制约着节奏。

影片《战争与和平》中法军从莫斯科撤退，移动摄影方向和法军运动的方向是相反的，这是一段空中摄影，开始是法军队伍前列的中景，镜头升起后，向队伍尾部移动，表现这个逆历史潮流而动的侵略军的悲惨结局。这段逆动摄影，摄像机是架设在直升机上的，移动速度很慢，法军行军的速度也很慢，导演用慢节奏表现了这支败军的心理。

高速运动物体的逆向摄影会使镜头内部节奏加快，可产生特殊的效果。这种镜头往往用来表现某种特殊效果，或烘托剧中人突然爆发的某种感情。

3）曲线调度

通过曲线移动可以表现镜头的半圆、圆形调度、S 形调度、螺旋形调度等。

（1）半圆和圆形调度。

例如，在《望长城》中，主持人焦建成在内蒙古东部赤峰看到清朝皇帝立的一块要求臣民保护塞外长城的石碑，为表现这个石碑碑文的内容，拍摄人员跟主持人焦建成围着石碑整整转了一圈。在访问王向荣途中，碰上一个唱爬山调的种地人，焦建成和他交谈，了解爬山调的来历，并请种地人唱了一段。这一段对话时间很长，主持人和种地人面对面站着，摄像机一动不动，画面会很呆板，摄像机通过圆形调度使画面变得生动起来。

（2）S 形调度。

S 形的纵深曲线调度由于无法在被摄主体中间架设移动轨道，一般需要拍摄人员扛着沉重的摄像机在被摄主体中间快速移动，要求速度均匀，持机平稳。一般情况下摄像机需要有减震架设备，这对拍摄人员的操作水平提出了很高的要求。陈凯歌导演、张艺谋拍摄的影片《黄土地》中，在表现陕北解放区人民的秧歌表演时，就创造性地采用了摄像机在秧歌队中 S 形移动的方式，充分展现了解放区人民欢天喜地的氛围。

2. 多镜头场面调度的组合

场面调度从话剧舞台上演变到电影、电视上，形成了一个系统性的导演理论：它不仅可以体现在一个场景中，导演如何指导演员和摄像机的运动和演员运动；也可以在整场戏与整场戏之间实行两场戏完全相同或相似的场面调度。

1）一个场景的镜头调度——机位三角形原理

摄像机的 3 个机位连接构成一个三角形，该三角形的底边与轴线平行，这一规则被称为三角形原理，也称为机位三角形原理。

最常见的机位三角形有内反拍三角形和外反拍三角形。

内反拍三角形如图 5.23 所示，其中底边的两个机位拍摄得到的镜头称为内反拍镜头。

内反拍镜头的特点是：在画面中只有一个主体出现，而无陪衬体出现，并且主体处在画面突出的位置上，常以近景别的形式来进行拍摄。

外反拍三角形如图 5.24 所示，其中底边上两个机位拍摄得到的镜头称为外反拍镜头，有时也称为过肩镜头。

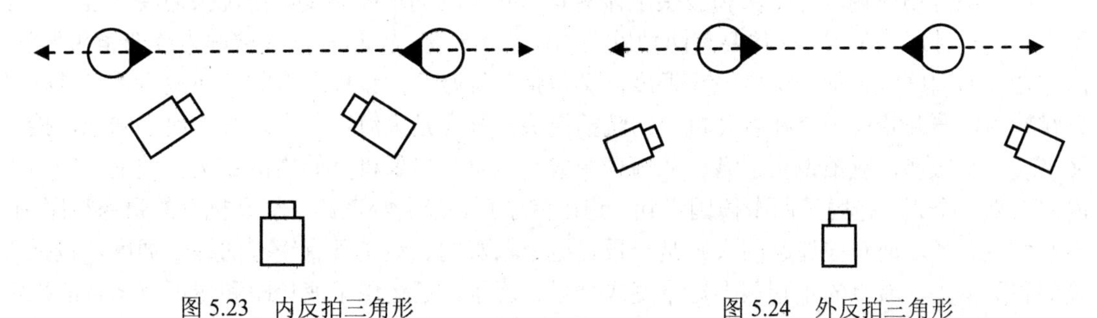

图 5.23　内反拍三角形　　图 5.24　外反拍三角形

外反拍镜头的特点：镜头中的两个人物互为前后景，使画面具有很强的空间透视效果；靠近镜头的在画面上表现为背面，距镜头较远的表现为正面。

如图 5.25 所示是机位三角形的其他两种类型。

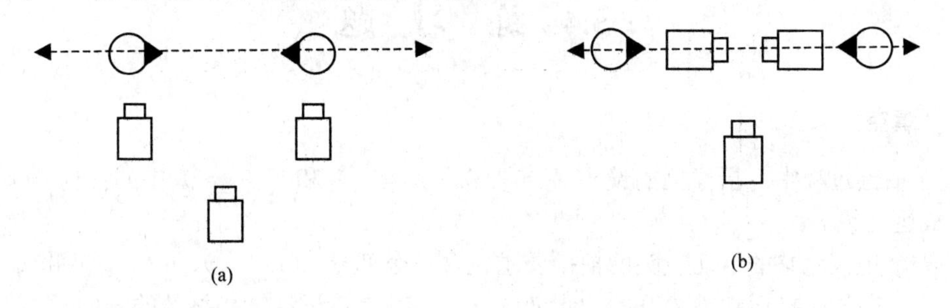

图 5.25　机位三角形的其他两种类型

2）重复性场面调度

重复性场面调度最重要的特征是戏剧情节的完全相同或相似，表现为环境空间的相同，人物对话和行为动作的相同，导演在摄影/摄像的处理上也尽量保持相同，观众会对这种场面的重复产生强烈的心理反应和荧屏效果。

影片《老井》里张艺谋饰演的孙旺泉 3 次倒尿盆就是精彩的重复性场面调度。第一次是身着新婚学生装的孙旺泉打开房门后，先探头探脑向四周看了看，确认没有人，然后再走到厕所去倒。第二次是孙旺泉穿着变旧的学生装，手持尿盆慢腾腾、懒洋洋地走进厕所。第三次则是身披黑色老棉被的孙旺泉步子麻利地大踏步地走向厕所。通过这样的重复性场面调度，表现出孙旺泉对于“入赘女婿倒尿盆”这一北方山村的传统习俗从不自觉到自觉的顺从与适应。

这种重复性场面调度既可以是同一被摄主体的重复调度，也可以是不同主体的重复调度。在电视连续剧《宰相刘罗锅》第 34 集中，乾隆皇帝认为自己年事已高，决定让位，于是让大臣爬梯子去取他早已写好的密诏。他第一个让和坤去取，和坤怎么也爬不上去，只好说自己的两条腿实在是不管用了。乾隆又让另一位大臣去取，那位大臣当下跪倒在地，表示不中用。乾隆最后让刘墉去取，尽管刘墉年龄也不小了，但腿脚麻利，一步一步稳稳当当爬上去，取下装有皇帝密诏传位于皇十五子嘉庆王的手谕。这同一件事让 3 个人去重复表现的手法，可以让观众感受到 3 个人物在性格和心态上的差异。

5.3.3　综合场面调度

所谓综合场面调度是镜头和被摄主体两者都在运动的场面调度。在镜头调度过程中，也不会只有一种运动形式，往往要有两种以上的镜头运动形式，这种形式被称为综合镜头调度，而综合场面调度既包括了综合镜头调度，又包括了综合场面调度。例如，在故事片《逃往雅典娜》中，一开始有一个在直升机上的航拍镜头，画面是大海，一会远方出现了陆地，接着又出现一个城堡，航拍镜头中城市从远景变成小全景，摄像机开始用降镜头，城里一间屋子内跑出来一个人，挣脱了两个德国士兵，跑出院子后，沿着小巷跑，直升机上的摄像机跟拍，小巷变成近景，而对被追赶的人则是全景。这个精彩的长镜头既有镜头的综合调度，包括跟镜头和降镜头，城市的景别从大远景变成全景、近景，还运用了变焦距和变机位结合的推镜头；也有较为复杂的演员调度，包括从屋内逃出来的人和德国士兵的追杀。这两种调度结合在一起已经很不容易了，加上镜头始终是在直升机上拍摄的，就更增加了难度。

5.4　练　习　题

一、填空

1. 在拍摄过程中，摄像机的镜头（　　）、（　　）和（　　）中的任何一项发生变化即形成运动镜头。

2. 一个规范完整的运动镜头的拍摄要求包含三个部分：（　　）、（　　）和（　　）。

3.（　　）是指运动镜头开始的画面，（　　）是指运动镜头终结的画面。

4. 室外直射光线指的是（　　）或（　　）天气里直接在阳光下拍摄的光线条件。

5. 太阳初升和太阳欲落这段时间的光线色温平均值为（　　）K，光线中多（　　）色的（　　）光。

6. 正常拍摄时刻是指太阳光线与地面呈（　　）角的时间，一般是上午（　　）时、下午（　　）时。这段时间光线的平均色温为（　　）K。

7. 顶光照明时刻是指太阳光线与地面呈（　　）角的时刻，即上午（　　）点以后至下午（　　）点以前这段时间。

8. 由于拍摄方向与太阳光线入射地面方向不同，可形成（　　）、（　　）、（　　）、（　　）和（　　）等几种光线方案。

9.（　　）光能清晰地勾画出被摄主体的轮廓形状，宜拍摄剪影。

10. 室外散射光线即室外无直射的光线，包括（　　）、（　　）、（　　）、（　　）、（　　）和（　　）等。

11.（　　）和（　　）这段时间常被作为拍摄夜景的“黄金时间”。

12. 阴天光线色温偏高，在（　　）K 左右，景物色调偏（　　），呈（　　）色调。

13.（　　）是表现被摄主体的主要光线，在整个照明方案中它是最强光。

14.（　　）用来勾画被摄主体的主要轮廓线和照亮物体最主要、最富有表现力的部分。

15.（　　）是补充主光照明的光线，用于减轻或消除由主光造成的阴影，以调整画面影调，完善被摄主体形象的塑造。

16.（　　）的作用是照亮、勾画被摄主体的轮廓，使之与背景分开，有助于表现被摄主体的立体感和空间感。

17.（　　）位于被摄主体的后方或后侧方，即逆光或侧逆光，一般与主光相对。

18.（　　）是用于照明被摄主体周围的环境及背景的光线。

19.（　　）的主要作用是通过对被摄主体所处环境、背景的照明，使背景的影调与主体形成对比，使主体形象鲜明、突出。

20.（　　）是对画面进行均衡修饰的光线。在主光、辅助光、轮廓光、背景光确定之后，用它来弥补局部照明的不足，达到画面照明的均衡，或对被摄主体的局部、细节进行修饰，使其形象更完美、突出。

21.（　　）是用来再现生活中某种特定光线效果的照明，如台灯光、炉火光、篝火等。

22.（　　）是从场景前方或中心的上方对场景进行普遍照明的光线。

23.（　　）是由下向上照明被摄主体的光线。

24. 常用的人工光源有（　　）、（　　）、（　　）、PAR 灯、柔光灯、散光灯及其他各种灯具。

25.（　　）是被摄主体沿上下画框并与画框平行移动的方式。

26. 巴赞推崇的景深镜头，其镜头内在的表现形式最主要的是（　　）调度。

27.（　　）是沿画框的对角线移动的调度方式，所以也可以称为对角线调度。

28. 镜头调度包括（　　）的调度和（　　）即一场戏的镜头调度两种。

29. 镜头的纵深调度需要采用纵深（　　）和（　　）镜头来实现。

30. 综合场面调度是包括（　　）和（　　）两者都在运动的场面调度。

二、名词解释

1. 固定镜头
2. 自然光线
3. 人工光线
4. 机位三角形原理

三、简答

1. 简述固定镜头的功能。
2. 拍摄固定镜头有何要求？
3. 拍摄运动镜头有何要求？
4. 简述室内自然光线的特点。

5. 横移的镜头调度有何作用？

6. 简述纵深调度的作用。

7. 简述内反拍镜头和外反拍镜头的特点。

四、实践

1. 练习使用不同类型的摄像机，要求如下。

（1）分别采用手持、肩扛执机方式进行拍摄练习，掌握摄像的基本概念。

（2）进行构图练习，体会构图的要素、原则和要求。

2. 固定镜头拍摄练习：拍摄远景、全景、中景、近景、特写镜头各两个。要求如下。

（1）拍摄内容适合这一景别的表现。

（2）构图完整、稳定。

（3）主体突出。

（4）适当安排前景和背景。

（5）仔细体会各种景别的作用和表现力。

3. 运动镜头拍摄练习：拍摄推、拉、摇、移、跟、升（或降）镜头各两个。要求如下。

（1）拍摄内容要适合这一运动形式的表现。

（2）构图完整、稳定。

（3）运动平稳、均匀。

（4）把落幅拍摄好。

（5）仔细体会各种运动镜头的作用和表现力。

第 6 章　数字视频作品的编辑

完成了前期拍摄后，接着需要对拍摄好的素材进行选择、修剪和组合操作，这就是数字视频作品的后期编辑。本章主要介绍编辑工作及镜头组接的原则等。

6.1　编辑工作概述

数字视频作品的编辑工作分为以下几个阶段。

1. 准备阶段

在正式进入后期编辑之前，准备工作做得越细致，编辑时就会越顺利，越节省时间。

在创作之初，创作者一般对节目的主题、内容、风格等会有较完整的构思，并且拟订大致的拍摄提纲，有的甚至会有文字稿本。但是，在实际拍摄中，提纲和文字稿本只是起提供方向的作用，随着拍摄的深入及现场情况的变化，最终的拍摄结果已不同于最初的构思。并且，现场的不可预测性、摄像师构建影像的能力都会影响素材的质量或表现效果，这是前期计划无法控制的，因此，在后期编辑开始之前必须根据实际情况的变动修改稿本，注入新信息。

在这个阶段，编辑人员需要反复观看拍摄素材，熟悉原始图像和声音素材，这是很重要的，它至少有以下几个作用。

- 通过熟悉素材，想象可能的编辑效果，在脑海中建立起初步的形象系统。
- 原始素材常常能够激发创作灵感，有利于调整构思，保证素材的最有效利用。
- 可以发现现有素材的不足，以便尽快补拍或寻找相关的声像素材。
- 对素材进行整理分类，做详尽的场记单。场记单包括素材编号，以及每个镜头的内容、长度、质量效果，以便编辑时查找。

有些作品在正式编辑之前，还需要与解说词作者等创作人员进行协调，就节目的主题风格和基调效果等达成共识，使节目最终具有统一的形态。

编辑提纲是剪辑的依据，它包括总体结构、各段落的具体镜头、时间长度的分配等内容。可以说，完成了一个完善的编辑提纲，就等于完成了节目的一半，它具有以下诸多好处。

（1）保证素材被充分利用，不遗漏最适宜的镜头。

（2）有利于安排结构和各段落的比例。

（3）大大提高编辑效率。

（4）保证节目时间的精确。

2. 剪辑阶段

剪辑工作并不是简单地将镜头素材掐头去尾并连接在一起。在组合素材的过程中，可能出现多种多样的情况，如动作不衔接、情绪不连贯、现场同期声不好、时空不连贯、光影色彩不协调、镜头数量不够等，剪辑的基础任务之一就是要将这些不清楚、不完善的地方通过一定的组接技巧使之合理完善。

如何选择镜头是剪辑时首先面临的问题。一般从以下几个方面进行综合考虑。

（1）技术质量：即镜头影像是否清晰、曝光是否准确、运动镜头速度是否均匀。通常要求镜头影像清晰、曝光准确、镜头稳定、速度均匀。

（2）美学质量：即光线、构图、色彩等造型效果如何，有时还需考虑辅助元素的可用量，如考虑哪个镜头适合配以音乐或音响等辅助元素，用以抒情或起承转合。

（3）影像的丰富多变性：尽可能丰富形象的表现力和画面信息量，避免使用重复或过于相近的镜头，为观众提供多视点、多角度的观看方式。

（4）叙事需要：所选镜头应该与内容表现相关，这里主要有两种情况，一是影像素材好但与内容无关联的镜头，应该坚决舍弃；二是质量欠缺但内容表现必需的镜头，如偷拍、叙事必需又无可替代或突发性事态等，选择的依据是首先考虑内容意义的表达，不能简单以技术、美学要求为标准。

确定了所需的镜头后，组合镜头是剪辑的核心。编辑要考虑每一个镜头的长度、镜头的剪辑点位置、镜头的连接关系、镜头的连接方式、镜头安排的顺序、段落的形成与转换等一系列问题，这就是镜头组接技巧的问题。

3. 检查合成阶段

作品初步完成后应进行检查，除了推敲意义表述外，还需检查编辑的技术质量，如是否有夹帧现象、剪接点是否恰当、声音过渡是否连贯、声画是否同步、图像质量是否达到了播出要求等。上字幕后，还需检查是否有错字、漏字，一旦发现问题，必须更正。

完成版节目需要加字幕、特技、配解说或者配音乐、音响效果，而且这些分别在不同轨道上的声音、图像等应按播出要求合成在一起，至此节目编辑才基本完成。

在编辑流程方面，初学者常常提出这样的问题：先写解说词还是先编辑画面？从本质上说，应该先编辑画面，因为视频作品是以影像和声音为元素的可闻可见的语言。文字只是辅助性手段。从实际操作来说，这样能保证声画统一，避免相互脱节的“声画两张皮”，即使是有些作品事先有文字脚本，它也只是编辑的提示，在完成画面编辑后，还需要根据画面进行实际调整，因此对于编辑工作人员来说，建立画面意识十分重要。

6.2　镜头组接的原则

镜头组接指的是把单个镜头依据一定的规律和目的组接在一起，形成具有一定含义和内容完整的作品。镜头组接不是简单地将零散的镜头拼凑在一起，而是一种目的明确的再创作。一般来说，镜头组接应遵循以下原则。

（1）符合逻辑。

（2）造型衔接的有机性。

（3）画面方向的统一性。

（4）主体动作的连贯性。

镜头组接的方法有两种：一种是无附加技巧的连接，又称为切；另一种则是有附加技巧的连接，一般称为特技，本书将在第 7 章进行介绍。

6.2.1　符合逻辑

1. 符合生活的逻辑

生活的逻辑指的是事物本身发展变化的规律，任何事物的生成与发展都有其自身的规律。一个人取出笔墨、展铺画纸、提笔作画、加盖印章，这是一个完整的过程；发现问题、分析问题、解决问题，这是事物发展的规律，也是人们认识事物的过程。

把动作或事件发展过程通过镜头组接清楚地反映在屏幕上，是编辑最基础的工作。由于将现实素材进行了重新组合，时间、空间关系也发生了变化，所以编辑人员在剪辑每一个镜头、安排镜头顺序、考虑剪接点位置时，都应该考虑是否符合规律。

一般来说，编辑人员比较容易做到把握事物发展的总体进程和认识过程，难点在于，将镜头重组后，细微之处的差别会体现出与现实的逻辑关联。例如，以下的 3 个镜头。

镜头 1：运动员各就各位

镜头 2：发令枪举起

镜头 3：观众紧张观看

这些镜头有以下 3 种组接方式。

第 1 种组接方式：发令枪举起；运动员各就各位；观众紧张观看。这种组接方式符合生活的逻辑。

第 2 种组接方式：发令枪举起；观众紧张观看；运动员各就各位。这种组接方式破坏了时间的连续感，使运动员起跑滞后了，不太符合生活的逻辑。

第 3 种组接方式：发令枪举起；运动员各就各位；观众紧张观看；发令枪举起；运动员准备起跑；观众紧张观看。这种组接方式通过一定的重复，可以强化大赛前的紧张气氛。但要注意的是，插入镜头不要过多或过长，否则一旦超出了人们感知的现实时间长度，观众就会产生疑问——发令怎么会用这么长时间？

在现实逻辑中，事物的发展不仅在纵向上呈现出时空变化，而且在横向上也与其他事物保持着千丝万缕的联系，这种联系是人们全面认识事物的基础，也是镜头转换的逻辑依据，所以镜头组接也必须符合事物之间的现实关联。

2. 符合观众的思维逻辑

在看电视时，观众经常会有这样的体验，一个重要的镜头尚未看清楚，就被另一个镜头所替代，或者想看到的画面没有出现，没有更多信息量的镜头却迟迟不结束，这往往使观众感到不满。而对于编辑人员来说，由于反复观看素材镜头，甚至亲身置于拍摄现场，对于事件、问题的来龙去脉已经非常清楚，所以在后期的剪辑中，镜头稍有提示，他便一目了然，并且会自然地联想到与之相关的现场或背景情况，而忘记了观众是第一次看到画面，忽略了观众的理解程度，这常常导致在节目结构、镜头转换中出现省略过度、交代不清的问题。

例如，在访谈节目中，嘉宾和主持人相谈甚欢，嘉宾谈到了动情处，此时观众更愿意凝神倾听嘉宾的谈话，一旦镜头不断地切换成主持人反应的画面或者演播室全景，就很容易干扰观众的思路。

作为编辑人员应该牢记，了解画面内容、事件的环境与进程是观众欣赏的最基础的心理要求，观众完全是通过镜头的相互关联来建立对事物的认识的。镜头转换应该顺应观众的观赏心理需求。

当然，镜头组合不会只是叙述一个事物的发展过程，在很多情况下，是为了某种艺术表现，为了表达一种情绪和情感。无论是哪一种目的，激发观众的共鸣是共同的，只有当观众感受到了艺术表现的效果时，艺术的追求才有意义。

所以，在镜头剪辑的过程中，编辑人员应该经常跳出自我认识的框框，以旁观者的姿态来审视镜头的组合关系，检验艺术表达的实际效果。

6.2.2 造型衔接的有机性

利用造型特征来连接镜头和转换场景是镜头组接过程中不可忽视的重要方法之一。画面的造型因素主要包括以下几种。

1. 形态和位置

主体的外部形态（如人或物的动态、形态）、线条走向、景物轮廓等是影响视觉连贯的重要因素。上下镜头连接时，主体形态相同或相似则视觉流畅，因此常用相似造型或同类物体的组接。

例如，在被著名影评家夏衍称为“插在战后中国电影发展途程上的一支指路针”的影片《一江春水向东流》中，就有这样一个片段：上镜头是张忠良和王丽珍两人跳舞的舞步，下镜头则是日本士兵巡逻的脚步，通过相似因素实现了镜头的流畅连接。

又如，在影片《罗拉快跑》中也有类似的片段：上镜头是从空中落下的钱袋，下镜头则是从空中落下的电话听筒，同样是通过相似因素连接镜头。

利用造型特征来连接镜头，要注意以下问题。

（1）画面中的主体是注意的中心。在镜头转换过程中，若使主体在相邻镜头中处于画面的相同位置，则会获得视觉连贯的感觉。因此，在前后镜头的连接中，主体所处的位置不得在画面两侧不断变化，否则视觉不连贯。也就是说，同一主体的活动需保持在画面的同一区域。

例如，在斯皮尔伯格导演的影片《大白鲨》中，为了表现探长在海滨浴场调查时的紧张状态，就利用遮挡切换了他的中、近、特 3 个景别的镜头，但每个镜头中探长都保留在画面的同一区域即偏右的位置。

（2）谈话的双方要各自保持在画面的同一区域。

（3）不同主体的连接，也要使主体尽量保持在画面的同一区域。

（4）两个有对立因素或对应关系的主体相接时，矛盾或对应的双方，其位置应在画面的相反区域。

（5）表现同一主体运动的连续，编辑点一般选在主体形象重合的时候。

（6）对于同一主体在不同时间、空间的运动或不同主体之间的运动，主体要保持在画面的同一区域即编辑点上，后一镜头中主体的位置都要与前一镜头结束时主体所在的位置相同或相近。例如，汽车、摩托车、滑雪或体操、花样滑冰、跳水等运动画面的组接，无论是短镜头的迅速转换，还是较长镜头的组接，前后画面主体形象的重合容易造成连续的运动感，使视觉连贯。

（7）人物的视线方向要合理匹配。例如，同方向的人物视线要保持一致；对视的人视线相对；仰视、俯视的视点高度要恰当。

2. 运动方向和速度

画面内主体的运动、摄像机的运动、不同主体的运动等动态特征也是影响视觉连贯的因素。这些运动因素造成的动作流程顺畅进而使视觉连贯，而一旦动作流程被切断，破坏了原有的运动节奏，则视觉跳动。例如，两个镜头的主体运动或摄像机的运动方向不一致、运动速度明显变化、组接动作时动作的重复或间歇，以及动、静的突然变化等，都易造成视觉跳动。

3. 影调和色调

光影是人们情绪反应的一种最直接的表现手段。暗光显得低沉，明光则具有开朗的品格。影调变化对视觉的影响很大，即使两个镜头主体形态相似、速度一致，但由于明暗对比强烈，接在一起也会有很强的跳跃感。例如，著名导演科波拉的经典之作《教父》的开头，室外阳光明媚，正在举行婚礼；室内却光线昏暗，在酝酿着一个个阴谋。这一经典片段充分说明了影调在编辑中的重要作用。

色彩的变化对视觉的影响没有影调明显，一般情况下，只要符合生活的逻辑，人们就很容易接受。但在一组镜头中，不宜频繁切换冷、暖色调的景物，否则也会使人感到不顺畅。连续动作或同一空间范围的镜头要尽量做到色彩统一。

色彩也有着不同的寓意，其意义如下。

- 红色：热情、兴奋、坚强、愤怒、残暴、血腥、骚乱。
- 绿色：春天、生命、新生、鲜活、茁壮。
- 黄色：阳光、活泼、光辉、明亮、欢悦。
- 蓝色：优雅、安逸、沉静、阴冷、幽灵。
- 黑色：肃穆、庄严、忧郁、死亡、恐惧。
- 白色：纯洁、和平、高尚、寒冷、脆弱。

例如，著名导演张艺谋的影片《英雄》的一大特色，就是以色彩作为情节区分的标志。其中无名和秦王的对峙，主色调是黑（无名的黑衣、秦王的黑铠甲、黑压压的秦军），象征着阴谋、恐惧、威慑和死亡；无名的第一种讲述主色调是红，故事围绕私情、嫉恨和仇杀展开；秦王和残剑的讲述主色调是蓝和绿，营造的是田园牧歌式的世界，犹如中国的水墨画；无名的最后讲述主色调是白，纯净的颜色象征着超凡的爱、博大的爱、纯洁的爱，突出其与众不同的悟性。

4. 景别的过渡要自然、合理

对于同一主体的表现，镜头转换时不仅要有视距的变化，还要有视角的变化，否则观众就会感到视觉不连续。如果只有景别的变化而没有角度的变化，这样的一系列镜头连接起来以后，会使人感到主体是一跳一跳的变化。若没有特殊的表现需要，一般不采用这种方法。如果没有景别的变化而只有角度的变化同样不行。

表现同一被摄主体的两个相邻镜头组接得合理、顺畅、不跳动，需遵守以下两条规则。

- 景别需要有变化，否则将产生画面的明显跳动。例如，表现同一环境里的同一对象，如果景别相同，其画面内容差不多，没有多少变化，这样的连接就没有多大的意义；如果是在不同的环境中，则出现变把戏式的环境跳动感。

- 景别差别不大时，需要改变摄像机的机位，否则也会产生跳动，好像一个连续的镜头从中间被截去了一段一样。

在编辑时要考虑景别的影响，这是因为以下因素。

（1）不同的景别代表着不同的画面结构方式，其大小、远近、长短的变化造成了不同的造型效果和视觉节奏。

在编辑过程中，剪辑人员总是根据不同的表达目的来控制画面中的运动、景别、色彩等构成因素的变化幅度，因为这些因素的变化幅度大小会影响观众视觉间断感的强弱，这是对镜头素材进行必要的剪裁或筛选的前提。

（2）不同的景别是对被摄主体不同目的的解析，会传达出不同性质的信息，所以景别意味着一种叙述方式，也被视为蒙太奇语言中的一个单位。

要达到景别转换自然、合理的目的，应该了解不同景别的视觉效果和组合效果。

1）景别的视觉效果

在相同的时间长度中，景别越小（接近特写），给人的感觉就越长。这是因为相对于大景别镜头而言，小景别镜头画面中的容量少，观众看清内容所需的时间相应也短。比如，观众看一个2s的特写可能觉得正合适，但是如果是2s的全景，就会感觉镜头一闪而过，时间似乎变得很短，什么也没看清，因此一个全景镜头的长度一般总比特写长。

同一运动主体在相同的运动速度下，景别越小，动感越强，因此，在表现快节奏或强动感的广告和电视剧中，选用小景别表现动作是剪辑中的一条基本法则。例如，要表现足球场上的激烈角逐，必定需要选用带球、铲球、奔跑的脚等特写，否则单靠全景和中景是不足以制造强动感效果的。同样，在用特写等小景别拍摄较细小的动作时，如人的手势，常常需要放慢速度，避免一闪而过。但是，在有些电视片尤其是广告或宣传片的片段处理上，编辑人员会故意利用这种近景中动作局部的模糊效果来制造某种悬念或者强化动感印象。

2）景别的组合效果

将不同景别的镜头进行组合可以实现清晰、有层次地描述事件的目的。不同的景别具有不同的表现力和描述重点，因此，在叙述段落中，常常可以利用景别视点的变化满足观众观看的心理逻辑需要。

利用同类景别镜头的积累或两极景别镜头的对比连接营造情绪氛围。在同类景别镜头的积累中，同样的内容元素被加强，从而激发人们的感悟。例如，要表现体育比赛前的准备，那么，各种各样做准备活动的镜头被连续组接在一起，而且以相同景别的方式最有利于保证视觉的连贯和主题的强化；而两极景别镜头的对比连接（如大远景与近景特写的组接），形式的对比反差容易加剧视觉的震惊感。镜头切换较缓，两极景别有序交替比较适合肃穆的气氛，例如，表现国旗与太阳一起升起，就可以将一组地平线上旭日东升、巍峨的长城群山、雄伟的天安门广场等颇具气势的大远景和国旗班护旗、升旗的各种局部特写交叉组接，互为映衬，对照中见庄严；反之，镜头快速转换则易产生激烈、动荡或活泼的情绪气氛，所以，创作者常常利用两极景别的这一特点来强化动态表现。例如，张艺谋导演的2008年北京申奥宣传片中，就利用了大量的两极景别交差组合的方式来表现中国人对体育的热爱，使画面充满了城市的活力与动感。

3）蒙太奇句子

蒙太奇句子指的是由若干单个镜头连接成的具有完整意义的一组画面。这里的每一个单独的镜头，好比语言文字中的词。说话、写文章要求用词准确、鲜明、生动、简练，用蒙太奇（对列组接）手法造句也一样，除了要考虑每一个镜头的对象（内容）、长度、摄影造型（用光、视角、构图等）、拍摄方法（固定的或运动的）等因素之外，还要特别注意视距（景别）的变化规律，它是决定蒙太奇句子句型的根本因素。不同的景别带给观众的视觉刺激有强有弱，一组镜头构成的句子，由于景别发展、变化形式的不同就形成了不同的句型，产生了不同的感染力和表现效果。

蒙太奇句子主要有以下 3 种句型。

（1）前进式句子。

前进式句子就是由远视距景别向近视距景别发展的一组镜头，其基本形式为：全景→中景→近景→特写。这是一种最规整的句法，它根据人的视觉特点把观众的注意力从整体逐渐引向细节，顺序地展示某一主体的形象或动作（表情）、事件的进程。对主体形象而言，它是先用全景交代主体及其所处的环境，再用中、近景强调主体的细部特征；对动作而言，它是先用全景建立动作的总体面貌，再用中、近景强调动作的实际意义；对事件而言，它是先用全景建立总体的环境概貌，再用中、近景把观众的注意力引向具体的物体，突出细节。前进式句子的特点是渲染越来越强烈的情绪和气氛，使人的视觉感受不断加强。

（2）后退式句子。

后退式句子就是由近视距景别向远视距景别发展的一组镜头，其基本形式为：特写→近景→中景→全景。与前进式句子相反，它把观众的视线由局部引向整体，给人逐渐远离、逐渐减弱的视觉感受。运用后退式句子可以把最精彩或最具戏剧性的部分突显出来，造成先声夺人的效果，先引起观众的兴趣，再让观众逐步了解环境的全貌。运用后退式句子还可以制造某种悬念，先突出局部，使观众产生一种期待心理，然后交代整体。例如，下列的一组镜头。

镜头 1：特写，一只戴手套的手把钥匙插入锁孔

镜头 2：中景，一个蒙面人打开房门

镜头 3：全景，几个黑影蹿进门去

镜头 1、2、3 这种后退式句子的组接方式比前进式句子更容易吸引人。

（3）环形句子。

是前进式和后退式句子的复合体，即一个前进式句子加一个后退式句子。其基本形式是：全景→中景→近景→特写→近景→中景→全景。需要指出的是，所谓两种句子的结合，并不是说镜头组接时必须严格按照不同景别的顺序“逐步升级”或“逐步后退”，也不是要求所有前进式句子必须从全景开始，以特写结束（反之，后退式句子也一样，并非要从特写开始到全景结束）。各句子所包含镜头的景别不一定完整，个别景别之间也不是不允许有跳跃、间隔、重复甚至颠倒。所谓前进式、后退式，都仅针对景别变化、发展的总趋向而言。事实上，景别的发展变化还可以根据片子内容的需要做一些急剧跳跃处理，如一个大特写同一个全景相接。环形句子所表达的情绪呈现由低沉、压抑转到高昂，又逐步变为低沉的波浪形发展过程；或者先高昂转低沉，然后又变得更加高昂。

6.2.3　画面方向的统一性——轴线规律

1. 镜头的方向性

镜头的方向性是关系到镜头组接连贯流畅的重要因素之一。

在电视画面中，被摄主体的方向不是由主体本身的方向来决定的，而是由摄像机的拍摄方向决定的。换言之，被摄主体在画面中的方向与其现实方向并不一致，在现实生活中，沿一个方向做直线运动的物体，在屏幕中有可能因为摄像机拍摄方向的不同而显出不同的运动形态，如图 6.1 所示。

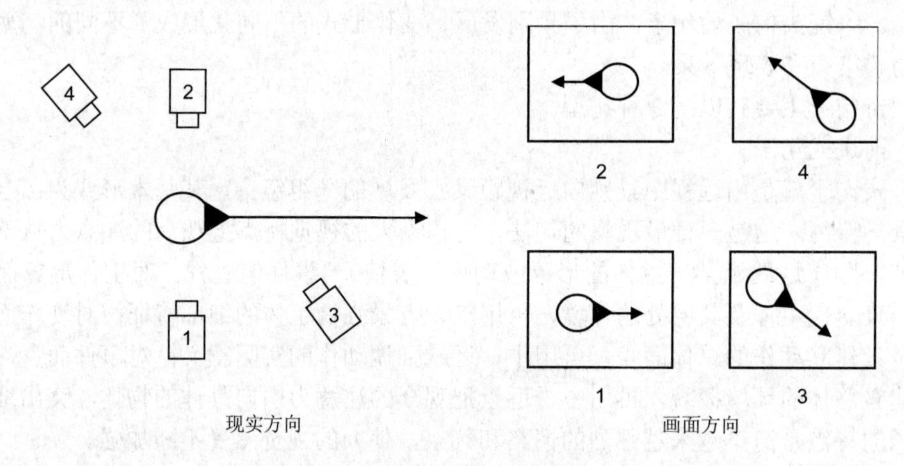

图 6.1　现实方向与画面方向

在现实生活中，人们对事物的观察是连续不断的，而且有参照物可供参照，因此容易把握物体运动的方向。但是，如果在屏幕上不按照一定的规则来组接画面，观众就难以把握画面的方向感，造成方向和空间的混乱。轴线规律的运用将直接关系到镜头组接时画面方向的统一性。

2. 轴线的概念和种类

所谓轴线指的是被摄主体的运动方向或者两个正在交流的被摄主体之间的连线所构成的直线。其中，被摄主体的运动方向所构成的直线称为运动轴线（也称方向轴线）；两个交流着的被摄主体之间的连线所构成的直线称为关系轴线。

在实际的拍摄和制作过程中，轴线并不总是单一出现的，有时还会交叉出现，也就是出现“双轴线”甚至“多轴线”的情况。例如，“两个人边走边谈”这一场景就形成了 3 条轴线，其中包括两条运动轴线和一条关系轴线，如图 6.2 所示。

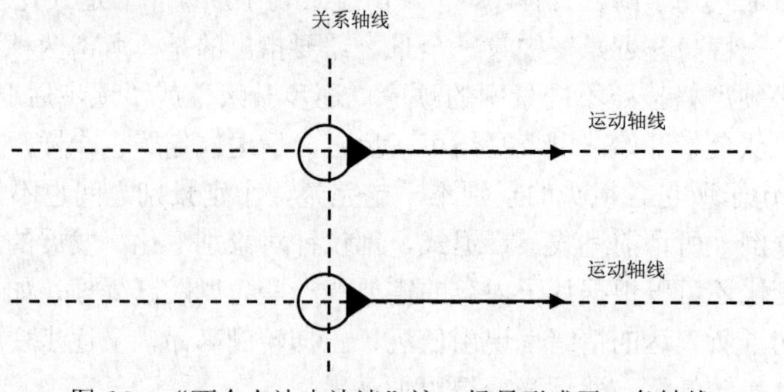

图 6.2　“两个人边走边谈”这一场景形成了 3 条轴线

3. 轴线规律

所谓的轴线规律，是为了保证镜头在方向性上的统一，在前期拍摄和后期编辑的过程中，镜头要保持在轴线一侧的 180° 以内，不能随意越过轴线。

如果摄像机跳过轴线到另一边，那么将所拍摄的镜头组接后，会破坏空间的统一感，造成方向性的错误，这样的镜头就是越轴镜头，也称跳轴镜头。

例如，如图 6.3 所示的是一段对话的拍摄机位，其中，镜头 1、2、3 都保持在轴线同一侧的 180° 以内，而镜头 4（女同学讲话）是一个越轴镜头。

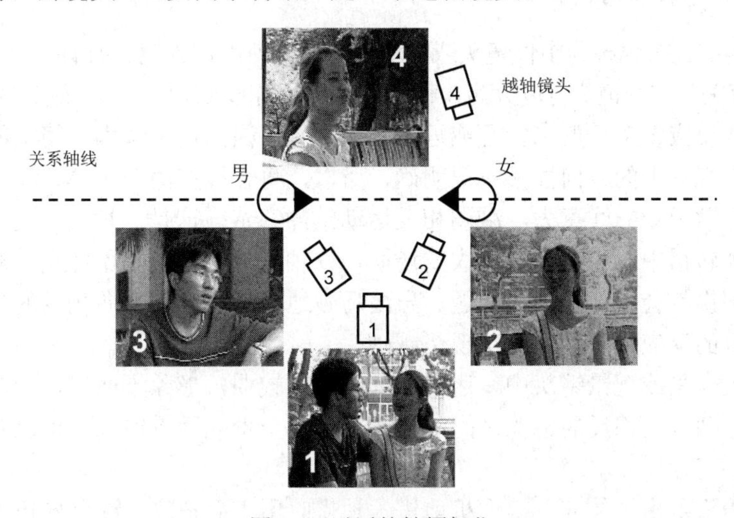

图 6.3　对话的拍摄机位

4. 突破轴线规律——实现合理越轴的基本方法

遵循轴线规律是为了保证镜头的组接在方向性和空间感上的统一。但是，在实际创作中，为了得到丰富多样的表现角度，常常会有意越轴，但必须要找到合理的过渡因素。常用的实现合理越轴的基本方法有以下几种。

1）插入摄像机移动越过轴线的镜头

在两人对话位置关系颠倒或主体向相反方向运动的两个镜头之间，插入一个摄像机在越过轴线过程中拍摄的运动镜头，从而建立起新的轴线，使两个镜头过渡顺畅，如图 6.4 所示。

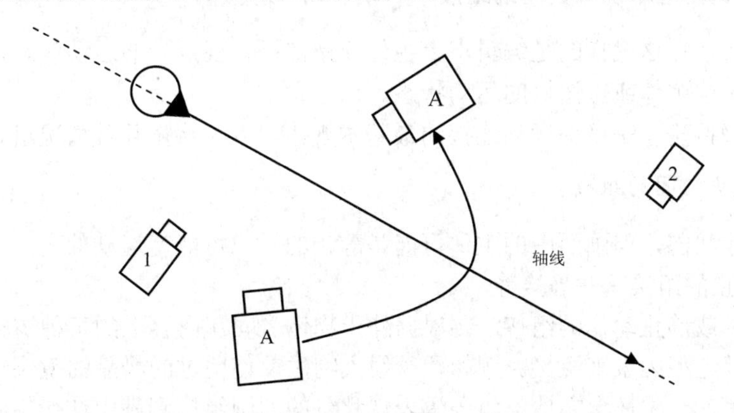

图 6.4　在 1、2 号镜头之间插入运动镜头 A

2）插入主体运动方向改变的镜头

在两个主体运动方向相反的镜头中间插入一个主体运动方向改变（如车转弯、人转身等）的镜头，利用这一动作合理越轴。例如，拍摄一辆行驶中的汽车，由于越轴拍摄导致第一个画面中车向右开，第二个画面中车向左开。这时可以跟拍这辆车的转弯过程，在镜头组接时把这个车自然转弯的画面插在两个主体方向相反的画面中间，这样就实现了合理越轴。运用移动镜头直接拍摄运动主体转向过程的画面是解决越轴问题的一个便捷方法。

3）插入方向感较弱的镜头

方向感较弱的镜头也称为中性镜头或糊墙纸镜头。使用这种镜头时有一个要求，那就是应该与被摄主体有关。这种镜头可以分为3种，分别为：局部或反应镜头、远景镜头和骑轴镜头。

（1）局部或反应镜头一般以特写或近景镜头为宜，因为这一景别的镜头能够突出被摄主体，且其本身在视觉上的方向性又不很明确，所以，将它插在两个主体运动方向相反的镜头之间，能暂时分散观众的注意力，减弱相反运动的冲突感，这是一种很常用的方法。例如，在国庆阅兵电视转播中，为了表现宏大的场面，仅轴线一侧拍摄是不能满足观众的愿望的，但在轴线两侧拍摄就会出现越轴的问题。导演巧妙地在两个运动方向相反的镜头之间插入了国家领导人观看的反应镜头，从而实现了越轴。

（2）而在大全景或远景镜头中，运动主体的动感较弱，形象不明显，因此，在两个速度不是太快的、运动方向相反的镜头之间，插入一个大全景或远景镜头，可以减弱相反运动的冲突感。

（3）骑轴镜头是指主体迎着摄像机前进（拍摄时用正面角度）或背向摄像机朝画面深处前进（拍摄时用背面角度）的镜头。骑轴镜头没有明显的方向性，以其作为过渡镜头，插在两个主体运动方向相反的镜头之间，可减弱越轴造成的视觉冲突感。因此，在前期拍摄中，最好拍摄几个骑轴镜头，这样一旦出现越轴错误可以用来加以补救。

需要注意的是，这个骑轴镜头最好是用长焦距拍摄的特写镜头。因为长焦距镜头的景深较小，拍出的画面视角较窄，包容的景物范围较小，能够将大部分背景排除出画外或模糊化，这样能在突出主体的同时最大限度地削弱主体所处环境的原有特征。

6.2.4 主体动作的连贯性

1. 固定镜头与运动镜头之间的组接——动接动，静接静

所谓动和静，在这里指的是编辑点上主体或摄像机（视点）的运动状态，而并非指一般的前后两个镜头中主体或摄像机的运动状态。

动接动，静接静，是镜头运动连接的最基本规律。以下将按几种情况进行分析。

1）固定镜头之间的组接

镜头呈静止状态，但画面中的主体可能是静止的，也可能是运动的。

- 主体静止的组接——静接静。

即静止物体或静止动作的组接。要根据静止物体之间在内容上的某种逻辑关系或形态相似的外部特征等造型因素来组接。例如，一组人物生前使用过的物品的镜头组接，可表现出肃穆的气氛，使人产生怀念之情；将一幅表现秋景的图画组接到满山红绿相间的秋林实景，由于利用了画面造型具有的相似特征，使两个不同的静止物体的镜头顺畅地组接起来。当然，

在这类组接中，主体在各画面中要占据相同的位置。

- 主体运动的组接——动接动。

前后两个固定镜头中的主体都是运动的，不论是同一主体还是不同的主体，都是在运动中相接，即动接动。不同主体的动作连接可根据主体动作衔接的连贯性和造型因素的匹配组接镜头。

- 主体运动与主体静止的镜头相接。

在相接的两个固定镜头中，其中一个主体是运动的，另一个主体是静止的。

如果主体运动的镜头在前，需要在主体运动的停歇点进行切换，这个时刻相接的两个画面中的主体都处于静止状态，静接静平滑过渡。

如果主体静止的镜头在前，则要在主体运动起来之后，接后面的主体运动的镜头。例如，一个人在室内看书的镜头，要在他站起来走动之后才能组接到他走在街上的镜头，这是动接动的转换。还可以在后面的镜头中让人物入画面走在街上，而编辑点选在没有入画之前，与前面他在室内读书的镜头相接。这样相接的两个画面都处于静止状态，实现了静接静的转换。

由以上分析可知，两个固定镜头的相接，若其中一个镜头中的主体在运动，另一个镜头中的主体是静止的，编辑点一般确定在动作静止的时刻，是静接静，有时也处理为动接动。

2）运动镜头之间的组接

运动镜头之间的组接也要注意镜头内主体的运动情况。

- 上下镜头的主体都静止——根据上下镜头运动的速度和画面造型特征，在运动过程中切换。
- 上下镜头的主体都运动——结合上下镜头主体动作的有机衔接和画面造型特征，在运动过程中切换。
- 上镜头的主体静止，下镜头的主体运动——要以下镜头的主体动作为主，在上镜头的主体从静止到开始动作时切入。同时要结合上下镜头运动速度的快慢，有机地衔接镜头。
- 上镜头的主体运动，下镜头的主体静止——在上镜头的主体动作完成后切换，再结合上下镜头运动速度的快慢及画面造型特征有机地组接镜头。

一般情况下，组接运动方向不同的镜头时，编辑点选在起幅、落幅处，但要尽量避免运动方向相反的镜头组接。例如，推拉镜头反复相接，犹如打气筒在打气，应该避免；方向相反的横摇镜头反复，犹如筛箩似的摇过来摇过去，会使人感到视觉疲劳，也应避免。

3）运动镜头和固定镜头之间的组接

运动镜头和固定镜头相接时，运动镜头需保留起幅或落幅。若运动镜头在前，则编辑点选在运动镜头的落幅上；若运动镜头在后，则编辑点需选在运动镜头的起幅上，这是静接静的转换。

由于运动镜头内的主体还有动、静之分，所以运动镜头和固定镜头之间的组接情况较复杂。只要符合现实生活的逻辑，有时也采用动接静、静接动的转换方法。例如，一队士兵跑步的跟拍镜头，不保留落幅，直接切到一个固定画面士兵们在跑步，主体运动的动势使两个画面连接顺畅，但从摄像机（视点）的运动状态上看是动到静的转换。

2. 人物形体动作的连贯

同一主体动作的连贯性最主要的是人物形体动作的连贯。进行人物形体动作的剪辑，可根据各自的不同情况，选择以下 3 种方法。

1）分解法（接动作）

所谓的分解法，指的是一个完整的动作通过两个不同的角度、两个不同的景别表现出来，即前一个镜头人物动作去掉下一半，后一个镜头人物动作去掉上一半，把前一个镜头的上半部动作与后一个镜头的下半部动作连接起来，还原这个完整动作。简单地说，分解法就是一半一半地编辑。

分解法常用于编辑人物走路、起坐、开关门窗、喝水、穿衣等，编辑时需把这些不同景别、不同角度的动作组接起来，编辑点应选在动作变换瞬间的暂停处：前一个镜头必须将瞬间的停顿处全部保留，后一个镜头从主体动作的第一帧起用。

2）省略法

与分解法不同的是，省略法着眼于动作片段的组合，其间省略了部分动作过程，依靠有利的转换时机使被省略的动作组合仍然能够建立起完整且连贯的印象。省略法一般包括两种处理方式。

第一种是使用有代表性的动作片段直接跳接。一般情况下选择在动作的停顿处，即动作的前一个镜头的切点是在动作某局部停顿处的第一帧，后一个镜头是从该动作另一局部的停顿处开始，省略中间部分。

第二种是利用插入镜头使两个动作局部被连接在一起。例如，一个人在厨房做菜，前一个镜头是将菜倒入油锅，插入一个人物表情或者一个空盘的镜头，后一个镜头是菜已经炒好，拿起盘子盛菜。这是非常普遍的动作连贯的手法，插入的镜头代表着被省略的动作流程。

3）错觉法

错觉法是利用人们视觉上对物体的暂留及残存的映像，恰当地运用影视艺术的特殊手段，在前后镜头的相似之处切换镜头，造成视觉上动作连续的错觉效果。这种相似之处包括主体动作快慢的相似、镜头景别的相似、角度变化与空间大小的相似、主体动作形态的相似等。错觉法一般适用于武打片、动作片、枪战片、惊险片中的武斗场面。

6.2.5　无附加技巧的镜头连接——切

切，是切换的简称，指的是镜头画面的直接变换。凡是两个镜头直接衔接在一起，就叫作切。切换的过程是不可见的，在一瞬间，一个画面就被另一个画面替代了。

切在影视片镜头的转换中占据着主要地位，使用也最为频繁。它具有转场简洁、明快的特点，并赋予画面较强的节奏感。

在影视作品中，常见的跳切转场方式主要有以下几种。

（1）利用相似性因素转场。相似性因素指的是前后镜头具有相同或相似的主体形象，或者其中的物体形状相近、位置重合，在运动方向、速度、色彩等方面具有一致性等，以此来转场，可以达到视觉连续、转场顺畅的效果。例如，“火舌”与“飘动的红旗”的连接；影片《一江春水向东流》中，张忠良和王丽珍二人跳舞的“舞步”与日本鬼子巡逻时的“脚步”

的连接；影片《罗拉快跑》中落下的钱袋和落下的电话听筒之间的连接等。

（2）利用遮挡元素。遮挡指的是镜头被画面内某形象暂时挡住。遮挡有两种方式：一是主体迎面而来挡黑摄像机镜头，形成暂时的黑画面；二是画面中的前景暂时挡住其他的形象，成为覆盖画面的唯一形象。

例如，在张艺谋导演的影片《有话好好说》中，男主人公赵小帅在大街上等人，在开始镜头中，赵小帅百无聊赖地东张西望，下一个镜头，前景中汽车驶过挡住画面的一刻，镜头切换到他在吃西瓜；汽车再驶过，又切换到他在吃盒饭；最后一个镜头汽车驶过，画面转接到了女主人公安红的家中。

（3）利用景物镜头（或称空镜头）。在编辑过程中，运用景物镜头转场是常用的方法之一。这是因为景物镜头具有展示不同的地理环境、景物风貌，表现时间和季节的变化及借景抒情的特点。

（4）利用特写。由于特写排除了环境的影响，可以在一定程度上弱化时空或段落转换的视觉跳动，因此它常常被用作转场不顺的补救手段。

例如，在影片《拯救大兵瑞恩》中，从小分队成员讨论拯救任务的场景到转入战斗，就采用了一个景物镜头的特写。

（5）利用声音（音乐、音响、解说词、对白等）和画面的配合。利用解说词或对白承上启下、贯穿前后镜头是编辑的基础手段，也是转场的惯用方式。

例如，在影片《阿甘正传》中，阿甘的战友布巴喋喋不休地说着他的“虾工业”梦想，同时镜头不断变换，表现他们在军营里的各种活动。一方面表现了阿甘做事的专注，另一方面又为后来的阿甘捕虾成功埋下伏笔。

又如，在影片《秋菊打官司》中，每次表现秋菊出发去告状的时候，都使用了相同的音乐，以表现秋菊的决心。

影片《我的父亲母亲》中有这样一个长达十多分钟的段落：人们的目光对准教室，教室里传来动听的声音，可是人们始终没有看到急切盼望看到的人，没有看到发声源——读书的先生和学生，而是通过画外声音的衬托来激发人们想象一个知书达理的先生的形象。

（6）利用承接因素。利用前后镜头之间的造型和内容上的某种呼应、动作或者情节连贯的关系，使段落顺理成章过渡，有时利用承接的假象还可以制造错觉，使场面转换既流畅又有戏剧效果。

例如，上一段落主人公准备去车站接人，他说“我去车站了”出画，镜头立即承接这一意思切换到车站外景，主人公再入画，开始了下一段落，这是利用情节关联直接转换场景。

（7）利用反差因素。利用前后镜头在景别、动静变化等方面的巨大反差和对比来形成明显的段落间隔。这种方法适用于大段落的转换，其常见方式是两极景别的运用，由于前后镜头在景别上的悬殊对比，所以能制造明显的间隔效果，段落感强。它属于镜头跳切的一种，有助于加强节奏。

（8）利用主观镜头。主观镜头指的是借人物视觉方向所拍的镜头，用主观镜头转场指的是按前后镜头间的逻辑关系来处理场面转换问题，它可用于大时空转换。例如，前一个镜头是人物抬头凝望，后一个镜头可能就是所看到的场景，甚至是完全不同的事物、人物，诸如一组建筑，或者远在千里之外的父母。

（9）多屏画面转场。多屏画面转场是画面编辑的新手法。它把银幕或者屏幕一分为多，可以使双重或多重的情节齐头并进，大大地压缩了时间，增加了画面的表现力。

6.3 视频编辑软件——Premiere Pro CC 基本应用

Premiere Pro CC 是一款常用的非线性视频编辑软件，由 Adobe 公司推出，具有较好的画面质量和兼容性，且可以与 Adobe 公司推出的其他软件相互协作，广泛应用于广告制作和电视节目制作中。新版的 Premiere 经过重新设计，能够提供更强大、更高效的增强功能与专业工具，如新增加的音频编辑面板，以及增强的编辑技巧，从而使用户制作影视节目的过程更加轻松。

6.3.1 工作界面

Premiere 是具有交互式界面的软件，其工作界面中存在着多个工作组件。用户可以方便地通过菜单和面板相互配合使用，直观地完成视频编辑。

Premiere Pro CC 工作界面中的面板不仅可以随意控制关闭和开启，而且还能任意组合和拆分。用户可以根据自身的习惯来定制工作界面。图 6.5 是 Premiere Pro CC 启动后默认的工作界面。

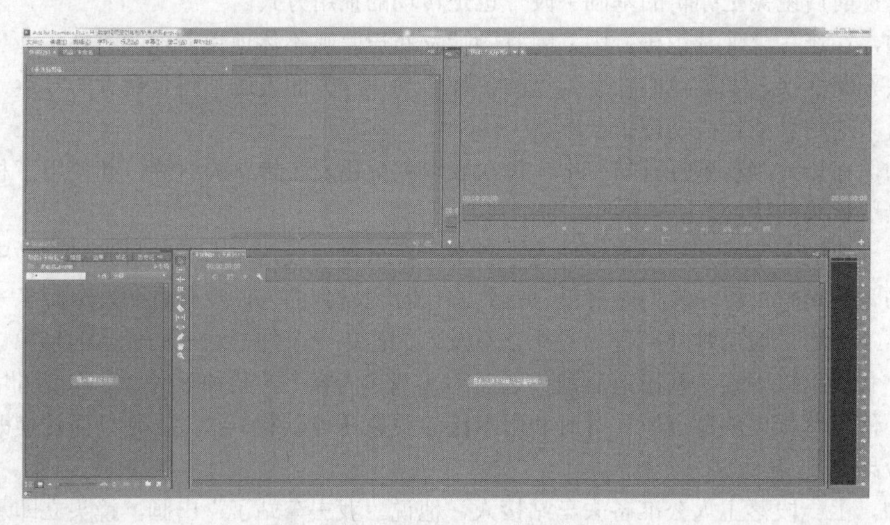

图 6.5 Premiere Pro CC 的工作界面

1. “项目”窗口

“项目”窗口一般用来存储“时间线”窗口编辑合成的原始素材。在“项目”窗口当前页的标签上显示了项目名。“项目”窗口分为上下两个部分：下半部分显示的是原始的素材，上半部分显示的是下半部分选中素材的一些信息。在下半部分选中一个素材，那么在上半部分就显示该素材的信息。这些信息包括该视频的分辨率、持续时间、帧率和音频的采样频率、声道等。同时，在上半部分还可以显示当前所在文件夹的位置和该文件夹中所有素材的数目。如果该素材是视频素材或者音频素材，还可以单击播放按钮进行预览播放，如图 6.6 所示。

在“项目”窗口的左下方有一组工具按钮，各按钮含义如下。

⊙ “列表视图”按钮：该按钮用于控制原始素材的显示方式。如果单击该按钮，那么“项目”窗口中的素材将以列表的方式显示出来，并显示该素材的名称、标题、视频入点等参数。在该显示方式下，可以单击相应的属性栏。例如，单击“名称”栏，那么这些素材将按照名称的顺序进行排列；如果再单击“名称”栏，则排列顺序变为相反的类型（也就是降序变为升序，升序变为降序）。

⊙ “图标”按钮：该按钮用于控制原始素材的显示方式，它是让原始素材以图标的方式进行显示。在这种显示方式下，用一个图标表示该素材，然后在图标下面显示该素材的名称和持续时间。

⊙ “自动匹配到序列”按钮：该按钮用于把选定的素材按照特定的方式加入当前选定的“时间线”窗口中。单击该按钮，将会出现“序列自动化”对话框，用于设置插入的方式，如图 6.7 所示。

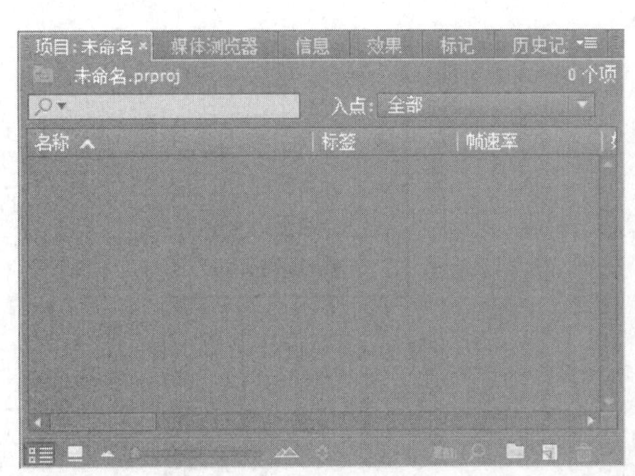

图 6.6　“项目”窗口　　　图 6.7　“序列自动化”对话框

⊙ “查找”按钮：该按钮用于按照“名称”、“标签”、“注释”、“标记”或“出入点”等在“项目”窗口中定位素材，就如同在 Windows 的文件系统中搜索文件一样。单击该按钮，打开如图 6.8 所示的对话框。

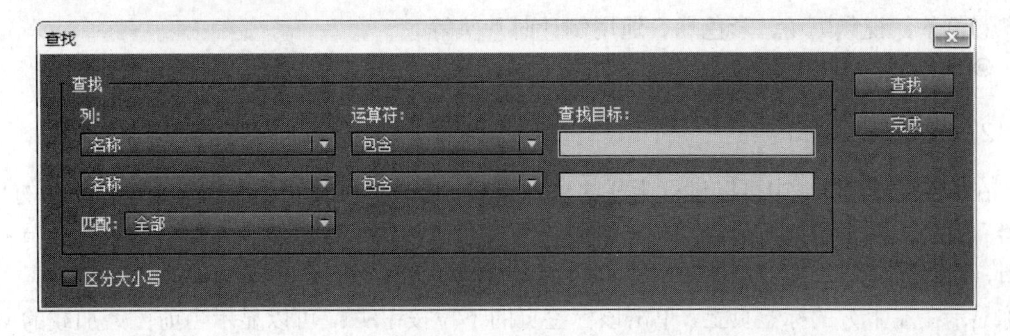

图 6.8　“查找”对话框

“列”：用于选择查找的关键字段，可以是“名称”、“标签”、“媒体类型”、“视频入点”等，其下拉菜单如图 6.9 所示。

“运算符”：用于选择操作符，可以是“包含”等，其下拉菜单如图 6.10 所示。

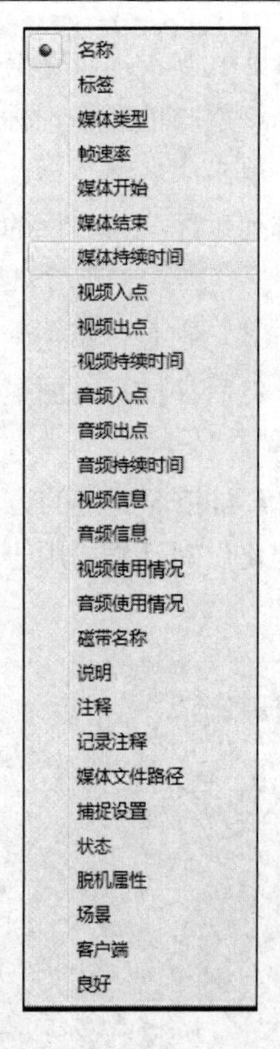

图 6.9　“列”的下拉菜单

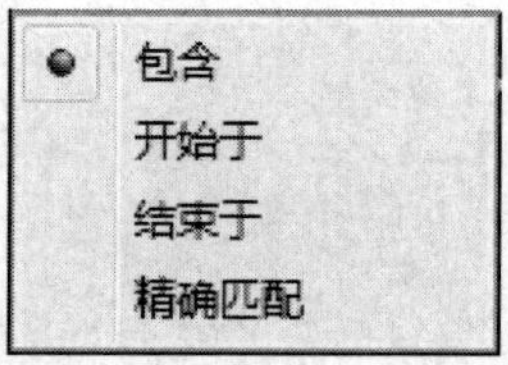

包含
开始于
结束于
精确匹配

图 6.10　“运算符”的下拉菜单

“查找目标”：用于输入关键字。

“匹配”：用于选择逻辑关系，可以是“全部”。

“区分大小写”：选择是否和大小写相关。

在这些项目都选择或者填写完毕后，单击“查找”按钮就可以进行定位了。

⊙ “新建文件夹”按钮：该按钮用于在当前素材管理路径下创建存放素材的文件夹，可以手动输入文件夹的名称。

⊙ “新建分项”按钮：该按钮用于在当前文件夹创建一个新的序列、脱机文件、字幕、标准彩色条、视频黑场、彩色场、通用倒计时片头等。

⊙ “清除”按钮：该按钮用于将素材从“项目”窗口中清除。

2.“监视器”窗口

在“监视器”窗口中可以进行素材的精细调整，如进行色彩校正和剪辑素材。默认的“监视器”窗口由两个窗口组成，左边是“素材源”窗口，用于播放原始素材；右边是“节目”窗口，对“时间线”窗口中的不同序列内容进行编辑和浏览。在“素材源”窗口中，素材的名称显示在左上方的标签页上，单击该标签页的下拉按钮，可以显示当前已经加载的所有素材，可以从中选择素材在“素材源”窗口中进行预览和编辑。在“素材源”窗口和“节目”窗口的下方都有一系列按钮，两个窗口中的这些按钮基本相同，它们用于控制窗口的显示，并完成预览和剪辑的功能。

“监视器”窗口如图 6.11 所示。

单击“素材源”窗口右上方的三角形按钮，可以出现一个菜单，如图 6.12 所示。该菜单综合了对“素材源”窗口的大多数操作。单击“节目”窗口右上方的三角形按钮，也可以出现一个菜单。该菜单的各项功能如下。

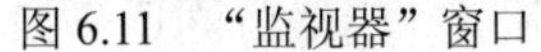

图 6.11　“监视器”窗口

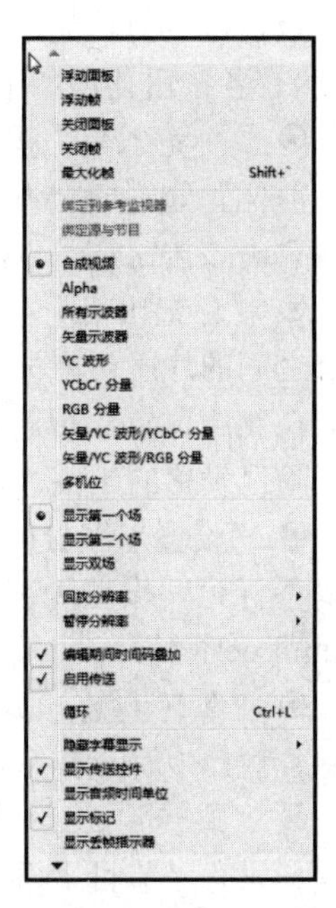

图 6.12　“素材源”窗口菜单

⊙ “浮动面板”、“浮动帧”、“关闭面板”、“关闭帧”、“最大化帧”：这几项是所有窗口面板都有的选项，用于对窗口面板进行设置。

⊙ “合成视频”、“音频波形”、“Alpha”、“全部范围”、“矢量示波器”、“YC 波形”、“YCbCr 检视”、“RGB 检视”、“矢量/YC 波形/YCbCr 检视”、“矢量/YC 波形/RGB 检视”：这几项只能选择一项，表示在当前窗口中如何显示素材或者节目，这些显示模式基本上都是专业级广播工具。

⊙ “循环”：循环播放。

⊙ “显示音频时间单位”：时间单位采用基于音频的单位。

⊙ “安全框”：电视机在播放时通常会放大视频并把超出屏幕边缘的部分给剪掉，这称为过扫描。过扫描的量并不是固定的，因而用户需要将视频图像中一些重要的情节和字幕放在安全框的范围内。用户可以通过选择该项来观察监视器中“素材源”窗口或“节目”窗口的安全框。选择该项后，在窗口中会出现两个矩形框，里面一个框表示字幕素材的安全区域，外面一个框表示视频图像的安全区域。

以上这些命令基本上都能在“素材源”窗口下部找到对应的按钮。而关于这些按钮的功能，将在后面做具体的介绍。

“素材源”窗口在同一时刻只能显示一个单独的素材，如果将“项目”窗口中的全部或部分素材都加入其中，则可以在“项目”窗口中选中这些素材，直接使用鼠标拖动到“素材源”窗口中即可。在“素材源”窗口的标题栏上单击下拉按钮，可以选择需要显示的素材。

“节目”窗口每次只能显示一个单独序列的节目内容，如果要切换显示的内容，则可以在“节目”窗口的左上方标签页中选择所需要显示内容的序列。在“监视器”窗口中，“素材源”窗口和“节目”窗口都有相应的控制工具按钮，而且两个窗口的按钮基本类似，都可进行预览、剪辑等操作。

窗口左上方的数字表示当前编辑线所在的时间位置，右上方的数字表示在相应窗口中使用入点、出点剪辑的片段的长度（如果当前未用入点、出点标记，则是整个素材或者节目的长度）。各按钮功能如下。

⊙ “标记入点”按钮：单击该按钮，对“素材源”或者“节目”设置入点，用于剪辑。在当前位置处，指定为入点，时间指示器在相应位置出现，快捷键是“I”。当按住“Alt”键时再单击该按钮，可以清除已经设置的入点。

⊙ “标记出点”按钮：单击该按钮，对“素材源”或者“节目”设置出点，在入点和出点之间的片段，将被用于插入（或者抽出）时间线。在当前位置处，指定为出点，时间指示器在相应位置出现。该按钮对应的快捷键是“O”。当按住“Alt”键再单击该按钮时，可以清除已设置的出点。

⊙ “设置未编号标记”按钮：标记点用于标记关键帧，标记点既可以用数字标记，也可以不标记。设置无编号标记就是设置一个标记点，但不用数字标记。该按钮的快捷键是“Num Lock+*”。

⊙ “跳转到前一标记”按钮：单击该按钮，编辑位置跳转到前一标记点。只有“素材源”窗口中有该按钮。

⊙ “跳转到前一编辑点”按钮：单击该按钮，将编辑线快速移动到前一个需要编辑的位置。只有“节目”窗口中有该按钮。

⊙ “逐帧后退”按钮：每单击一次该按钮，编辑线就回退一帧。该按钮对应的快捷键是“←”。

⊙ “播放—停止切换”按钮：单击一次该按钮，播放对应窗口中的素材或者节目，然后按钮变为停止按钮。再次单击该按钮，就停止播放素材或者节目。该按钮对应的快捷键是“Space”。

⊙ “逐帧前进”按钮：每单击一次该按钮，编辑线就前进一帧。该按钮对应的快捷键是“→”。

⊙ “跳转到下一标记”按钮：单击该按钮，跳转到下一个标记点，只有“素材源”窗口中有该按钮。

⊙ “跳转到下一编辑点”按钮：单击该按钮，将编辑线快速移动到后一个需要编辑的位置。该按钮只在“节目”窗口中有。

⊙ “循环”按钮：单击该按钮，选中循环播放模式，在“素材源”窗口中播放的素材或者“节目”窗口中播放的节目将循环播放。再次单击该按钮，可取消循环播放模式。

⊙ “安全框”按钮：单击该按钮，会选中安全边框模式，在播放窗口中会出现安全边框。再次单击该按钮，可取消安全边框的显示。

⊙ “输出”按钮：选择输出模式。单击该按钮右下方的箭头，可以在出现的“选择”菜单中选择显示模式和品质，比较重要的是显示模式。可以选择的输出模式有“合成视频”、“音频波形”、“透明通道”、“所有范围”、“矢量图”、“YC 波形”、“YCbCr 检视”、“RGB 检视”、“矢量/YC 波形/YCbCr 检视”和“矢量/YC 波形/RGB 检视”。

⊙ “跳转到入点”按钮：单击该按钮，编辑线快速跳转到设置的入点。该按钮对应的快捷键是“Q”。

⊙ “跳转到出点”按钮：单击该按钮，编辑线快速跳转到设置的出点。该按钮对应的快捷键是“W”。

⊙ “播放入点到出点”按钮：单击该按钮，将播放从入点到出点的素材片段或者节目片段。按下“Alt”键，该按钮将变成“循环播放”。

⊙ “飞梭”按钮：移动“飞梭”按钮可以方便地预览素材，一般用来快速定位编辑线。

⊙ “插入”按钮：将当前“素材源”窗口中从入点到出点的素材片段插入到“时间线”窗口，处于编辑线后的素材均会向右移。如编辑线所处位置处于目标轨道中的素材之上，那么将会把原素材分为两段，新素材直接插入其中，原素材的后半部分将会紧接着插入的素材。快捷键是逗号“,”。只有“素材源”窗口中有该按钮。

⊙ “提升”按钮：可以在“时间线”窗口中指定的轨道上，将当前由入点和出点确定的素材片段从编辑轨道中抽出，与之相邻的片段不会改变位置，快捷键是分号“;”。只有“节目”窗口中有该按钮。

⊙ “覆盖”按钮：将“素材源”窗口中由入点和出点确定的素材片段插入到当前“时间线”窗口的编辑线处，其他片段与之在时间上重叠的部分都会被覆盖。若编辑线处于目标轨道中的素材上，那么加入的新素材将会覆盖原素材，凡是处于新素材长度范围内的原素材都将被覆盖。该按钮对应的快捷键是句号“.”。只有“素材源”窗口中有该按钮。

⊙ “提取”按钮：将“时间线”窗口中由入点和出点确定的素材片段抽走，其后的片段前移，填补空缺，而且对于其他未锁定轨道上位于该选择范围内的素材，也同样进行删除。该按钮对应的快捷键是单引号“'”。只有“节目”窗口中有该按钮。

⊙ “导出单帧”按钮：单击该按钮，将弹出“导出单帧”窗口，将视频文件以图片序列的方式导出。

3.“时间线”窗口

在 Premiere Pro CC 中，“时间线”窗口是非线性编辑器的核心窗口。在“时间线”窗口中，从左到右以电影播放时的次序显示所有该电影中的素材，视频、音频素材中的大部分编辑合成工作和特技制作都是在该窗口中完成的。“时间线”窗口如图 6.13 所示。

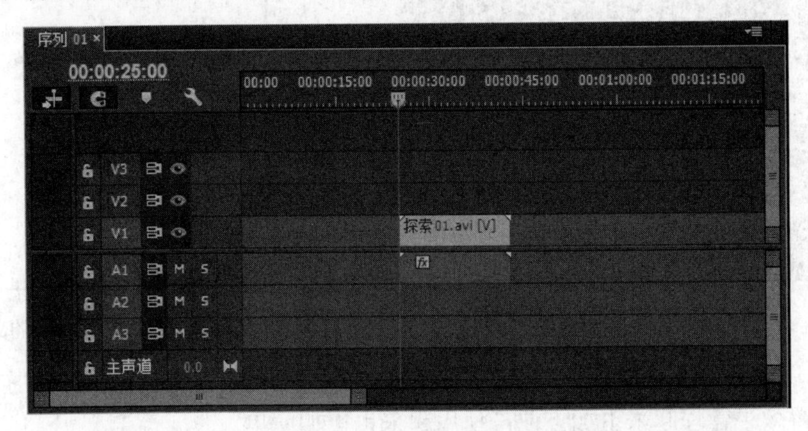

图 6.13　“时间线”窗口

⊙ 视频轨道（可以有多个视频轨道，视频 1，视频 2，……以此类推）。

⊙ 音频轨道（可以同时有多个音频轨道，音频 1，音频 2，……以此类推，在最后还有一个主混合轨道）。

⊙ “切换轨道输出”、：选择是否将对应轨道的视频、音频输出。

⊙ “显示关键帧”：用于选择是否需要显示关键帧。

⊙ “折叠/展开轨道”、：用于选择是否需要展开轨道显示，显示轨道（音频或者视频）的全部内容。

⊙ “设置显示样式”，设置视频或者音频轨道内素材的显示样式。视频的显示样式有“显示头和尾”、“仅显示开头”、“显示每帧”和“仅显示名称”；音频的显示样式有“显示波形”和“仅显示名称”。

⊙ “切换同步锁定”：用于对相应的轨道进行锁定。

⊙ 编辑线位置 00:00:00:00 ：显示编辑线在标尺上的时间位置。

⊙ “吸附”：用于将素材的边缘对齐。

⊙ “设置 Encore 章节标记”：用于设置输出的 Encore 制作 DVD 的章节标记。

⊙ “设置未编号标记”：用于设置一个无编号的标记。

⊙ 时间标尺：用于表示电影中各帧的时间顺序，时间刻度可以由 1 帧到 5min。

⊙ 编辑线：用于确定当前编辑的位置。

⊙ 工作区域条：只是工作区域的起止点和持续时间，导出时只导出工作区域内的片段，而不是这个时间线。

4.“效果”面板

在默认的工作区中，“效果”面板通常位于程序界面的左下角。如果没有看到，可以选择“窗口”→“效果”命令，打开该面板，如图 6.14 所示。

在“效果”面板中放置了 Premiere Pro CC 中所有的视频和音频的特效和转场切换效果。通过这些，可以从视觉和听觉上改变素材的特性。单击“效果”面板左上方的三角形按钮，打开“效果”面板的菜单，如图 6.15 所示。

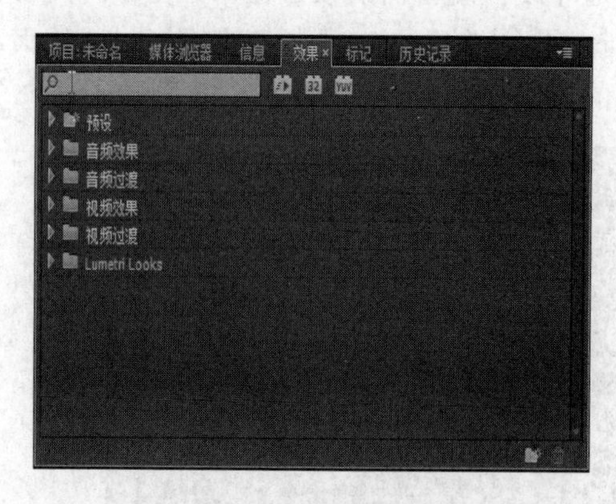

图 6.14 “效果”面板

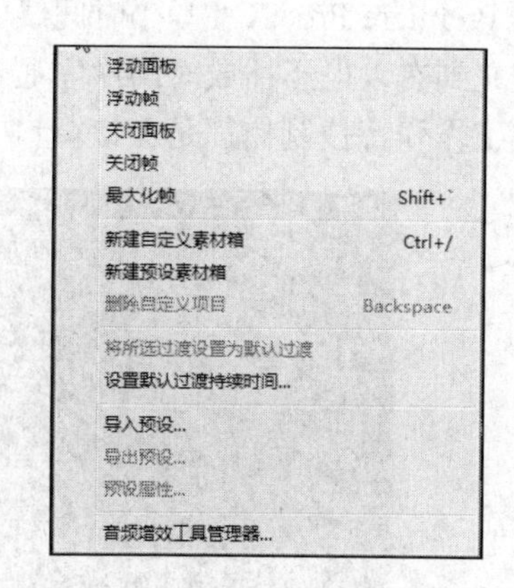

图 6.15 “效果”面板的菜单

⊙ “新建自定义素材箱”：手动建立素材箱，可以把一些自己常用的效果拖到该素材箱里，这样使得效果管理起来更加方便，使用起来也更加简单。

⊙ “新建预设素材箱”：在“预设”中手动建立素材箱，可以把一些自己常用的效果设置保存到该素材箱里，使得使用起来更加简单。

- “删除自定义项目”：此命令用于删除手动建立的素材箱。
- “将所选过渡设置为默认过渡”：此命令用于设置选择的切换效果为默认的过渡特效。
- “设置默认过渡持续时间”：此命令将打开系统设置素材箱，可以设置默认过渡特效的持续时间。

在“效果”面板上部的“搜索”文本框中输入关键字，可以快速定位效果的位置。例如，输入“闪”，那么很快就可以找到在名称中包含“闪”的特效，如“闪电”。

“效果”面板右下方的“新建自定义文件夹”按钮，用于新建自定义文件夹；“删除”按钮用于删除新建的自定义文件夹。关于这些视频/音频特效、视频/音频过渡的详细含义和用法，将在后面章节中详细介绍。

5.“效果控件”面板

“效果控件”面板显示了“时间线”窗口中选中的素材所采用的一系列特技效果，可以方便地对各种特技效果进行具体设置，以达到更好的效果，如图 6.16 所示。

在 Premiere Pro CC 中，“效果控件”面板的功能更加丰富和完善，增设了“时间重置”为固定效果。“运动”（Motion）特效和“透明度”（Opacity）特效的效果设置，基本上都在“效果控制”面板中完成。在该面板中，可以使用基于关键帧的技术来设置“运动”效果和“透明度”特效，还能够进行过渡效果的设置。

“效果控件”面板的左边用于显示和设置各种特效，右边用于显示“时间线”窗口中选定素材所在的轨道或者选定过渡特效相关的轨道。

面板下方还有一小部分控制用的按钮和滑动条。

- 最左边的数字：用于显示当前编辑线在时间标尺上的位置。
- “播放音频”按钮：只播放当前素材的音频。
- “循环”按钮：固定音频循环播放。

6. “调音”台面板

在 Premiere Pro CC 中，可以对声音的大小和音阶进行调整。调整的位置既可以在“效果控制”面板中，也可以在“调音台”面板中。“调音台”面板如图 6.17 所示。

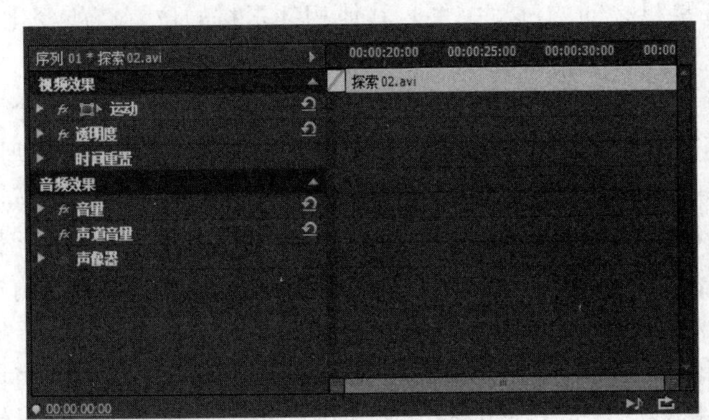

图 6.16　“效果控件”面板

图 6.17　“调音台”面板

“调音台”面板是 Premiere Pro CC 一个非常方便、好用的工具。在该面板中可以方便地调节每个轨道声音的音量及均衡/摇摆等。Premiere Pro CC 支持 5.1 环绕立体声，所以，在“调音台”面板中，还可以进行环绕立体声的调节。

在默认音频轨道中，“音频 1”、“音频 2”和“音频 3”都是普通的立体声轨道，“主音轨”是主控制轨道。执行“窗口”→“调音台”命令，就会弹出“调音台”面板。

在“调音台”面板中，对每个轨道都可以进行单独控制，每个轨道默认使用“主音轨”进行总控制，可以在“调音台”面板下方的列表框中进行选择。在 Premiere Pro CC 中，可以使用音频子混合轨道（可以通过“添加轨道”命令建立）对某些音轨进行单独控制。例如，将“音频 3”轨道改成由“子混合 1”轨道控制。由于“子混合 1”是环绕立体声轨道，对“音频 3”的均衡/摇摆的控制面板就改变为新的形状。在“调音台”面板中还可以设置“静音/单独演奏”的播放效果。

7.“工具栏”面板

“工具栏”面板中的工具为用户编辑素材提供了足够的功能，如图 6.18 所示。

◉ “选择”工具：使用该工具可以选择或移动素材，并可以调节素材关键帧、为素材设置入点和出点。当光标变为时，可以向右或向左缩短（或拉长）素材，快捷键是“V”。使用该工具还可以进行范围选择。在“时间线”窗口中，按下鼠标左键并拖动，鼠标将圈定一个矩形，矩形范围内的素材全部被选中。

图 6.18　“工具栏”面板

◉ “轨道选择”工具：该工具选择单个轨道上从第一个被选择的素材开始到该轨道结尾处的所有素材。将光标移动到轨道上有素材的位置，光标变为单箭头形状，单击即可完成轨道选择。如果同时按住“Shift”键，那么光标的形状将变为双箭头，此时就可以进行多轨道的选择，可选择“时间线”窗口中所有被选择素材之后的素材。该工具的快捷键是“A”。

◉ “波纹编辑”工具：该工具用于调整一个素材的长度，不影响轨道上其他素材的长度。选择该工具后，在能够使用该工具的位置，光标的形状是；而在无法使用该工具的位置，光标的形状是。使用该工具时，将光标移动到需要调整的素材边缘，然后按下鼠标左键，向左或向右拖动鼠标，整个素材的长度将发生相应的改变，而与该素材相邻的素材的长度并不变。该工具的快捷键是“B”。为了适应各素材之间的过渡关系，其他相邻素材的位置有所变化，但其长度都没变。

◉ “滚动编辑”工具：该工具用来调节某个素材及其相邻素材的长度，以保持两个素材及其后所有素材的长度不变。在能够使用该工具的位置，光标的形状是；而在无法使用该工具的位置，光标的形状是。使用该工具时，将鼠标移动到需要调整的素材边缘，然后按下鼠标左键，向左或者向右拖动鼠标。如果某个素材增加了一定的长度，那么相邻的素材就会减小相应的长度。该工具的快捷键是“N”。把两段素材放在一起，使用该工具调整两素材后，整体的长度不变，只是一段素材的长度变长，另一段素材的长度变短。

◉ “速率伸缩”工具：使用该工具可以调整素材的播放速度。使用该工具时，将鼠标移动到需要调整的素材边缘，拖动鼠标，选定素材的播放速度将会随之改变（只要有足够的空间）。拉长整个素材会减慢播放速度，反之，则会加快播放速度。该工具的快捷键是“X”。

◉ “剃刀”工具：该工具将一个素材切成两个或多个分离的素材。使用时，将鼠标移动到素材的分离点处单击，原素材即被分离。该工具的快捷键是“C”。如果同时按住“Shift”键，则此时为“多重剃刀”工具。使用该工具，可以将分离位置处所有轨道（除锁定的轨道外）上的素材进行分离。

⊙“滑动”工具：该工具用来改变素材的入点和出点，但不影响“时间线”窗口的其他素材。使用该工具时，把鼠标移动到需要改变的素材上，按下鼠标左键，然后拖动鼠标，前一素材的出点、后一素材的入点，以及拖动的素材在整个项目中的入点和出点位置都将随之改变，而被拖动的素材的长度和整个项目的长度不变。该工具的快捷键是“U”。

⊙“错落”工具：该工具用来改变前一素材的出点和后一素材的入点，保持选定素材长度不变。使用该工具时，将鼠标移动到需要调整的素材上，按住鼠标左键，然后拖动鼠标，素材的出点和入点也将随之变化，其他素材的出点和入点不变。该工具的快捷键是“Y”。

⊙“钢笔”工具：该工具用来设置素材的关键帧，快捷键是“P”。

⊙“手形把握”工具：该工具用来滚动“时间线”窗口中的内容，以便编辑一些较长的素材。使用该工具时，将鼠标移动到“时间线”窗口，然后按住鼠标左键并拖动，可以拖动“时间线”窗口到需要编辑的位置。该工具的快捷键是“H”。

⊙“缩放”工具：该工具用来调节片段显示的时间间隔。使用放大工具可以缩小时间单位，使用缩小工具（按住“Alt”键）可以放大时间单位。该工具可以画方框，然后将方框选定的素材充满“时间线”窗口，时间单位也发生相应的变化。该工具的快捷键是“Z”。

8.“信息”面板

“信息”面板显示了所选剪辑或过渡的一些信息，如图 6.19 所示。该面板中显示的信息随媒体类型和当前活动窗口等因素而不断变化。如果素材在“项目”窗口中，那么“信息”窗口将显示选定素材的名称、类型（视频、音频或者图像等）、长度等信息。同时，素材的媒体类型不同，显示的信息也有差异。

9.“历史”面板

“历史”面板与 Adobe 公司其他产品中的“历史”面板一样，记录了从打开 Premiere Pro CC 后的所有操作命令，如图 6.20 所示。最多可以记录 99 个操作步骤。

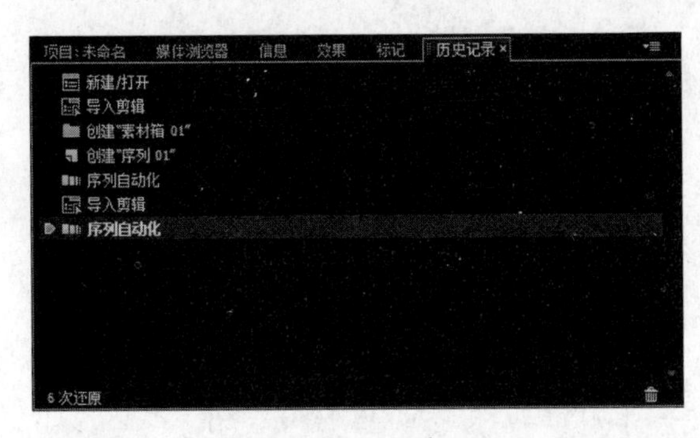

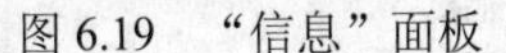
图 6.19　“信息”面板

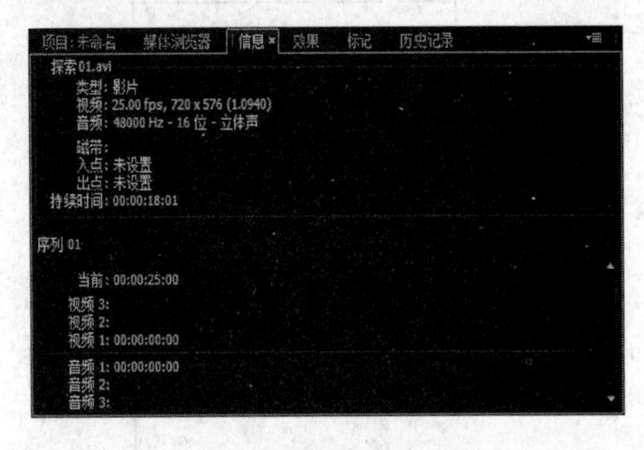

图 6.20　“历史”面板

用户可以在该面板中查看以前的操作，并且可以回退到先前的任意状态。例如，在“时间线”窗口中加入了一个素材、手动调整素材的持续时间、对该素材使用了特技，进行复制、移动等操作，这些步骤都会记录在“历史”面板中。如果要回退到加入素材前的状态，只需在“历史”面板中找到加入素材对应的命令，用单击鼠标左键即可。

使用“历史”面板有以下一些规定。

◉ 一旦关闭并重新打开项目，先前的编辑步骤将再不能从“历史”面板中得到。

◉ 打开一个“字幕”窗口，在该窗口中产生的步骤不会出现在“历史”面板中。

◉ 最初的步骤显示在列表的顶部，而最新的步骤则显示在底部。

◉ 列表中显示的每个步骤包括了改变项目时所用的工具或命令名称及代表它们的图标。某些操作会为受它影响的每个窗口产生一个步骤信息，这些步骤是相连的，Premiere 将它们作为一个单独的步骤对待。

◉ 选择一个步骤将使其下面的所有步骤变灰显示，表示如果从该步骤重新开始编辑，下面列出的所有改变都将被删除。

◉ 选择一个步骤后再改变项目，将删除选定步骤之后的所有步骤。

要在“历史”面板中上下移动，可拖动面板上的滚动条或者从“历史”面板菜单中选择“单步后退”或“单步前进”命令。

要删除一种项目步骤，应先选择该步骤，然后从“历史”面板菜单中选择“删除”命令，并在弹出的对话框中单击“确定”按钮。

要清除“历史”面板中的所有步骤，可以从“历史”面板菜单中选择“清除历史记录”命令。

6.3.2 菜单

Premiere Pro CC 一共有 8 个下拉式菜单命令，如图 6.21 所示。

文件(F)　编辑(E)　素材(C)　序列(S)　标记(M)　字幕(T)　窗口(W)　帮助(H)

图 6.21　Premiere Pro CC 的菜单

1.“文件”菜单

“文件”菜单主要用于进行打开或存储文件（或项目）等操作，如图 6.22 所示。

1）“新建”命令

此命令用来新建项目、序列和字幕等。将鼠标移至“新建”命令，弹出子菜单如图 6.23 所示。

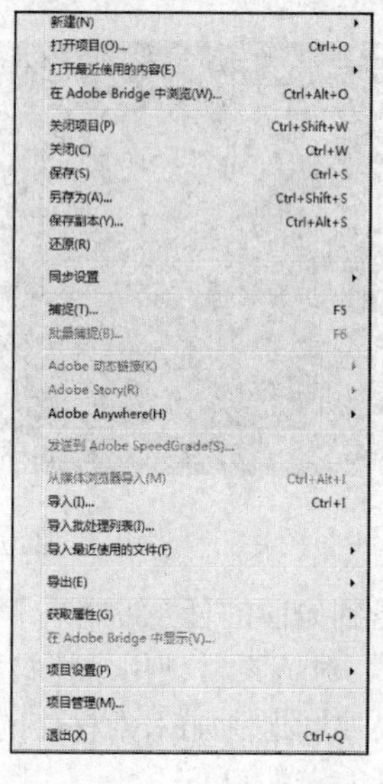

图 6.22　“文件”菜单

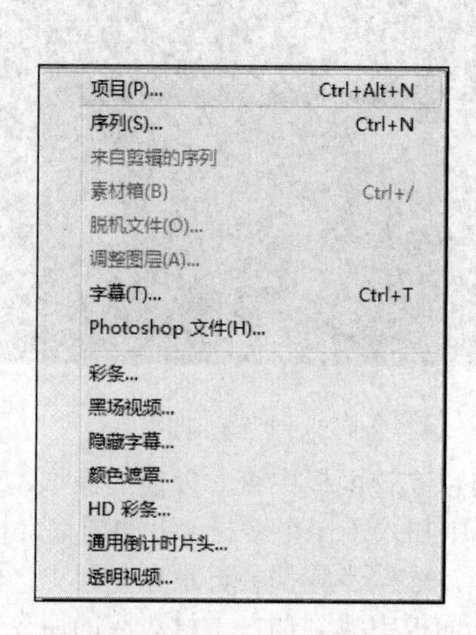

图 6.23　“新建”命令的子菜单

⊙ “项目”：新建项目用于组织和管理节目所使用的源素材和合成序列。此命令用来建立一个新的项目，其快捷键是“Ctrl+Alt+N”。项目是一个 Premiere 电影作品的蓝本，相当于电影或者电视制作中的分镜头剧本。一个项目主要由视频文件、音频文件、动画文件、影视格式文件、静态图像、序列静态图像和字幕文件等素材文件组成。

⊙ “序列”：新建序列用于编辑和加工素材。此命令用于创建一个新的序列，序列拥有独自的时间标尺，可以在一个序列中进行电影文件的编辑。一个序列可以作为另外一个序列的素材，序列之间可以相互嵌套。一个序列中可以有多条音频和视频轨道，而作为别的序列的素材，只相当于一条音频轨道和一条视频轨道，这样就极大地方便了复杂项目的编辑。

⊙ “素材箱”：新建包含节目内部的文件夹，可以包含各种素材及子文件夹。

⊙ “脱机文件”：打开节目时，Premiere Pro CC 可以自动为找不到的素材创建脱机文件；也可以在编辑节目的过程中新建脱机文件，作为一个尚未存在的素材的替代品。

⊙ “字幕”：新建字幕，激活“字幕编辑器”窗口。

⊙ “Photoshop 文件”：新建一个匹配项目帧尺寸和纵横比的 Photoshop 文件。

⊙ “彩条”：新建标准彩条图像文件。

⊙ “黑场视频”：新建黑场视频文件。

⊙ “隐藏字幕”：新建一个隐藏字幕文件，弹出如图 6.24 所示的“新建隐藏字幕”对话框，可以根据需要进行设置。

⊙ “颜色遮罩”：新建颜色遮罩文件。

⊙ “HD 彩条”：新建 HD 彩条文件。

⊙ “通用倒计时片头”：新建一个通用倒计时片头文件，弹出如图 6.25 所示的“新建通用倒计时片头”对话框，可以根据需要进行设置。

⊙ “透明视频”：新建一个透明视频。

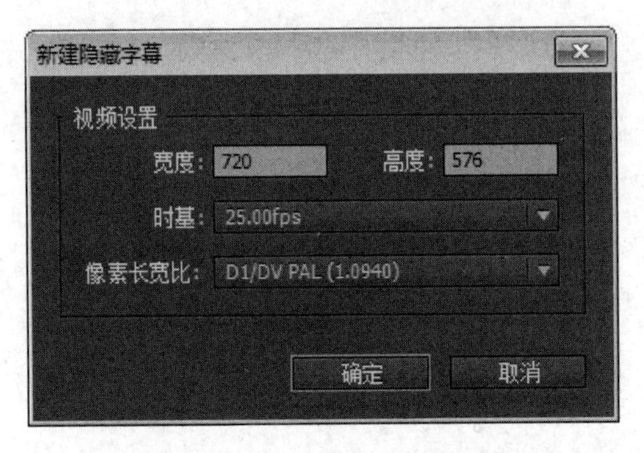

图 6.24　“新建隐藏字幕”对话框

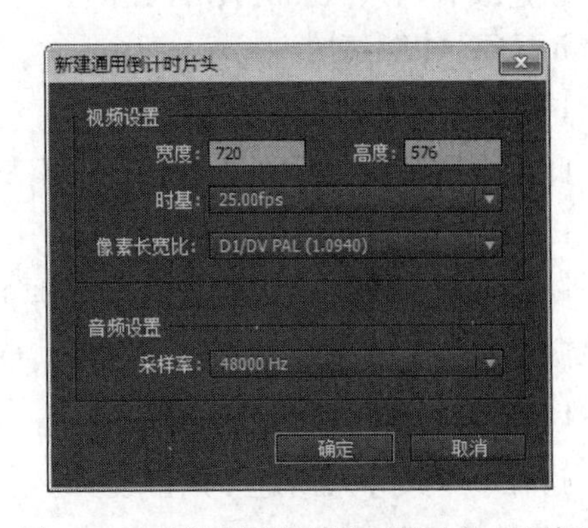

图 6.25　“新建通用倒计时片头”对话框

2）“打开项目”命令

此命令用来打开一个已有的项目文件，快捷键是“Ctrl+O”。

3）“打开最近使用的内容”命令

此命令用来打开最近被打开的项目。将鼠标移至该菜单，会弹出最近被打开的项目列表。

4）“在 Adobe Bridge 中浏览”命令

打开 Adobe Bridge 进行文件浏览，快捷键是“Ctrl+Alt+O”。

5）“关闭项目”命令

此命令用来关闭当前打开的文件或者项目，快捷键为“Ctrl+ Shift+W”。

6）“关闭”命令

此命令用来关闭当前编辑的窗口，快捷键为“Ctrl+W”。

7）“保存”命令

此命令用来保存当前编辑的窗口，保存为相应的文件，快捷键为“Ctrl+S”。

8）“另存为”命令

此命令用来将当前编辑的窗口保存为另外的文件，快捷键为“Ctrl+Shift+S”。

9）“保存副本”命令

此命令用来保存当前项目的副本文件，快捷键为“Ctrl+Alt+S”。

10）“还原”命令

此命令用来将最近一次编辑的文件或者项目恢复原状。

11）“捕捉”命令

此命令将打开“采集”窗口，用于采集视频或音频，快捷键为“F5”。

12）“批量捕捉”命令

此命令用来批量采集视频或音频，快捷键为“F6”。

13）“Adobe 动态链接”命令

新建或者导入 Adobe After Effects 合成，此功能必须是系统中已安装了 Adobe Production Premium CC 才能使用。

14）“从媒体浏览器导入”命令

此命令用来从媒体浏览器中导入素材文件，快捷键为“Ctrl+Alt+I”。

15）“导入”命令

此命令用来为当前项目输入所需要的素材文件（包括视频、音频、图像、动画等）。选择该命令后，系统将弹出“导入”对话框，快捷键为“Ctrl+I”。

16）“导入最近使用的文件”命令

此命令用来导入最近使用的文件。

17）“导出”命令

此命令用来输出当前制作的电影片断。从该菜单的下一级菜单中可以看出，可以把“时间线”窗口中选定序列的工作区域导出为影片、单帧、音频、字幕，可以输出到磁带，也输出到 Encore，还输出到 EDL；也可以使用 Adobe Media Encoder，输出成其他多种视频格式。

18）“获取属性”命令

此命令用来获取文件的属性或者选择内容的属性。

⦿ “文件”：系统将让用户选择文件，在选定文件后，系统将对选定的文件进行分析，然后输出分析的结果。

⦿ “选择”：此命令将显示在“项目”窗口或者“时间线”窗口中选定的素材的属性。

19）在“Adobe Bridge 中显示”命令

此命令用来在 Adobe Bridge 中预览素材。

20）“退出”命令

此命令用来退出 Premiere Pro CC 的系统界面，快捷键为“Ctrl+Q”。

2.“编辑”菜单

“编辑”菜单提供了常用的编辑命令，如撤销、重做、复制文件等操作。该菜单如图 6.26 所示。

1）“撤销”命令

此命令用来取消上一步的操作。

2）“重做”命令

此命令用来重复上一步的操作。

3）“剪切”命令

此命令用来剪切选中的内容，然后将其粘贴到其他地方。

4）“复制”命令

此命令用来复制选中的内容，然后将其粘贴到其他地方。

5）“粘贴”命令

此命令用来把刚刚复制或者剪切的内容粘贴到相应的地方。

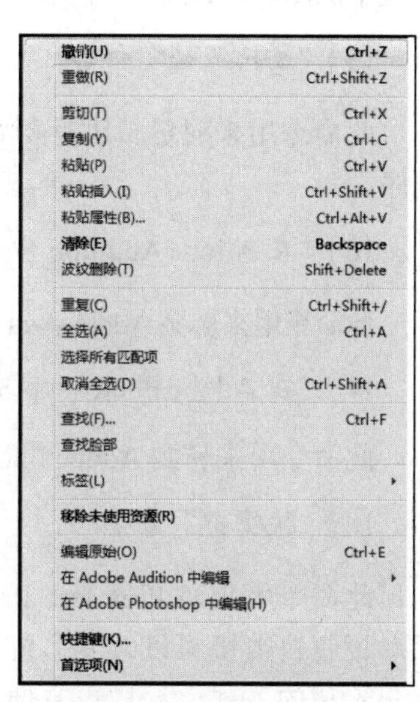

图 6.26　“编辑”菜单

6）“粘贴插入”命令

此命令用来把刚刚复制或者剪切的内容粘贴到合适的位置。

7）“粘贴属性”命令

此命令通过复制和粘贴操作将用于片段的效果、透明度、运动等属性粘贴到另外的片段。

8）“清除”命令

此命令用来清除所选中的内容。

9）“波纹删除”命令

此命令删除“时间线”窗口中选定的素材和空隙，其他未锁定的剪辑片段会移动过来填补空隙。

10）“重复”命令

此命令用来制作片断的副本。

11)“全选”命令

此命令用来选定当前窗口里面的全部内容。

12)“取消全选”命令

此命令用来取消刚刚选定的全部内容。

13)“查找”命令

此命令用来在“项目”窗口中查找定位素材。

14)“标签”命令

此命令用于改变素材在“项目”窗口中列表显示时标签的值或者改变在“时间线”窗口中显示的颜色。此命令的子菜单如图 6.27 所示。

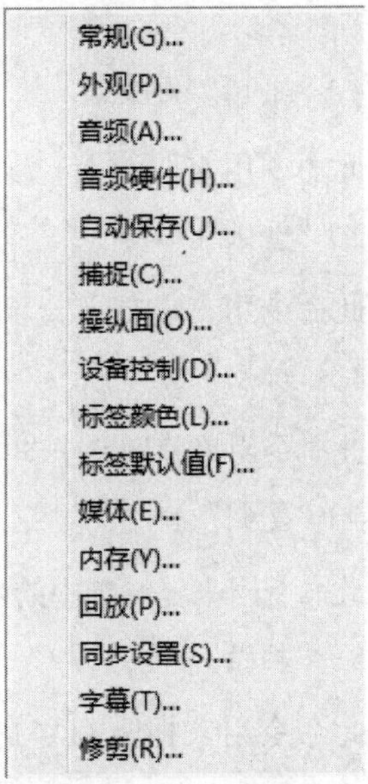

15)“编辑原始”命令

此命令用来对编辑进行初始化，打开产生素材的应用程序。

16)“在 Adobe Audition 中编辑”命令

此命令用来转到 Adobe Audition 中编辑和混合所选音频。

17)“在 Adobe Photoshop 中编辑”命令

此命令用来转到 Adobe Photoshop 中编辑所选图片。

18)“快捷键”命令

此命令用来对 Premiere Pro CC 的快捷键进行设置。手动设置快捷键可以改变系统中所有的快捷键，使之变成用户希望的方式，这样更方便用户在 Premiere Pro CC 中的编辑。

常规(G)...
外观(P)...
音频(A)...
音频硬件(H)...
自动保存(U)...
捕捉(C)...
操纵面(O)...
设备控制(D)...
标签颜色(L)...
标签默认值(F)...
媒体(E)...
内存(Y)...
回放(P)...
同步设置(S)...
字幕(T)...
修剪(R)...

图 6.27　“标签”命令的子菜单

19)“首选项”命令

此命令用来进行编辑参数的选择，进行各种参数的设置。此命令的子菜单如图 6.28 所示。

◉“选择标签组”：此命令用于选中“项目”窗口列表显示时所有与当前选中素材一样标签的素材。

◉“紫色”：素材的标签显示为紫色。

◉“鸢尾花色”：素材的标签显示为蓝紫色。

◉“加勒比海”：素材的标签显示为蓝色。

◉“淡紫色”：素材的标签显示为淡紫色。

◉“天蓝色”：素材的标签显示为天蓝色。

◉“森林”：素材的标签显示为灰色。

◉“玫瑰红”：素材的标签显示为玫瑰红色。

◉“芒果”：素材的标签显示为橙色。

3. “素材”菜单

“素材”菜单是 Premiere Pro CC 中最为重要的菜单，剪辑影片的大多数命令都在这个菜单中，如图 6.29 所示。

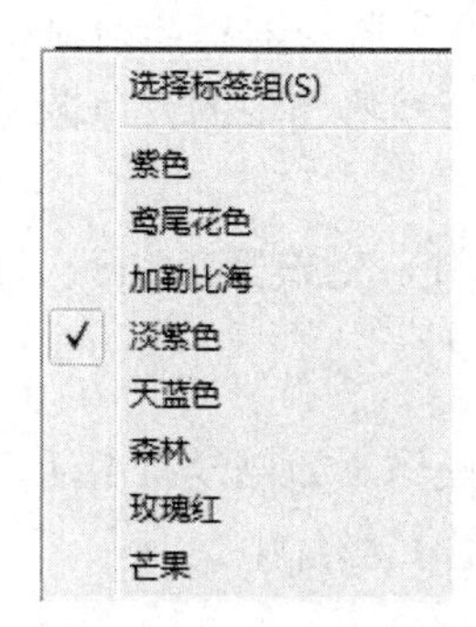

图 6.28　“首选项”命令的子菜单

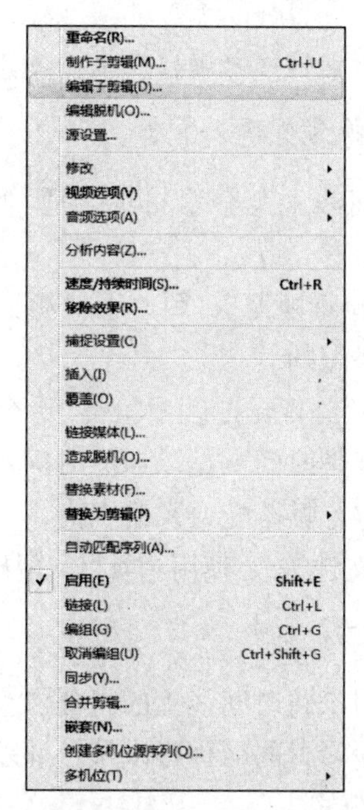

图 6.29　“素材”菜单

1）“重命名”命令

此命令用于改变“项目”窗口或“时间线”窗口中素材的名称。

2）“制作子剪辑”命令

此命令用于为“素材源”窗口的素材设置出点和入点，创建附加素材并命名后出现在“项目”窗口中，以不同于源素材的绿底图标标记。

3）“编辑子剪辑”命令

此命令用于重新设置附加素材的入点和出点。

4）“编辑脱机”命令

此命令用于对文件进行脱机管理。

5）“源设置”命令

此命令用于对源素材进行管理。

6）“捕捉设置”命令

此命令用于对采集视频或音频的属性进行设置。

7）“插入”命令

此命令用于将素材插入到“时间线”窗口中当前编辑线所指示的位置处。

8）“覆盖”命令

此命令用新素材来覆盖“时间线”窗口中当前编辑线所指示位置的素材。

9）“替换素材”命令

此命令用来替换“项目”窗口中选中的影片。

10）“替换为剪辑”命令

如果时间线上某个素材不合适，则使用此命令可以完成用另外的素材来替换该素材的操作。

◉ “从源监视器”：用“素材源”监视器里当前显示的素材来完成替换，时间上是按照入点来进行匹配的。

◉ “从源监视器，匹配帧”：这个方式也是用“素材源”监视器里当前显示的素材来完成替换的，但是时间上是以当前时间指示（即“素材源”监视器当中的蓝色图标，时间线里的红线）来进行帧匹配，忽略入点。

◉ “从文件夹”：使用“项目”窗口中当前被选中的素材来完成替换（每次只能选一个）。

11）“启用”命令

此命令用来将时间线上的素材激活，然后进行下一步操作。如果没有激活，那么在“时间线”窗口中素材的名称将以灰色显示，而且素材不被包含在影片中。

12）“链接”命令

此命令用来链接音频和视频。

13）“编组”命令

此命令用来把选定的多个素材设成一个组，进行拖动、删除等操作时，一个组的动作都是一致的。此命令的快捷键是“Ctrl+G”。

14）“取消编组”命令

此命令用来把一个组内的多个素材重新打开，避免进行拖动、删除等操作时产生一致的动作。此命令的快捷键是“Ctrl+Shift+G”。这种组的关系和一个素材的视频与音频之间的链接关系是不一样的，一个素材在插入“时间线”窗口时，产生的视频和音频是有链接关系的，只要没有解除链接，那么进行分段（如用“剃刀”工具）等操作时，视频和音频都将被分段；然而，如果把该视频与音频解除链接，然后再群组，虽然在用鼠标拖动素材时音频和视频是同时被移动的，但是如果用“剃刀”工具分段，视频和音频是不会同时产生作用的。

15）“同步”命令

此命令将选择不同轨道的片段根据选择的入点、出点、时间码、已编号素材标记等方式对齐。

16）“嵌套”命令

此命令用来将两个或多个视音频文件组合成一个整体文件。

17）“多机位”命令

此命令用来对嵌套序列应用多机位编辑，如图 6.30 所示。

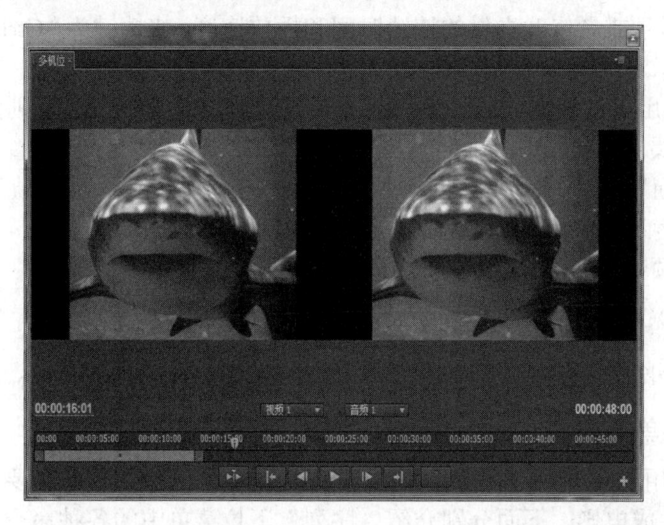

图 6.30　“多机位”窗口

18）“视频选项”命令

此命令用来设置素材视频的各种参数，其子菜单如图 6.31 所示。

◉ “帧定格”：用于选择一个素材中的入点、出点或 0 标记点的帧画面，然后在整个素材的延时内，都显示该帧画面。

◉ “场选项”：用于视频素材的场选项设置。

◉ “帧混合”：用于改变素材速度或输出不同帧速率时，使帧与帧之间产生融合，防止图像抖动。

◉ “缩放为帧大小”：用于自动将序列中的素材缩放到序列设置的帧尺寸。

19）“音频选项”命令

此命令用来设置素材音频的各种参数，其子菜单如图 6.32 所示。

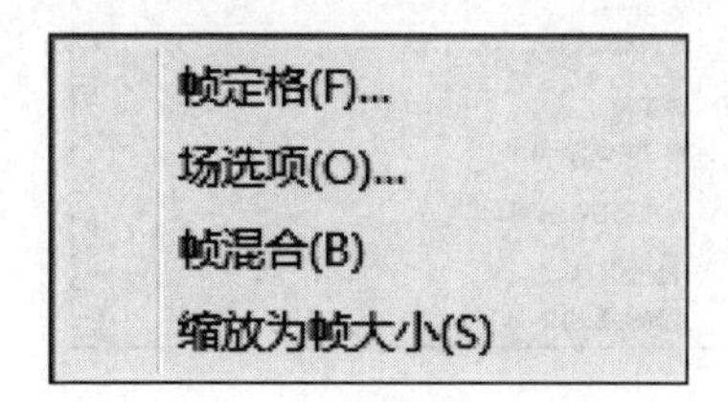

图 6.31　“视频选项”命令的子菜单

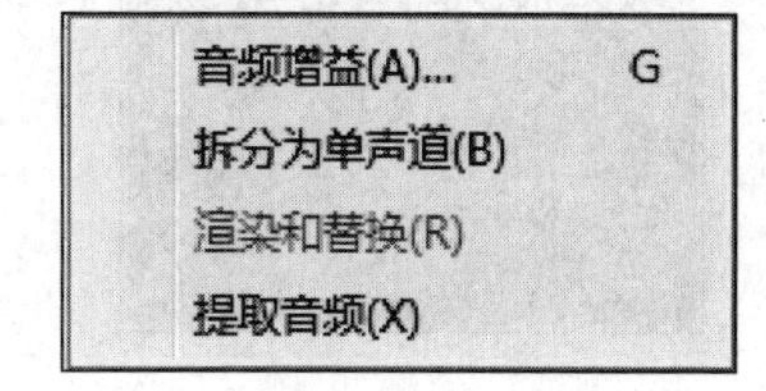

图 6.32　“音频选项”命令的子菜单

◉ “音频增益”：此命令设置音频的增益，由此来控制音频的大小，设置对话框中的 0dB（分贝）表示使用原音频素材的音量。

◉ “拆分为单声道”：此命令将把音频设为单声道。

◉ “渲染和替换”：此命令把选中的音频进行渲染，然后用输出的剪辑代替原来的音频片段。

◉ “提取音频”：此命令对选中的音频提取出其大小、增益等参数信息。

20）“速度/持续时间”命令

此命令用来显示或者修改素材的持续时间和播放速度，快捷键为“Ctrl+R”。执行此命令，打开如图 6.33 所示对话框。

◉ “速度”：用于设置播放的速度。设置的速度如果大于 100%，则为快进；如果小于 100%，则为慢镜头。

◉ “持续时间”：用来设置素材的延时，按照“小时：分钟：秒：帧”的格式设置。

◉ “倒放速度”：选择该项表示播放的时候为倒播。

◉ “保持音频音调”：用于给音频定音。

21）“移除效果”命令

此命令用来移除当前素材中的运动、透明度、视频滤镜、音频滤镜、音频音量等效果。

4.“序列”菜单

“序列”菜单用于对序列进行操作，如图 6.34 所示。下拉菜单的主要功能是对素材片断进行编辑并最终生成电影。下面分别介绍“序列”下拉菜单中的各种命令。

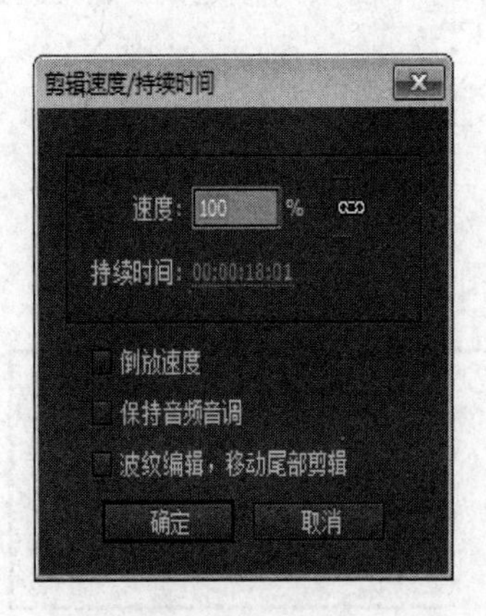

图 6.33 “剪辑速度/持续时间”对话框

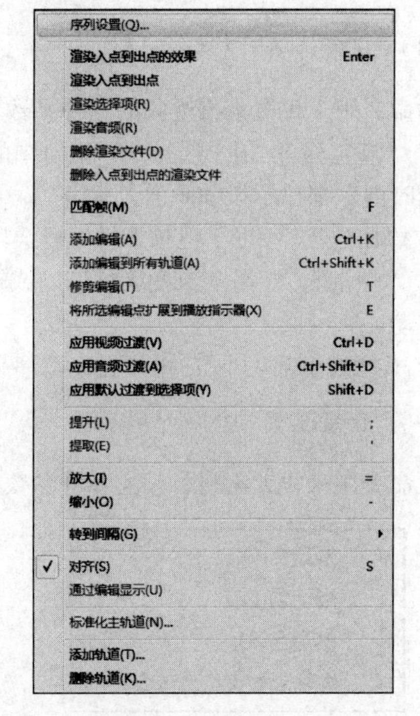

图 6.34 “序列”菜单

1）“序列设置”命令

此命令用来对当前序列的编辑模式、视频格式、音频格式、视频预览等进行设置。

2）“渲染入点到出点的效果”命令

此命令用来对工作区内的素材进行预览生成电影。快捷键为“Enter”。

3)“渲染入点到出点”命令

此命令用来对当前整段的工作区进行渲染。

4)“渲染音频”命令

此命令用来对当前选中的音频渲染。

5)“删除渲染文件”命令

此命令用来把预览工作区生成的文件删除。

6)“删除入点到出点的渲染文件”命令

此命令用来删除当前工作区内已渲染的文件。

7)“修剪编辑”命令

此命令用来对编辑线上的素材进行剪切编辑。

8)“提升”命令

可以把“时间线”窗口中选定的轨道上由入点和出点确定的片段从轨道中抽出，与之相邻的片段不改变位置。

9)“提取”命令

将“时间线”窗口中由入点和出点确定的节目片段抽走，其后的片段前移，填补空缺，而且对于其他未锁定轨道上位于该选择范围内的素材，也同样进行删除。

10)“应用视频过渡”命令

此命令将用默认的过渡特效来进行视频间的过渡。

11)“应用音频过渡”命令

此命令将用默认的过渡特效来进行音频间的过渡。

12)“应用默认过渡到选择项”命令

此命令用来对所选择的区域使用默认切换效果过渡。

13)“标准化主轨道”命令

此命令用来对音频信号进行标准化处理。

14)“放大”命令

此命令用来对当前“时间线”上的素材片断进行放大处理。

15)“缩小”命令

此命令用来对当前“时间线”上的素材片断进行缩小处理。

16)“添加轨道”命令

此命令用来在“时间线”窗口中添加音、视频轨道。

17)“删除轨道”命令

此命令用来删除“时间线”上的音、视频轨道。

5.“标记”菜单

“标记”菜单包含了设置标记点的命令，如图 6.35 所示。“标记”菜单主要用于对素材或者时间线设置标记点。

1）“标记入点”、“标记出点”、“标记剪辑”、“标记选择项”、“标记拆分”命令

这些命令用来设置素材的标记。

2）“转到入点”、“转到出点”、“转到拆分”命令

这些命令用来使编辑位置转到某个素材标记。

3）“清除入点”、“清除出点”、“清除入点和出点”命令

此命令用来清除已经设置的某个素材标记。

4）“添加标记”命令

此命令用来设置序列标记。

5）“转到下一标记”、“转到上一标记”命令

此命令用来指向序列标记。

6）“清除当前标记”、“清除所有标记”命令

此命令用来清除已经设置的序列标记。

7）“添加章节标记”命令

此命令用来设置 Encore 章节标记。

8）“添加 Flash 提示标记”命令

此命令用来设置 Flash 的提示节标记。

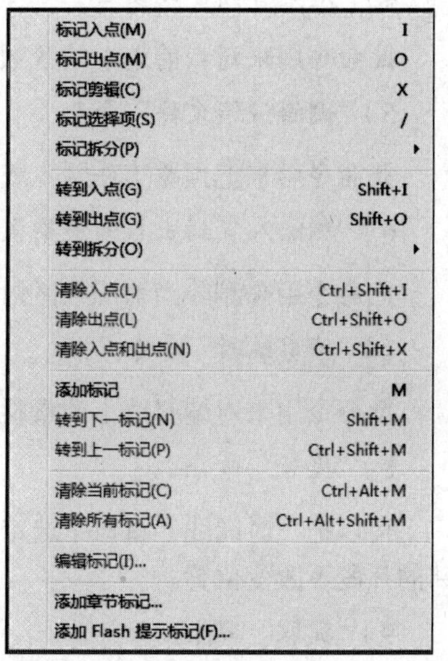

图 6.35　“标记”菜单

6. 其他菜单

1）“字幕”菜单

该菜单用于字幕的设置，包括设置字体、尺寸、对齐、填充等方式及创建图形元素等操作，如图 6.36 所示。

2）“窗口”菜单

该菜单包括控制显示/关闭窗口和面板的命令，如图 6.37 所示。打钩的命令表示该命令对应的窗口正显示在界面中。

3）“帮助”菜单

利用该菜单，用户可阅读 Premiere Pro CC 的使用帮助，还可以链接到 Adobe 的网站，

寻求在线帮助等，如图 6.38 所示。

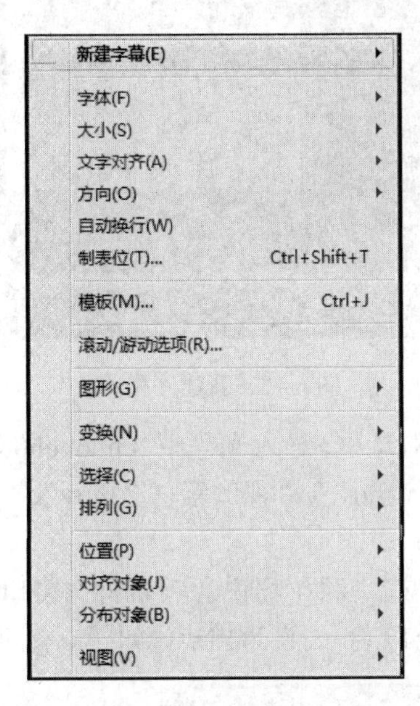

图 6.36　“字幕”菜单

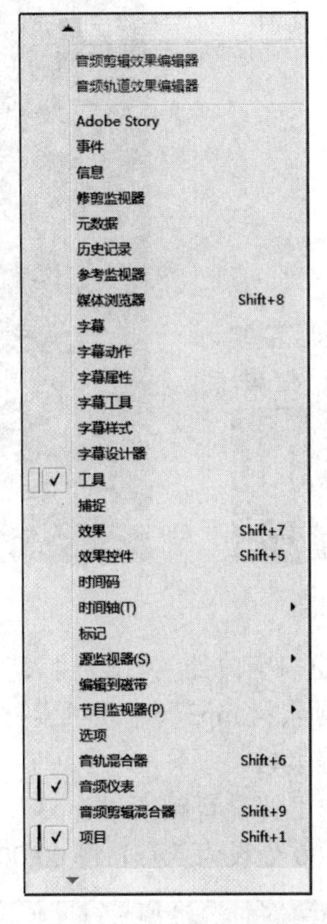

图 6.37　“窗口”菜单

图 6.38　“帮助”菜单

6.3.3　编辑实例

1. 新闻剪辑——《听我说南邮之快讯》

1）效果说明

本例是新闻节目《听我说南邮》[①]当中“快讯”版块的一条新闻的剪辑。剪辑最终效果如图 6.39 所示。

2）操作要点

本例主要练习如何导入素材到“项目”窗口中、如何添加各种素材到“时间线”窗口中、如何编辑素材、如何添加转场，以及输出影片等基本操作。

3）操作步骤

（1）打开 Premiere Pro CC，在“新建项目”对话框中自行设置保存位置，并设置项目名称为“ch06 实例 1”，单击“确定”按钮进入 Premiere Pro CC。按下快捷键“Ctrl+N”，打开“新建序列”对话框，在“序列预设”选项卡中任意选择（如图 6.40 所示），然后单击“确定”按钮。

---

① 《听我说南邮》是南京邮电大学的学生自制的新闻节目。节目由“快讯”、“看点”和“调查”3 个版块组成。

图 6.39　剪辑最终效果

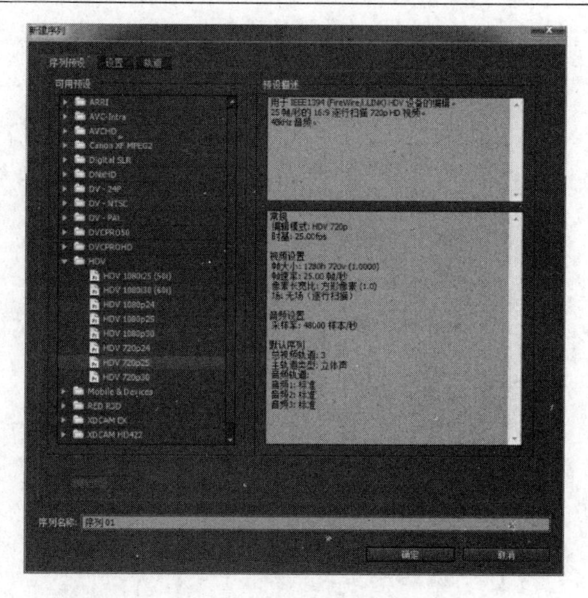

图 6.40　新建序列

（2）导入素材。双击“项目”窗口空白处，弹出“输入”对话框，导入光盘中“ch06\ ch06_01”中的“插入动画.avi”、“解说音频素材.mp3”、“视频素材 1.mov”、“视频素材 2.mov”、“视频素材 3.mov”和“字幕条.avi”等素材。

（3）在“项目”窗口中双击“解说音频素材.mp3”，在“源：解说音频素材”窗口中播放试听该素材。决定将 00:00:00:00 处设为入点，将 00:00:17:00 处设为出点，如图 6.41 所示。

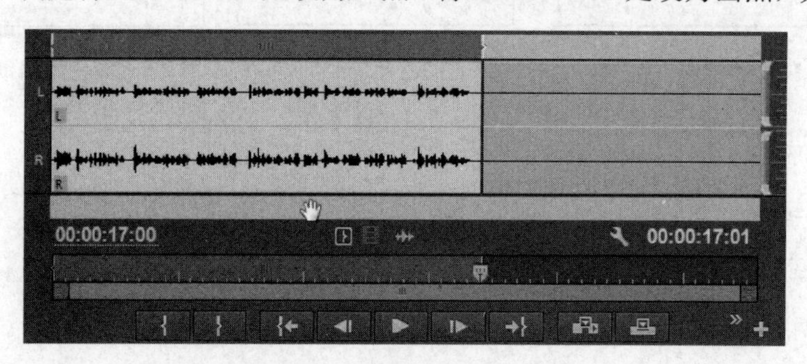

图 6.41　设定素材的入点和出点

说明：设定入点时，可单击“播放”按钮或按下“Space”键播放素材，使时间标尺接近入点，并配合使用“逐帧后退”和“逐帧前进”按钮，使时间标尺准确定位在入点处，再单击“标记入点”按钮；设定出点时，可单击“播放”按钮或按下“Space”键播放素材，使时间标尺接近出点，并配合使用“逐帧后退”和“逐帧前进”按钮，使时间标尺准确定位在出点处，再单击“标记出点”按钮。

（4）将鼠标移动到如图 6.41 所示位置时，鼠标指针变为手形，拖动鼠标，把素材放到“时间线”窗口的音频 A2 轨道上，如图 6.42 所示。

（5）把“视频素材 1.mov”导入“时间线”窗口的 V1 轨道，若弹出窗口需更改序列，则单击“更改序列设置”按钮，如图 6.43 所示。右击“视频素材 1.mov”，在弹出的快捷菜单中选择“取消链接”命令并分别将素材的音频删除。

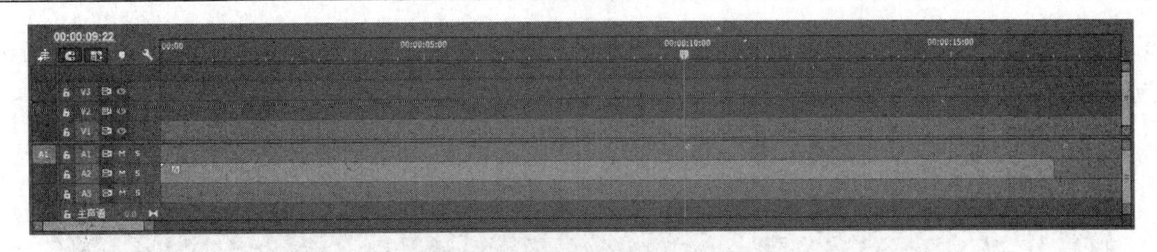

图 6.42　把素材“解说音频素材.mp3”拖到“时间线”窗口的音频 A2 轨道

图 6.43　更改序列设置

（6）在“节目”窗口中单击“播放”按钮，在解说“线路全长 44.87 千米”结束的 00:00:05:10 处停止播放。移动鼠标到“时间线”窗口“视频素材 1.mov”的结束处，鼠标变成如图 6.44 所示的形状，拖动鼠标到 00:00:05:10 处，完成“视频素材 1.mov”的编辑。

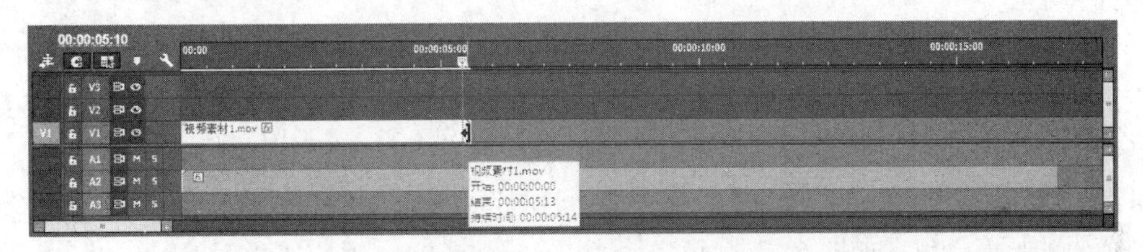

图 6.44　在“时间线”窗口中拖动鼠标完成“视频素材 1.mov”的出点设定

（7）把“视频素材 2.mov”导入“时间线”窗口的 V1 轨道，并放置在“视频素材 2.mov”之后。右击“视频素材 2.mov”，在弹出的快捷菜单中选择“取消链接”命令并分别将素材的音频删除。

（8）确保“时间线”窗口中的“视频素材 2.mov”被选中，在“效果控件”面板中，单击“运动”左边的三角形，将“缩放”的大小改为 125，如图 6.45 所示。

图 6.45 调整“视频素材 2.mov”的缩放值

说明： 之所以要调节素材“视频素材 2.mov”的缩放值，是因为本例的“序列预设”为

HDV 720p25，其中视频设置的帧大小为1280h720v，而“视频素材2.mov”的属性为720h576v（可将鼠标移动到“项目”窗口的文件上或右击鼠标查看该素材的属性），二者不匹配。

（9）按步骤（6）的方法，使“视频素材2.mov”在00:00:09:10处结束，如图6.46所示。

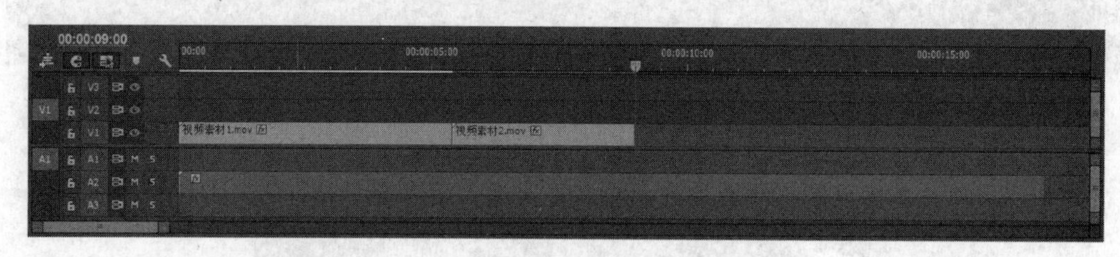

图6.46　在“时间线”窗口中拖动鼠标完成“视频素材2.mov”的出点设定

（10）将“插入动画.avi”的入点设定为00:00:00:14，出点设定为00:00:06:02，将其导入“时间线”窗口，并放置在“视频素材2.mov”之后。在“效果控件”面板中将“插入动画.avi”缩放的大小改为183。

（11）将“视频素材3.mov”导入“时间线”窗口并放置在“插入动画.avi”后，选择“取消链接”命令并将该素材的音频删除。在“效果控件”面板中将“视频素材3.mov”缩放的大小改为125。

（12）将“字幕条.avi”导入“时间线”窗口，在“效果控件”面板中将鼠标移动到“位置”的参数和“缩放”的参数上并拖动，找到字幕条的合适位置。本例将“位置”的参数设为（473,677），“缩放”的参数设为72。

（13）右击“字幕条.avi”，选择“速度/持续时间”命令，将“持续时间”改为00:00:17:00，即与剪辑的长度一致，如图6.47所示。

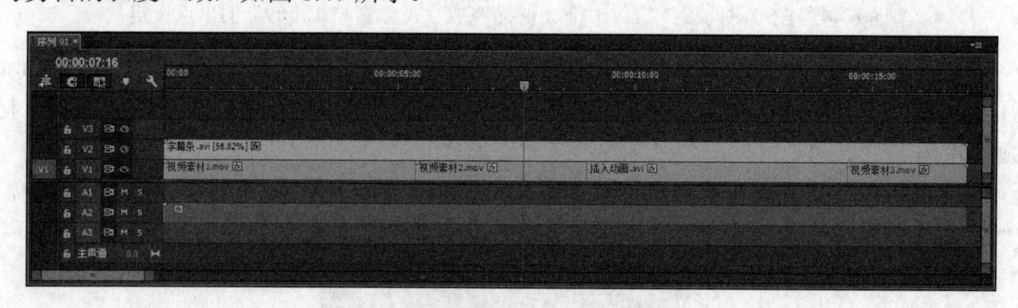

图6.47　修改“字幕条.avi”的长度

（14）选择“效果”面板中的“视频过渡”→“溶解”→“交叉溶解”特效，将转场效果拖至“视频素材1.mov”和“视频素材2.mov”之间的时间线上，如图6.48和图6.49所示。在添加后的“交叉溶解”特效上单击鼠标右键，在快捷菜单中选择“设置过渡持续时间”为00:00:01:00。

（15）选择菜单中的“字幕”→“新建字幕”→“默认静态字幕”命令，在打开的“新建字幕”对话框中输入“名称”为“南京地铁三号线开通”（如图6.50所示），单击“确定”按钮，在打开的窗口中单击“显示背景视频”按钮，输入字幕“南京地铁三号线开通”，将字体调整为黑体，字体大小为64，选中描边的内描边、阴影，如图6.51所示。将新建的字幕拖至字幕条时间线上方，调整其长度与视频长度相同。

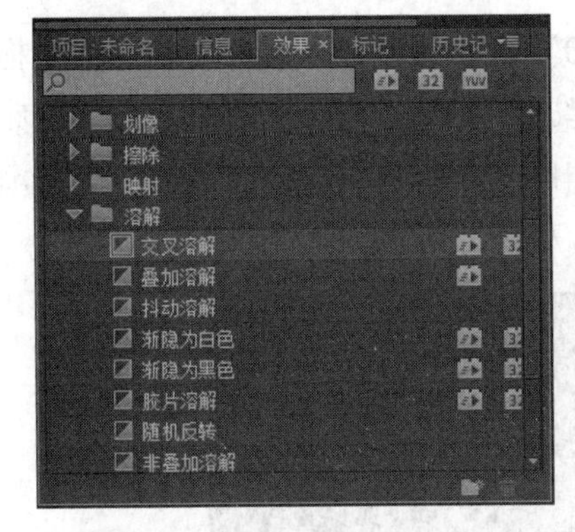

图 6.48　选择视频过渡效果

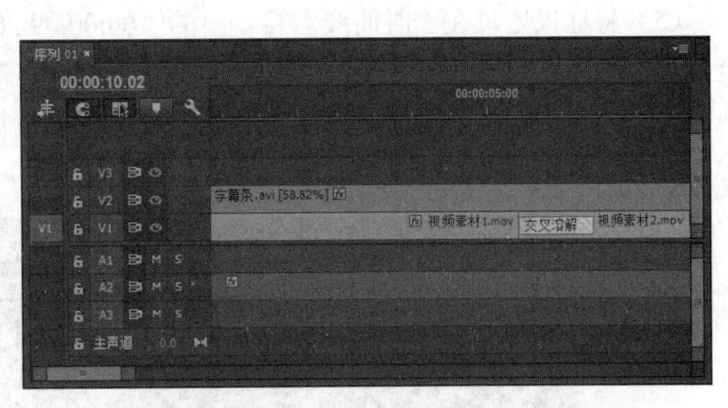

图 6.49　把视频过渡效果添加到两个视频素材之间

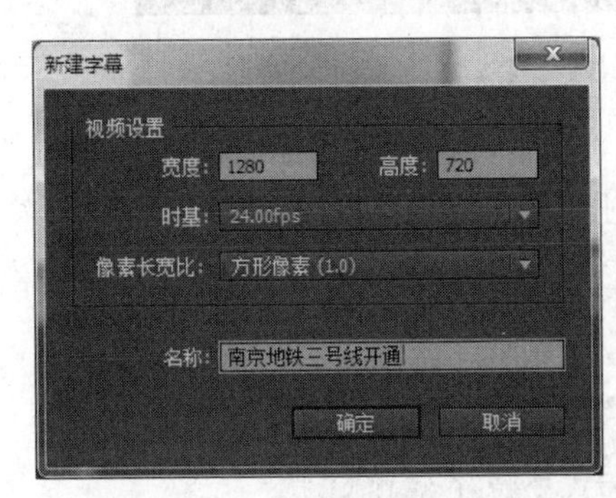

图 6.50　“新建字幕”对话框

图 6.51　输入新闻标题字幕

（16）保存文件，选择“文件”→“导出”→“媒体”命令导出视频。

2. 采访剪辑

1）效果说明

本例将通过剪辑完成一个完整的采访视频。

2）操作要点

本例主要练习将制作的动画替换掉采访对象的画面，但声音保留。这种声音和画面不同步的剪辑方法，在数字视频制作中应用十分广泛。

3）操作步骤

（1）打开 Premiere Pro CC，在“新建项目”对话框中设置保存位置和名称（命名为 ch06 实例 2），单击“确定”按钮。按下快捷键“Ctrl+N”，打开“新建序列”对话框，单击“确定”按钮。

（2）导入素材。双击“项目”窗口的空白处，弹出“输入”对话框，导入光盘中“ch06\ch06_02”中的“采访.mov”和“插入动画.mov”文件。

（3）将“采访.mov”拖进“时间线”窗口的 V1 轨道。若弹出窗口需更改序列，则单击“更改序列设置”按钮。

（4）将标尺定位在“时间线”窗口中的“00:00:04:14”这一帧，选择沿时间线切开，将前面的视频删去，将后面的素材拖至“00:00:00:00”的位置。

（5）将标尺定位在“时间线”窗口中的“00:00:09:20”这一帧，把“插入动画.mov”拖至此处，右击视频选择“速度/持续时间”命令，将速度改为 144%。将改变速度之后的视频拖至“采访.mov”上，覆盖原视频。选择“效果”面板中的“视频过渡”→“溶解”→“渐隐为白色”命令，将此过渡效果拖至两个视频的交界处，如图 6.52 所示。

图 6.52　设置视频过渡效果

（6）选择菜单中的“字幕”→“新建字幕”→“默认静态字幕”命令，在打开的“新建字幕”对话框中输入“名称”为“身份字幕”，单击“确定”按钮进入“字幕制作”窗口。设计字幕如图 6.53 所示，其中蓝色块的 R、G、B 值可分别设置为 64、169、218。适当调整色块和文字的位置。设计完成后，关闭“字幕制作”窗口。

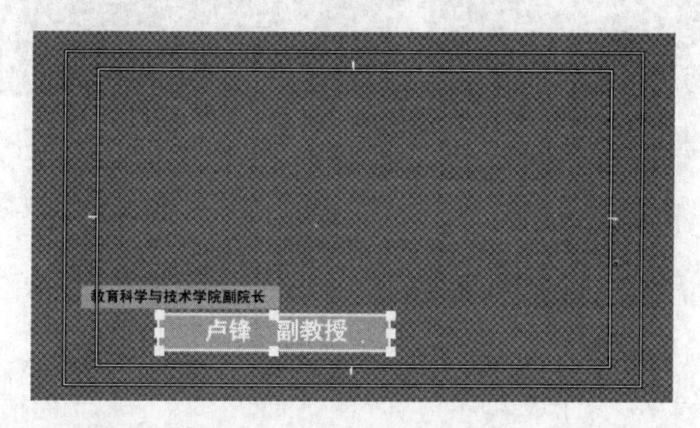

图 6.53　设计身份字幕

（7）将“身份字幕”拖至“时间线”窗口 V2 轨道的“00:00:00:17”处，选择“效果”面板中的“视频过渡”→“溶解”→“交叉溶解”特效，将转场效果拖至“身份字幕”的最左端，如图 6.54 所示。

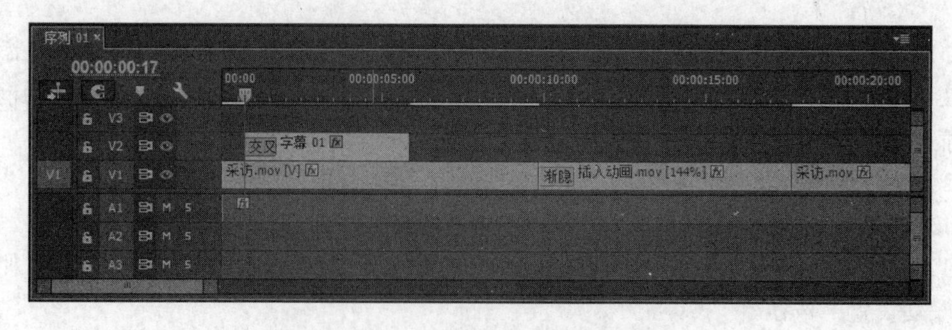

图 6.54　为“身份字幕”添加转场效果

（8）选择“文件”→“导出”→“媒体”命令，导出 mov 格式影片。

3. 蓝屏抠像

1）效果说明

本例的画面效果是运用 Premiere Pro CC 提供的“蓝屏键”功能去除素材的绿色背景，将蓝色背景上的主持人放置到一个背景下，并让它与背景自然融合，如图 6.55 所示。

图 6.55　剪辑最终效果

2）操作要点

本例主要练习视频特效“蓝屏抠像”的添加。“蓝屏抠像”和“绿屏抠像”是众多高级特技效果的基础，掌握其应用意义重大。

3）操作步骤

（1）打开 Premiere Pro CC，在“新建项目”对话框中设置保存位置和名称（命名为 ch06 实例 3），单击“确定”按钮。按下快捷键“Ctrl+N”，打开“新建序列”对话框，单击“确定”按钮。

（2）导入素材。双击“项目”窗口的空白处，弹出“输入”对话框，导入光盘中“ch06\ch0_03”中的“NUPT.png”、“背景.mov”、“主持人.mov”和“字幕.avi”文件。

（3）将“背景.mov”拖进“时间线”窗口的 V1 轨道。若弹出窗口需更改序列，则单击“更改序列设置”按钮。

（4）复制两个“背景.mov”，并将 3 个“背景.mov”连接在一起，将“主持人.mov”拖到“时间线”窗口的 V2 轨道，调整第 3 个“背景.mov”的长度，使其与“主持人.mov”的长度一致，如图 6.56 所示。

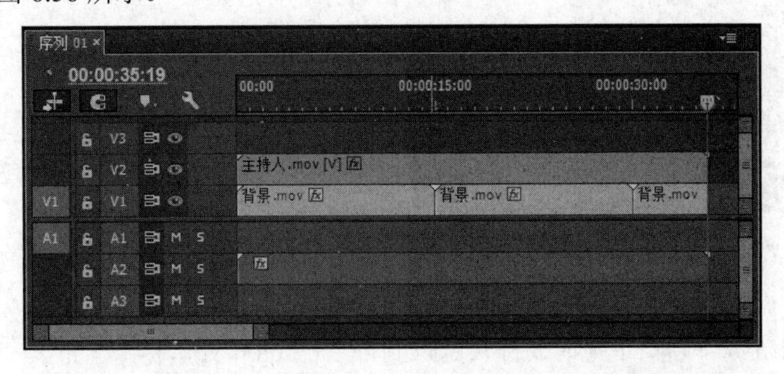

图 6.56　调整第 3 个“背景.mov”与“主持人.mov”的长度一致

（5）在“效果”面板中选择“键控”→“蓝屏键”特效，将此特效拖到“主持人.mov”

素材上。在“效果控件”面板中设置“主持人.mov”素材“运动”选项下的“位置”坐标为（314,304）。设置“蓝屏键”选项下“阈值”的参数值为45%，“屏蔽度”的参数值为39%，“平滑”设为“高”，如图6.57所示。

（6）将“NUPT.png”拖至“时间线”窗口的V3轨道，并把长度拖至与“主持人.mov”的长度相同。在“效果控件”面板中设置其“位置”的坐标为（92,566），“缩放”设置为20，如图6.58所示。

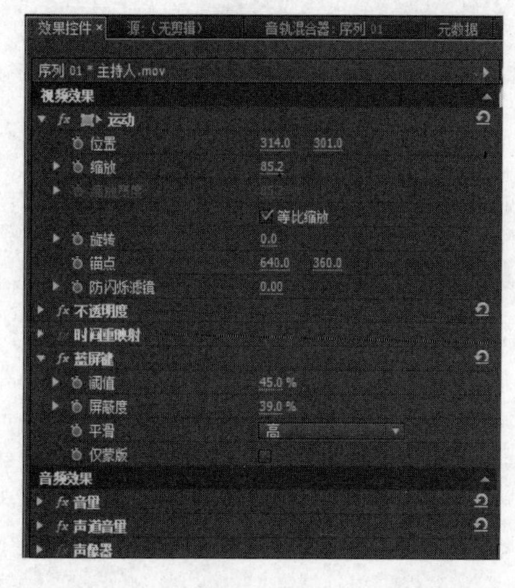

图6.57　设置“主持人.mov”参数

图6.58　设置“NUPT.png”参数

（7）把“字幕.avi”拖至“时间线”窗口的V4轨道，并在“效果控件”面板中设置其“位置”的坐标为（341,557），“缩放”设置为73，如图6.59所示。

（8）选择“字幕”→“新建静态字幕”命令，命名为“主持人字幕”，在“字幕制作”窗口中单击 “显示背景视频”按钮，使字幕出现在画面上，选择，输入“主持人　黄新凌”，设置其大小为45，颜色为白色，调整其位置与色块匹配，如图6.60所示。

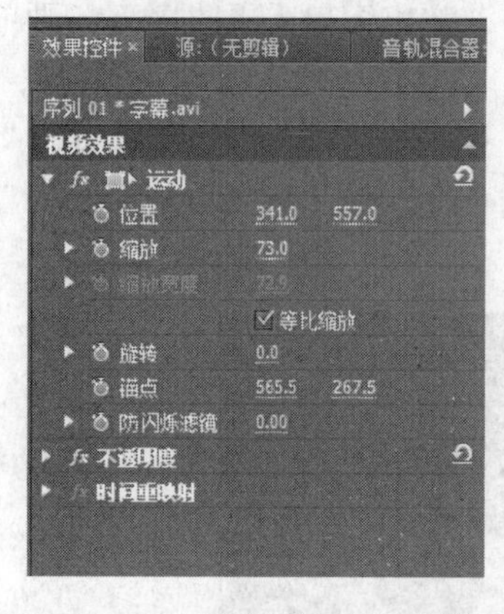

图6.59　设置“字幕.avi”参数

图6.60　设计“主持人字幕”

（9）关闭“字幕制作”窗口，此时可以在“项目”窗口中看到出现了字幕素材“主持人字幕”。在“时间线”窗口中把时间标尺定位到00:00:00:06处，将“主持人字幕”拖至“时间线”窗口的V5轨道，调整其长度与“字幕.avi”一致。

（10）选择“文件”→“导出”→“媒体”命令，导出影片。

4. 调色

1）效果说明

用于影片编辑的素材，受到环境和拍摄人员的拍摄能力等不可抗力因素的影响较大，拍摄出的素材并不能达到完美的境界，因此需要使用 Premiere Pro CC 在后期编辑时进行调整。该方法在平常影片制作时有较大的使用价值。本例的画面效果是运用 Premiere Pro CC 提供的视频效果的功能，对视频颜色进行调整，如图 6.61 和图 6.62 所示。

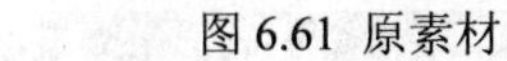

图 6.61 原素材

图 6.62　调色效果预览

2）操作要点

本例主要通过“RGB 曲线”、“色阶设置”、“颜色平衡”对画面进行调色。

3）操作步骤

（1）打开 Premiere Pro CC，在“新建项目”对话框中设置保存位置和名称（命名为 ch06 实例 4），单击“确定”按钮。按下快捷键“Ctrl+N”，打开“新建序列”对话框，单击“确定”按钮。

（2）导入素材。双击“项目”窗口的空白处，弹出“输入”对话框，导入光盘中“ch06\ch06_04”中的“源素材.mov”。

（3）将“源素材.mov”拖进“时间线”窗口。若弹出窗口需更改序列，则单击“更改序列设置”按钮。

（4）选择“效果”面板中的“视频效果”→“颜色校正”→“RGB 曲线”命令，将此特效拉到“时间线”窗口的“源素材”上。在“效果控件”面板中对曲线进行调整（如图 6.63 所示）。

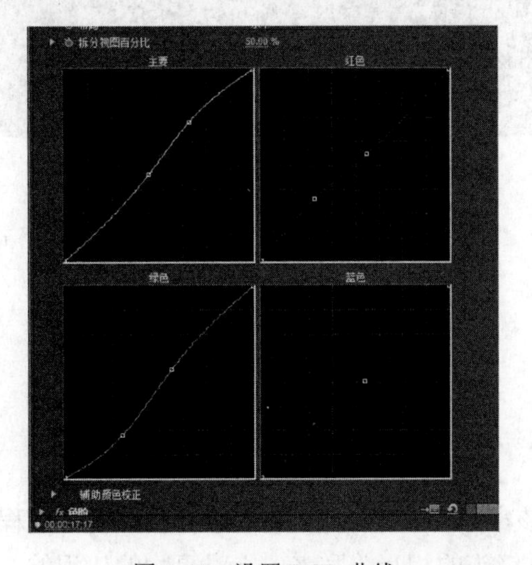

图 6.63　设置 RGB 曲线

（5）选择“效果”面板中的“视频效果”→“调整”→“色阶”命令，将此特效拉到“时间线”窗口的“源素材”上。在“效果控件”面板中点击 fx 色阶 中的，在打开的“色阶设置”对话框中对其参数进行调整，如图 6.64～图 6.67 所示。

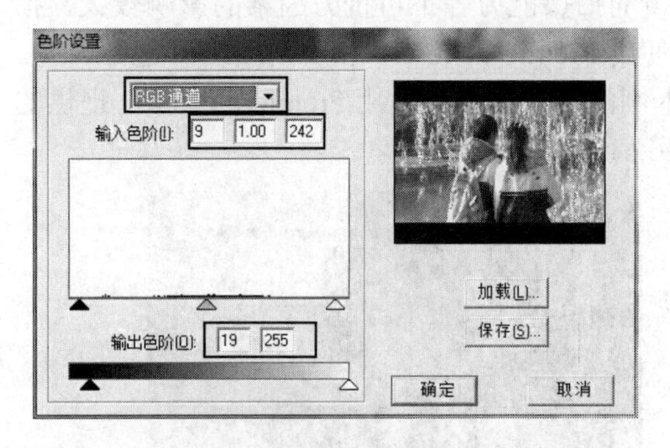

图 6.64　设置 RGB 通道参数

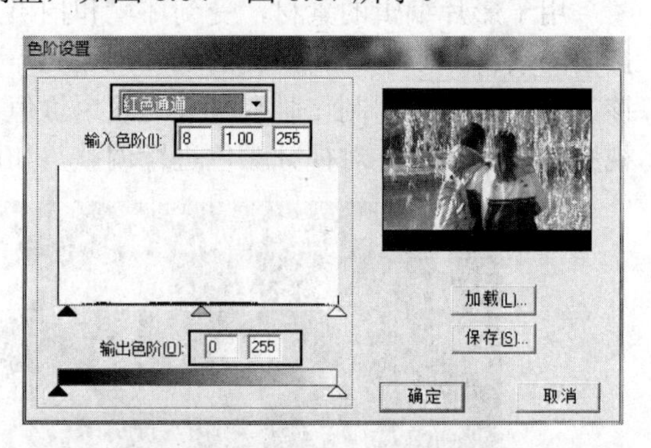

图 6.65　设置红色参数

图 6.66　设置绿色参数

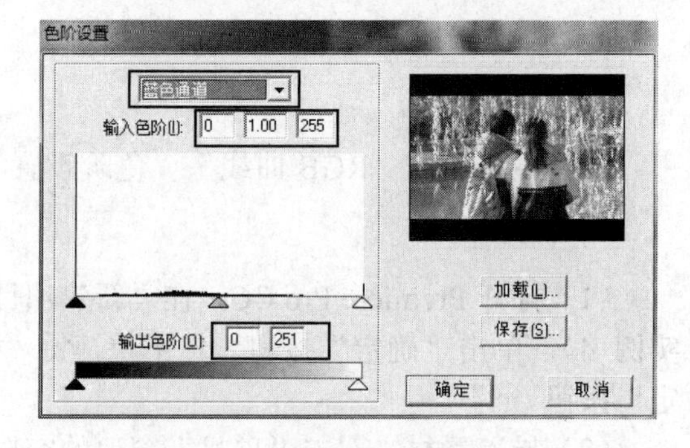

图 6.67　设置蓝色参数

（6）选择“效果”面板中的“视频效果”→“图像控制”→“颜色平衡”命令，将此特效拖至“时间线”窗口的“源素材”上。在“效果控件”面板中将 R 改为 106，G 改为 93，B 改为 96，如图 6.68 所示。

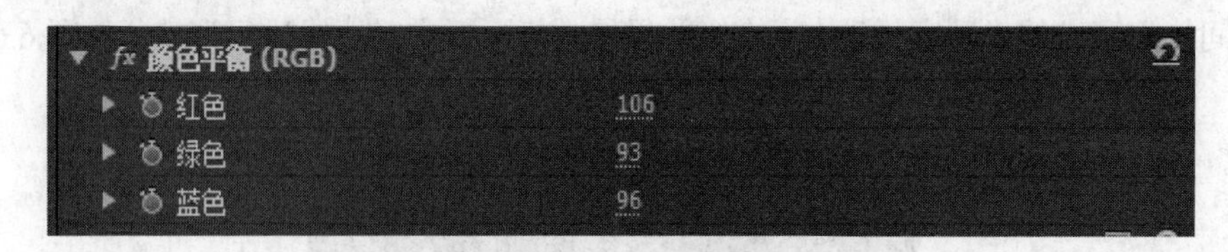

图 6.68　设置效果参数

（7）选择“文件”→“导出”→“媒体”命令，选择 mov 格式导出影片。

6.4　练　习　题

一、填空

1. 作为编辑人员应该牢记，了解画面内容、事件的环境与进程是观众欣赏的最基础的心理要求，观众完全是通过镜头的相互关联来建立对事物的认识的。镜头转换应该顺应观众的

（　　）需求。

2. 对于同一主体的表现，镜头转换时不仅要有（　　）的变化，还要有（　　）的变化，否则观众就会感到视觉不连续。

3. 表现同一被摄主体的两个相邻镜头组接应合理、顺畅、不跳动，需遵守以下规则：（　　）需要有变化，否则将产生画面的明显跳动。

4. 在相同的时间长度中，景别越小（接近特写），给人的感觉就越（　　）。

5. 同一运动主体在相同的运动速度下，景别越小，动感越（　　）。

6. 在电视画面中，被摄主体的方向不是由主体本身的方向来决定的，而是由（　　）的拍摄方向来决定。

7. 被摄主体的运动方向所构成的直线称为（　　）轴线，也称（　　）轴线；两个交流着的被摄主体之间的连线所构成的直线称为（　　）轴线。

8. 如果摄像机跳过轴线到另一边，将所拍摄的镜头组接后，会破坏空间的统一感，造成方向性的错误，这样的镜头就是（　　）镜头，也称（　　）镜头。

9. 方向感较弱的镜头也称为（　　）镜头或糊墙纸镜头。使用这种镜头时有一个要求，那就是应该与（　　）有关。这种镜头可以分为 3 种，分别为（　　）、（　　）和（　　）。

10. 局部或反应镜头一般以（　　）或（　　）镜头为宜。

11. 在相接的两个固定镜头中，其中的一个主体是运动的，另一个主体是静止的。如果主体运动的镜头在前，需要在主体运动的（　　）进行切换。如果主体静止的镜头在前，则要在（　　）之后，接后面的主体运动的镜头。

12. 组接运动方向不同的镜头，一般情况下，编辑点选在（　　）处。

13. 运动镜头和固定镜头相接时，运动镜头需保留起幅或落幅。若运动镜头在前，编辑点选在运动镜头的（　　）上；若运动镜头在后，则编辑点需选在运动镜头的（　　）上。

14. 省略法一般包括两种处理方式。第一种是使用（　　）直接跳接。第二种是利用（　　）使两个动作局部被连接在一起。

二、名词解释

1. 蒙太奇句子
2. 前进式句子
3. 后退式句子
4. 环形句子
5. 轴线
6. 轴线规律
7. 骑轴镜头
8. 分解法
9. 错觉法

三、简答

1. 在数字视频作品的编辑准备阶段，观看拍摄素材有何作用？
2. 剪辑时如何选择镜头？

3. 镜头的组接应遵循哪些原则？
4. 利用造型特征来连接镜头，要注意哪些问题？
5. 简述常用的实现合理越轴的基本方法。
6. 在影视作品中，常见的跳切转场方式主要有哪几种？

四、实践

1. 练习使用 Premiere Pro CC 软件进行编辑。
2. 自行拍摄素材，完成编辑，要求合理使用声音、视频特效、转场效果、字幕等。

第 7 章　数字视频作品的特技与合成

近几十年来，飞速发展的数字技术不但使影视的发展呈现出前所未有的新活力，而且给当代影视创作和影视理论也带来了始料未及的新变化和新挑战。数字技术的日渐成熟，使得影像的创作拥有无限可能。在数字视频作品的制作中，特技与合成已经成为丰富画面表现形式、增强可视性的重要手段。

7.1　特 技 概 述

7.1.1　特技的作用

顾名思义，特技就是特殊技巧的意思，它能给人以不同寻常的感觉。特殊的画面效果，来自于特殊的技巧，多半是利用特技摄影或后期画面加工而成的。

所谓特技摄影就是运用特殊的技法进行拍摄，得到让人意想不到的画面效果。20 世纪初，在乔治・梅里爱无意中把摄影机摇到相反的方向拍摄出了意料不到的画面效果之后，特技摄影技术就开始了。人们先是在摄影机上打主意，找到了倒拍、逐格拍摄等方法，随后又在后期制作中创新，采用了多次曝光、叠、划、化、透视合成、影幕合成及活动遮片法等方法，逐步建立了模型摄影。另外，又有专用的摄影棚、各种特技道具等，使特技摄影具备了更强的艺术表现力。

影视特技范围是相当广泛的，从简单的字幕叠入，到复杂的数码特技、计算机特技等，都是影视特技。在视频制作中，特技的运用越来越普及和多样化。使用特技的目的，是想尽一切办法将一切“不可能实际拍摄”的画面变成可能，把编剧、导演、摄影师、美工等节目制作人员的创作意图真实、形象地表现出来。

20 世纪 80 年代，计算机技术、数字电路技术与电视工程技术的结合，产生了优异的电视制作系统。如数码特技，其使画面特殊效果变化万千、新颖别致，丰富和开拓了节目制作者的艺术创造能力。

计算机与数字技术的不断发展，使得在影视制作中可以不受限制地预先设置大规模的场景并随意组合，隐去画面中不需要的东西和声音，甚至还可以创造新的角色。如抹去演员身上的保险带，使演员在陡峭的山崖上轻如猿臂，如履平地，身上没有半点碍眼之物。再如抹去画面上的灰尘、蒸汽、电线、阴影和闲杂人员，使景色更加清晰宜人，甚至还可以在画面上加入别处的景物。

具体地说，特技有以下几方面的作用。

（1）加入字幕和时间标志，能对屏幕上的部分画面起强调作用，突出提示。

（2）增强信息传播效果。节目中涉及的重要的对比性数据，仅靠播音给人印象不深，充分利用图文创作系统，将有关数据制成图表、闪动的数字、运动的箭头或高低变化的彩色图柱叠印在相关画面上，可以达到直观生动的效果。

（3）改变画面的节奏，扩展或压缩运动的持续时间。即加快或放慢运动的速度，以产生抒情或喜剧效果等。

（4）进行画面的意境创新，改变画面的构成，将图像组合成新的整体结构，伴随着翻转、移动、缩放、旋转等多种运动形式及光与色彩的变化，给观众以超现实的、奇幻美妙的视觉感受和丰富的联想。

（5）特技制作，形成了一套独特的画面语言，扩大了画面的表现力，使画面的表达越来越细腻。例如，影片《泰坦尼克号》中的超常规拉镜头 TD35，就是从站在船头的主人公杰克开始，围绕船体从船头到船尾向后拉开了两三公里，不仅展示了泰坦尼克号的磅礴气势，更为影片平添了几笔浪漫色彩。尽管这个镜头在原理上可以用飞机航拍完成，但是要达到如此平滑均匀的运动轨迹，几乎是不可能的事。

（6）以假代真、以假乱真，可以做到天衣无缝，消除或减轻制作工作中的危险性。可以节省大量资金，缩短制作周期。例如，在影片《阿甘正传》中，20 世纪 90 年代的汤姆·汉克斯与 60 年代的肯尼迪总统在白宫握手，如图 7.1 所示；在 20 世纪 70 年代作为美国乒乓球明星队员访问中国，又得到了尼克松总统的接见。观众在观看影片时，虽然知道这些并没有真实发生过，但在观众看来，数字技术产生的画面却足以“真实地”再现那一段段历史。又如该片中阿甘参加林肯纪念堂前的 5 万人反战集会，实际上是由 1000 多名群众演员的示威场面复制而成的，如图 7.2 所示。

图 7.1　影片《阿甘正传》中阿甘与肯尼迪握手

图 7.2　影片《阿甘正传》中反战集会的人群也是数字特技的产物

（7）具有创造性和修补性，可展示人们从未去过的地方，或者从未见过的东西。例如，斯皮尔伯格导演的著名影片《侏罗纪公园》就充分展示了数字特技的巨大创造力——恐龙复活的奇迹向人们展示了银幕空间所蕴含的无限可能，如图 7.3 所示。又如在影片《珍珠港》中，日军轰炸珍珠港时，有一个镜头仿佛是摄影机跟着一枚飞机投下的炸弹同速下降拍摄，直到落地爆炸。虽然画面做得非常逼真，但事实上这个镜头根本不可能通过实拍来完成，而只能通过数字技术来解决。

图 7.3　影片《侏罗纪公园》中使恐龙复活的奇迹成为现实

7.1.2　特技的种类

1. 光学特技

利用特殊效果镜头，可以得到一些特技画面，如简单实用的幻象镜头、中心聚焦镜头，文艺晚会中常常用到的星光镜、十字镜、柔光镜等。另外，通过照明手段也能获得引人入胜的效果。将电光、色彩和阴影三者有机地组合起来，可以烘托场面气氛，使节目内容、形式更加吸引人。

背景屏幕的投影，用投影仪把幻灯片，或者硬纸片、塑料块等剪成所需的背景图像，投影到背景屏幕上能很好地使演员与背景结合，演播室的节目常常用这种办法。也有利用光源形成效果的，如利用电路控制光源，按时间、情节或音乐节奏变化，使光源呈现闪光的效果，能控制光照的方向和区域，这种方法大多用于大型舞台演出等。光学特技效果比不上电子特技又快又好，但在某些情况下也是十分有效的。

2. 机械特技

机械特技效果是建立在模型摄影和特技道具上的，常常在影视剧的制作中使用。要求真实可信，而且制作和操作都要简单。最常见的是雨、雪、雾、风、烟、火、闪电和爆炸。如雪就是利用喷雪器将雪喷在镜头的前面，使演员身上披满雪花（塑料雪或肥皂片）。机械特技效果的制作办法很多，当然这要视作品的内容及制作能力而行。

3. 模拟特技

电子特技中的模拟特技是指直接利用模拟电视信号来实现特技效果，它只能是各个信号之间的相互取代，整个画面的尺寸、形状、方向和位置等是不能随意改变的。例如，最基本的电视特技切换、淡出淡入、溶出溶入等，就是通过对电视视频信号的处理而获得的。键控特技也是如此。

4. 数字特技

数字特技是通过数字技术手段制作特殊的画面视觉效果。它通常是利用计算机制作相应的静帧、二维动画或三维动画画面，然后在数字合成软件中将这些画面与经过处理的实拍影像组合在一起，形成一个有机整体。

7.1.3 有附加技巧的镜头连接

用特技方式连接镜头是画面语言的基本表现手段之一，也是蒙太奇结构中的重要组成部分。不同的特技方式将产生不同的视觉心理效果，它直接关系到影视时空的变化、场景转换的力度、画面内涵的拓展等一系列蒙太奇语言的准确度，并且对观众的视觉感受、审美感知及叙述风格都产生一定的影响。

特技的形式丰富多样，其中最基本的模拟信号特技方式包括淡、化、划、键等。

1. 淡（Fade）

画面逐渐消失或者从黑暗中逐渐显示出来的变化过程称为“淡”。

一个画面由明亮逐渐转暗，直到完全消失于黑暗中，叫作“淡出”、“渐隐”（Fade-out），或者称为“转黑”。相反，画面从黑暗中逐渐显现出来叫作“淡入”，或称为“渐显”（Fade-in）。用图形来描述这种变化过程，分别如图 7.4 和图 7.5 所示。

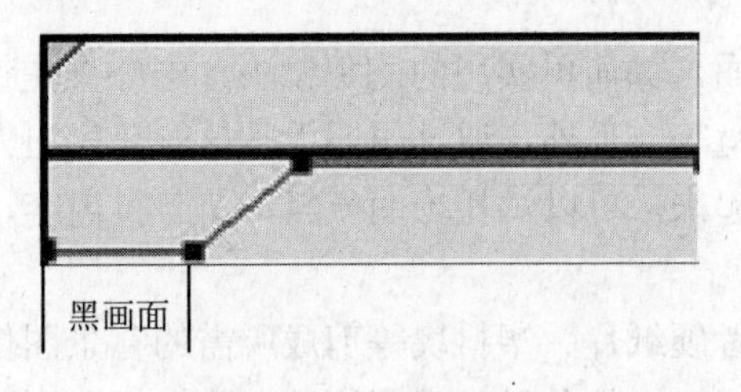

图 7.4 淡入（渐显）

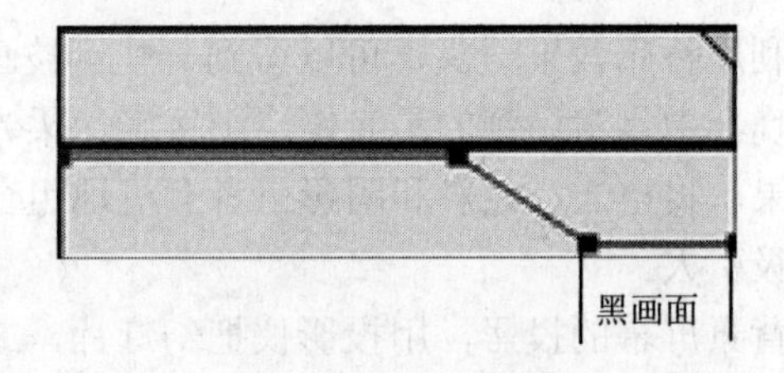

图 7.5 淡出（渐隐）

切是镜头之间的瞬间转换和连接，而淡则是一种缓慢的、渐变的转换过程。屏幕上出现的黑画面，不管是长还是短，都给人造成了视觉上的间歇，使人产生一种明显的段落感。其渐隐、渐显的时间可以根据内容需要来掌握长度。

淡入一般用于段落或全片开始的第一个镜头，引领观众逐渐进入；反之，淡出常用于段落或全片的最后一个镜头，可以激发观众的回味。通常，淡入、淡出连在一起使用，对于编辑而言，这是最便利也是运用最普遍的段落转场手段。

2. 化（溶，即 Dissolve）与叠（Superimposition）

将前后两个镜头的淡出和淡入过程重叠在一起便形成了“化”。即在前一个画面逐渐消失的同时，后一个画面逐渐显现出来，直至完全替代前一个画面的过程就叫作“化”，或称为“溶”和“慢转换”。在这个转换过程中，前一个画面的逐渐消失称为“化出”（Dissolve out）；后一个画面的逐渐显现称为“化入”（Dissolve in），如图 7.6 所示。

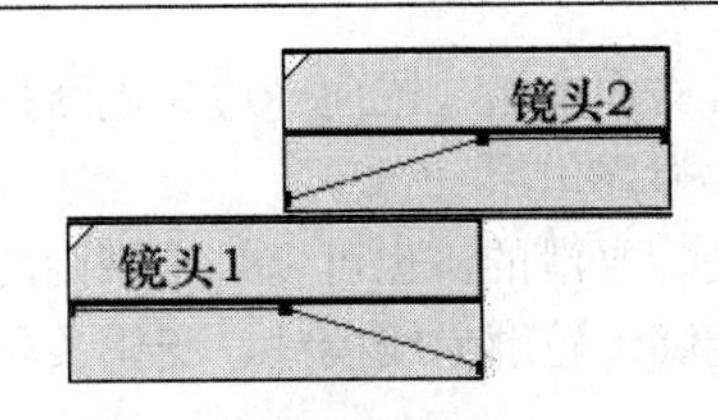

图 7.6　化（溶）

“化”也是一种缓慢的渐变过程。使得画面之间的转换显得非常流畅、自然、柔和，给人以舒适、平和的感觉。“化”的速度同样可以根据内容和节奏的需要来确定和掌握。“化”一般在以下场合中使用。

（1）表现明显的空间转换和时间过渡。例如，影片中从某人儿时的形象到年轻时的形象，以人的变化暗示了时间的推移、人的成长。又如，要表现一个剧团做巡回演出，只需把几个带有不同区域特征的镜头及演出片段、海报等叠化在一起，就可以使观众感受到剧团走遍各地，既简化了时空转换过程又避免了切换的跳跃感。

例如，在影片《我的父亲母亲》中有这样一个片段，为了表现年轻时代的母亲每天变着花样地给当“教书先生”的父亲送饭，镜头的拍摄角度、景别、构图方式等均没有变化，变化的只是木凳上每天不同的饭菜和来了又去的身影。由于镜头中绝大部分元素都非常相似，切换镜头视觉跳动感强，所以用叠化就很好地体现出了日复一日的效果。

（2）表现段落的转换。与“淡出、淡入”相比，“化”表现的时空跨度较小一些。把两种技巧用在同一节目中时，可以用“淡”分隔大的内容段落，而用“化”来分隔、连接小段落。

（3）创造意境。把一系列有特定内涵的画面连续“化”，形成情感的积累效果，创造出某种意境，借以抒情。

（4）表现事物之间的联系或对比。由于两个画面形象在一段时间内重合，所以显示了二者之间有一种较为密切的联系。这正是作者的创作意图所在，通过精心选择的两个画面的叠化，形成对比、象征、比喻、讽刺等不同的寓意。

（5）使过渡舒缓、流畅。由于前一个画面的消失和后一个画面的出现都有一个渐变过程，所以使人们对即将消失和即将出现的形象有心理准备，容易接受这种变化。另外，由于画面的重叠，减弱了色调反差，从而减小了对视觉的冲击。如用一系列镜头连续表现同一主题时，用叠化可以减弱镜头的跳跃感。另外，多机拍摄表现运动时，用叠化会显得自然、连贯，更具魅力。有时拍摄造成的镜头“不接”，如镜头间景别、角度变化不明显，影调、色调不一致等，在迫不得已时，均可用叠化进行弥补。

如果将两个画面化出、化入中间相叠的过程固定并延续下去，则可得到重叠的效果，叫作“叠”（Superimposition）。“叠”可以强调重叠画面内容之间的并列关系。比如，一个女孩孤独地走在田间小道的镜头与乡间小学书声琅琅的全景长时间的叠化，那么在女孩和学校之间就建立了一种蒙太奇关系，激发人们的联想。

3. 划（Wipe）与分割屏幕（Split Screen）

一幅画面逐渐被另一幅画面划动分割，直至被取代的转换过程称为“划”。相对前一个画面来说是“划出”（Wipe out），而对后一个画面则是“划入”（Wipe in）。

“划”根据画面的退出方向及出现方式不同，可以有多样化的具体样式。其中最简单的是水平方向或垂直方向的“划”，恰似舞台上的拉幕效果。一幅画面好似幕布，而另一幅画面则如同舞台上布置的场景，幕布向两边（或向一边）逐渐拉开，或者向上逐渐升起时，便看到了部分场景，直至场景全部显露出来。

划变图形的边缘可以是规则、平滑的，也可以是不规则的。其边缘轮廓能够非常鲜明，而且能做勾边、加边处理；也能够使轮廓界线模糊、变化柔和。另外，划的初始位置也可以自由设定。

“划”的转换和“淡”、“化”一样，是人眼能看到的画面渐变过程，但是比“淡”与“化”更为利落。“划”的速度同样可以调整与控制。

当两个画面或多个画面在划变的过程中停止在某一个中间位置时，便能得到“分割屏幕”（Split Screen）的效果。利用屏幕分割，可以同时表现以下场景。

（1）不同地点发生的各个事件之间的联系。

（2）两个或多个人物的形态或行为的比较。

（3）事件发展的前后或人、动植物的生长过程的前后比较。

（4）以不同的观点看待同一事物的比较。

（5）以不同的视点观察事物的全貌和局部细节以突出事物中的特殊信息。

（6）与图像相配的字幕。

4. 键

键控特技是一种分割电视屏幕的画面效果。其分界线多为不规则的形状，如文字、符号、复杂图形或自然景物等。两个画面被镶嵌在一起，也称为“抠像”特技。键控特技包括自键、外键和色键。

（1）自键。自键是以参与键控的某一图像的亮度信号作为信号进行组合画面的。由于取决于亮度信号，所以做键信号的这一图像最好为黑白的，常常为黑底上的白字或图形，当然也可以获得相反的图像效果。自键常用于黑白字幕及图形的嵌入。

（2）外键。外键的键信号不是由参与键控特技的两路图像信号所提供的，而是利用第三种图像信号的亮度电平作为键信号进行组合画面。外键特技常用于彩色字幕的嵌入。

（3）色键。色键是指利用参与键控特技的两路图像信号的一路信号中的任一彩色作为键信号来分割和组合画面。事实上，可以选择任何颜色作为色键信号，无论选择了什么颜色，合成画面中将不再出现此色，因此稍不注意就会出现人体“透”了（有洞）或杯子“空”了等现象，如果不是有意要求这种效果，那就是失误了。

在使用色键时要注意：光照要均匀，键电平调节要恰当；人物不要离蓝幕太近，蓝幕本身应避免强光照射；人物的阴影不要落在蓝幕或蓝色地板上；前景中避免过细的线条，可以添加轮廓光。色键特技是电视台使用最多的特技之一，使新闻联播、专题节目、座谈节目等播音员可以与遥远的外景画面重叠于一起。歌唱节目、神话电视剧等，都大量地使用了色键，形成腾云驾雾、仙法妖术等奇妙的画面。

7.2 数字特技

7.2.1 概述

非线性编辑、电脑动画及各类图像制作软件，给人们带来了新的视觉样式，也使编辑手段发生了变革。技术进步为艺术表现带来了无限丰富的可能性。数字特技可以将来自任何视频源的视频信号，如现场摄像机提供的、已录好的资料及幻灯胶片等转换成数字信号，然后进行各种各样的变形复制，产生奇特的视觉效果。

数字特技改变了传统画面的组合方式，甚至在某种程度上改变了“剪辑”的概念和传统时空转换的手段。电视画面不再是一个接一个的线性组合，而是在一个连续画面中多个场景的集合，转场技巧因此有了突破性变革。

数字特技效果包括二维数字特技和三维数字特技。二维数字特技所实现的图像变化和运动仅在 *X-Y* 平面上完成，在反映深度的 *Z* 轴上并无透视效果；三维数字特技则能使图像在围绕某个参照物旋转的同时产生远近变化的透视感，从而使图像呈现立体感。

7.2.2 数字视频合成软件 After Effects 简介

After Effects 是 Adobe 公司推出的一款数字视频合成软件，在视频特效制作中应用非常广泛。利用它可以将静帧、二维动画、三维动画、实拍影像完美地结合在一起，制作出所需的特殊效果。无论是电视节目的片头、片尾及广告宣传片的制作，还是形式丰富、内容新颖的时空转换、字幕制作，After Effects 都大有用武之地。

After Effects 是一种基于图层操作的合成软件。通常是在多轨的图层视窗内通过图层的叠加，为图层添加特效来进行图像的合成制作。其优点是图层的层次关系一目了然，便于使用者学习掌握，时间关系明确。

下面是关于 After Effects 的使用简介。

1. 工作界面

After Effects 的工作界面如图 7.7 所示。其中“项目”窗口用于素材的导入与管理；“时间线”窗口以时间顺序方式和图层方式显示视频影像；“合成”窗口用于显示图像的合成效果；“工具”面板包括时间控制、音频、信息等常用工具，用于影片的各种控制。

图 7.7 After Effects 的工作界面

2. 创建新合成项目（Project）

选择“文件”→“新建”→“新建项目”命令，创建新的项目，这时会弹出没有素材的“项目”窗口。

3. 导入各种素材文件

选择“文件”→“导入”→“文件”命令在“项目”窗口中导入所需的素材，导入的素材可以是静止的矢量图形和位图图像，也可以是运动的图像序列文件、视频文件和声音文件等。

4. 新建一个合成（Composition）

选择“合成”→“新建合成”命令，将打开“合成设置”对话框。对话框中的各选项设置如下。

“合成名称”文本框：是建立的合成项目的名称。

“基本”选项卡：如图 7.8 所示，其中各选项的含义如下。

- “预设”：预设文件格式，如 PAL Dl/DV，720×576 是我国电视的标准。
- “宽度”：文件的宽度像素值。
- “高度”：文件的高度像素值。
- “像素长宽比”：像素长宽比，如 D1/DVPAL（1.09）。
- “帧速率”：如 25 表示帧速率为每秒 25 帧。
- “分辨率”：画面分辨率，如“完整分辨率”。
- “开始时间码”：起始时间。
- “持续时间”：视频长度。

“高级”选项卡，如图 7.9 所示，各选项的含义如下。

- “渲染插件”：一般选择高级 3D，以保证三维效果的正确显示。
- “选项”：用于设置层合并时，合成与帧速率及分辨率是否一致。
- “快门角度”和“快门相位”：影响动态模糊的效果。

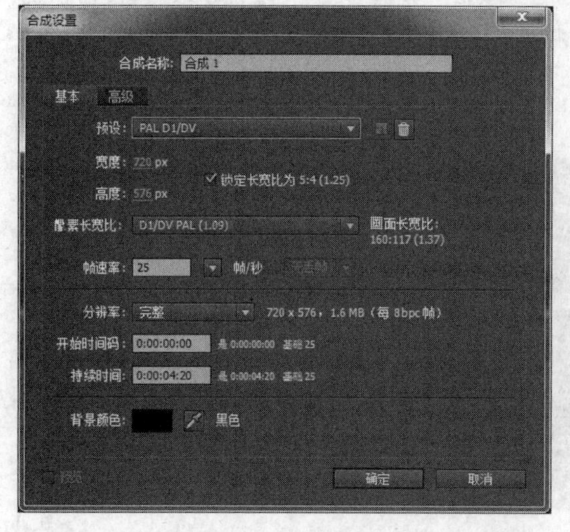

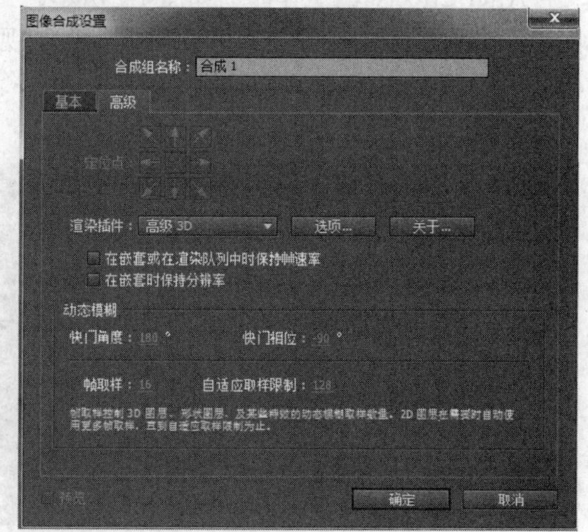

图 7.8　“合成设置”对话框的“基本”选项卡　　图 7.9　“合成设置”对话框的“高级”选项卡

5. 在合成中添加素材

从“项目”窗口中拖动素材或文件夹到“时间线”窗口，这时导入的素材将被加入到“合成”窗口。

6. 改变图层的排列顺序

在合成中新添加的素材成为一个新图层，新增加的图层排列在已有层的顶部。“时间线”窗口顶部的层在“合成”窗口中也是最前面的层。对应于素材的前后关系，改变“时间线”窗口中层的顺序将改变合成图像的显示。可以通过在“时间线”窗口上下拖动素材，来改变各层之间的排列顺序。

7. 修剪素材

修剪素材就是改变素材层在合成图像中的入点和出点，双击“时间线”窗口中要修剪的素材层，将弹出该素材的“层”窗口，移动时间标尺到入点位置，单击入点图标，设定素材的入点；移动时间标尺到出点位置，单击出点图标，设定素材的出点，如图 7.10 所示。

图 7.10　修剪素材

8. 使用蒙版①（Mask）

要在 After Effects 中对层做局部透明处理时，可以使用蒙版（Mask），蒙版属于指定的层，是一个矢量路径或轮廓图，用于修改该层的 Alpha 通道，每个层可以有 127 个蒙版。

蒙版（Mask）的创建方法如下。

（1）在“时间线”窗口双击要添加蒙版的层，打开该素材的“层”窗口。

（2）选择“工具”面板中的相应工具。

- ：钢笔工具，可用于绘制任何形状的蒙版。
- ：矩形蒙版工具，用于绘制矩形蒙版。
- ：椭圆蒙版工具，用于绘制椭圆形蒙版。

（3）在素材的“层”窗口中绘制不同形状的蒙版。蒙版是由线段和控制点构成的路径，线段是连接两个控制点的直线或曲线，控制点定义了每条线段的开始点和结束点。如图 7.11 所示为几种不同形状的蒙版。

① 蒙版，也称为遮罩。

（4）单击选择工具按钮，选择蒙版路径曲线上的控制点，移动控制点的位置，可以改变蒙版的形状，也可以通过拖动控制点两侧的方向线句柄来调节蒙版路径曲线形状。

（5）设置蒙版边缘羽化。选择图层，按两下“M”键就可以详细地调节关于蒙版的羽化属性，如图 7.12 所示。

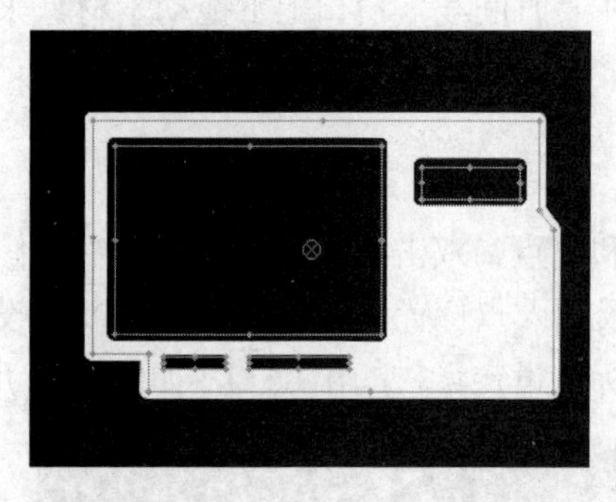

图 7.11　几种不同形状的蒙版

图 7.12　调节蒙版羽化值

9. 调整层的变换属性

在“时间线”窗口中单击层名左边的三角形图标使其箭头向下，展开该层的轮廓图。如图 7.13 所示为层的“变换”属性，包括以下几项。

- 定位点：图层的中心位置。
- 位置：图层在“合成”窗口中的位置。
- 缩放：图层的大小。
- 旋转角度：图层以定位点为中心的旋转角度。
- 透明度：图层的透明度。

在变换参数输入区，输入数值或单击数字后左右拖动，改变其数值，从而改变相关属性，如图 7.14 所示。

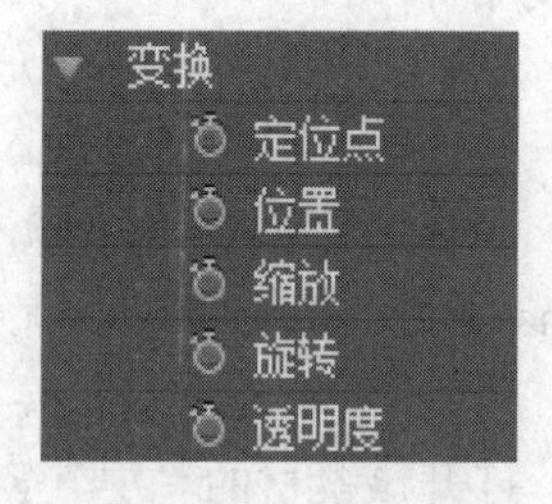

图 7.13　层的“变换”属性

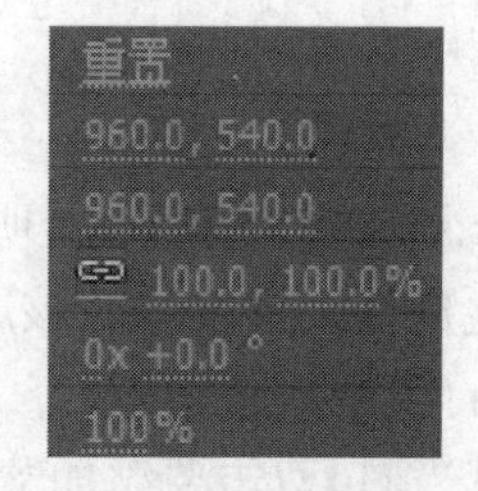

图 7.14　变换参数输入区

10. 设置层属性的关键帧动画

After Effects 使用关键帧创建和控制动画，关键帧标记着层属性某时刻的参数设定值。关键帧动画至少需要两个关键帧，软件通过在两个关键帧之间做插值运算产生中间动画，通过设置层属性的关键帧动画，可以实现层属性参数的动态变化。

在任何时间点上都可以对层属性设置关键帧，可以移动、删除关键帧或改变关键帧的属性值或插值方法。

设置层属性关键帧的步骤如下。

（1）在“时间线”窗口中选择要设置关键帧动画的层，显示该层要设置动画的层属性。

（2）移动当前时间指针到要增加关键帧的位置。

（3）在变换参数输入区，设置该时刻的属性值。

（4）单击属性名称旁边的码表按钮激活它，在当前时间为该属性设置了一个关键帧，如图 7.15 所示是为图层的缩放属性设置了第一个关键帧。

图 7.15　为图层的缩放属性设定第一个关键帧

（5）移动当前时间指针到下一个要添加关键帧的位置，按同样的方法设置层属性。

11. 预览动画

单击如图 7.16 所示的“时间控制”面板上的 RAM 预览按钮，这时会在计算机的可用内存中自动生成工作区内的合成，生成完毕后，实时播放动画效果。

12. 为层添加特效

After Effects 的特效可以应用到层，能够调整素材的亮色变化，增添图像的艺术化处理效果，制作动画字幕，添加声音特效，产生奇特的场景过渡等效果。最重要的一点是，各种特效参数可以随时间变化，制作关键帧动画。

特效的使用方法如下。

（1）在“时间线”窗口或“合成”窗口中选择要添加特效的层。

（2）打开“效果”菜单，选择一个特效。

（3）在弹出的“效果控件”面板中，调节特效的参数，如图 7.17 所示。“效果控件”面板中包含修改特效属性的各种控制，这些控制主要包括滑块、选项、色板、滤镜点、角度及其他调节值的控制。

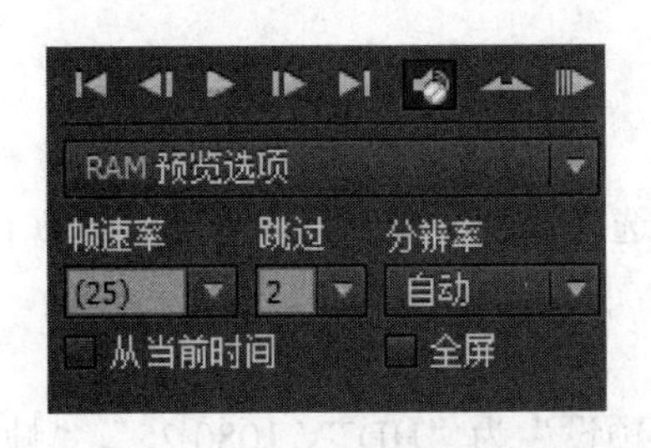

图 7.16　“时间控制”面板

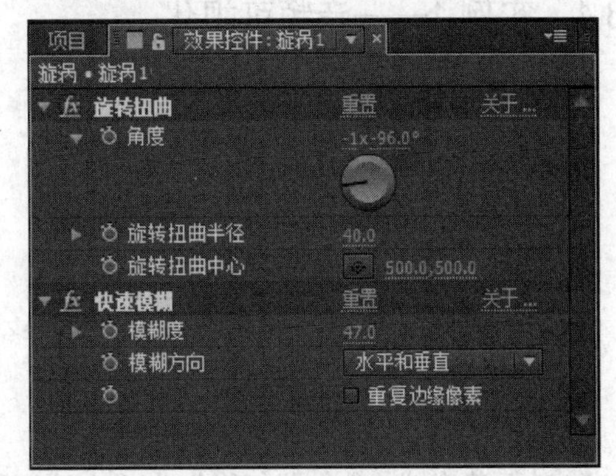

图 7.17　“效果控件”面板

（4）特效的参数变化可以设定为关键帧。

After Effects 的特效以插件（PlugIn）的形式存在，软件的内置特效种类众多，利用它们可以制作多彩的视觉效果。如果安装了外挂插件，“效果”菜单中还会出现更多命令，这些特效可以进一步增强 After Effects 的制作能力。

13. 添加其他图层

按照镜头合成的时间顺序和层次，在“时间线”窗口中依次添加其他图层，并做相应的处理即可。方法和前面介绍的一样。

14. 设定渲染参数

选择“合成”→“制作影片”命令，将本次合成加入到渲染队列中，“渲染队列”对话框如图 7.18 所示。

图 7.18　“渲染队列”对话框

15. 保存项目文件

渲染设置完毕后，选择“文件”→“存储为”命令保存项目文件，项目文件的扩展名为.aep。

16. 渲染输出最终影片

渲染参数设定完毕后，单击“渲染”按钮，系统便开始渲染输出。

7.3　After Effects 后期合成实例

7.3.1　实例 1——音频可视化

1. 效果说明

本例实现音频的可视化效果。

2. 操作要点

本例主要练习图层的创建、合并、重命名、混合模式选择等相关操作，实现音频可视化。

3. 操作步骤

（1）新建合成，“合成名称”为“合成 1”，确定其“预设”为“HDTV 1080 25”，“帧速率”为“25”，将“持续时间”设定为“00:00:15:05”，如图 7.19 所示。

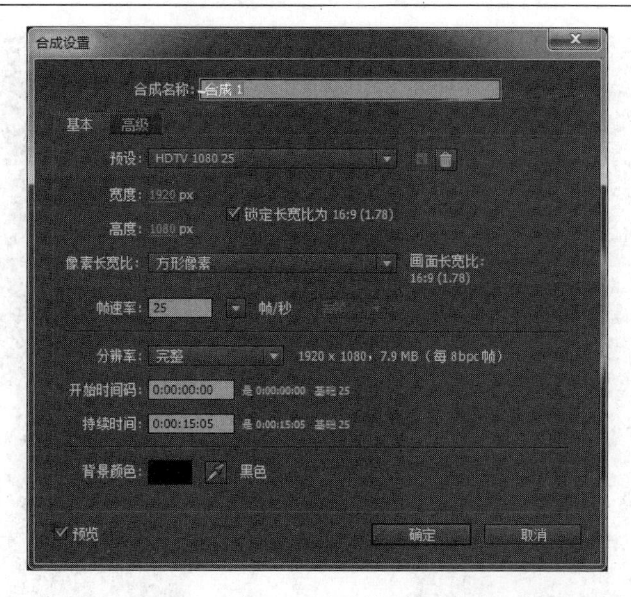

图 7.19　合成设置

（2）双击“项目”窗口，导入“音效.mp3”素材，将“音效.mp3”素材拖至“合成”窗口。

（3）在“合成”窗口右击鼠标，在弹出的快捷菜单中选择“新建”→“纯色…”命令，新建一个颜色为黑色的图层，此时在“时间线”窗口中会出现一个名为“黑色 纯色 1”的图层。选择“黑色 纯色 1”图层，单击工具栏中的矩形工具按钮，选择椭圆工具，按住“Shift”键并在“合成”窗口中拖动鼠标，绘制如图 7.20 所示大小的圆形蒙版。在“时间线”窗口中将“蒙版”的叠加方式改为“无”。

图 7.20　修改蒙版叠加方式

（4）在“合成”窗口中选择圆形蒙版并右击鼠标，在弹出的快捷菜单中选择“效果”→“生成”→“音频频谱”命令，在打开的“效果控件”窗口中将“音频层”改为“音效.mp3”，“路径”改为“蒙版 1”，“起始频率”为“1.0”，“结束频率”为“201.0”，“频段”为“136”，“最大高度”为“1130”，“厚度”为“5”，“内部颜色”和“外部颜色”改为白色，“面选项”为“B 面”，如图 7.21 所示。

（5）在“时间线”窗口中选择“黑色 纯色 1”图层，按下“Ctrl+D”键复制图层，将其重命名为“黑色 纯色 2”。在“效果控件”窗口中将“最大高度”改为“1890”，“显示选项”改为“模拟频点”，如图 7.22 所示。

（6）选择“黑色 纯色 2”图层，按下“Ctrl+D”键进行复制，新图层被自动命名为“黑色 纯色 3”。按下“S”键，将图层的“缩放”改为“91%”，并在“效果控件”窗口中将“最大高度”改为“840”，“显示选项”为“数字”，“面选项”为“A 面”，如图 7.23 所示。

（7）选择“黑色 纯色 3”图层，按下“Ctrl+D”键进行复制，新图层被自动命名为“黑色 纯色 4”。 在“效果控件”窗口中将“显示选项”改为“模拟谱线”，如图 7.24 所示。

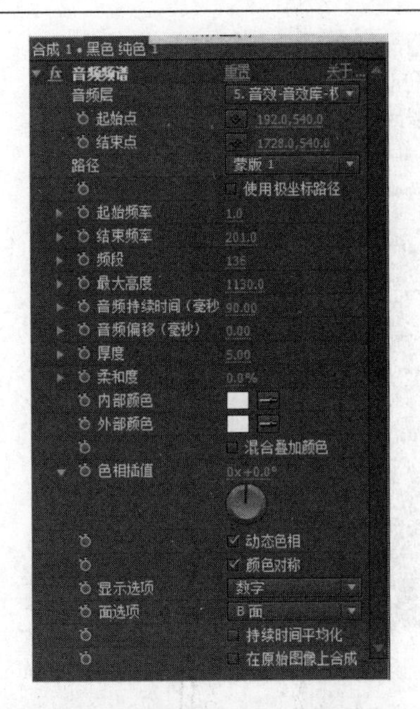

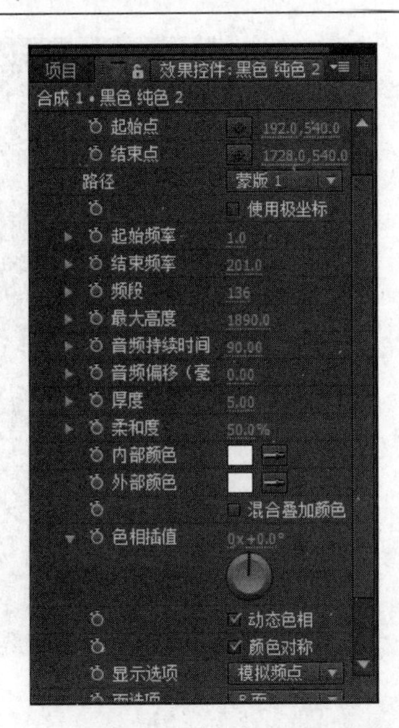

图 7.21　设置“黑色 纯色 1”图层的效果参数　　图 7.22　设置“黑色 纯色 2”图层的效果参数

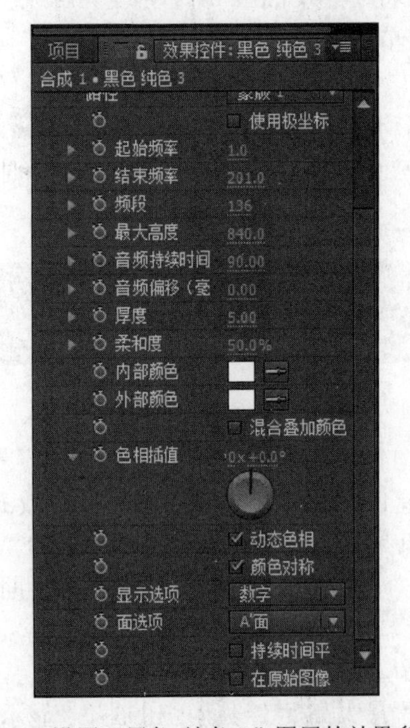

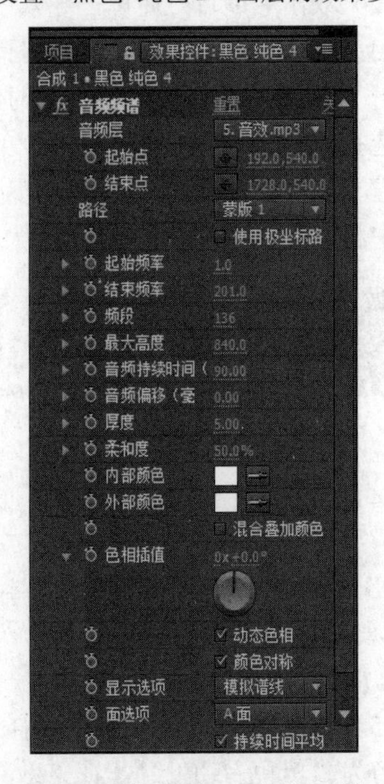

图 7.23　设置“黑色 纯色 3”图层的效果参数　　图 7.24　设置“黑色 纯色 4”图层的效果参数

（8）新建合成，将“合成名称”改为“合成 2”，预设为“HDTV 1080 25”，帧速率为“25”，持续时间为“00:00:15:05”，颜色任意。

（9）将“项目”窗口中的“音效.mp3”素材拖至“合成”窗口。

（10）选择“合成 1”中的“黑色 纯色 1”图层，复制到“合成 2”中。在“合成”窗口中选择“黑色 纯色 1”图层的圆形蒙版并右击鼠标，在弹出的快捷菜单中选择“效果”→“时间”→“残影”命令，在打开的“效果控件”窗口中将残影时间改为“-0.033”，残影数量为“12”，衰减为“0.6”，如图 7.25 所示。同时将其“音频频谱”效果中的“音频层”设为“音效.mp3”。

（11）选择“黑色 纯色 1”图层，按下“Ctrl+D”键复制图层，将其重命名为“黑色 纯色 2”。按下“S”键，将“缩放”改为 94%。在“效果控件”窗口中将“最大高度”改为“840”，“显示选项”改为“数字”，“面选项”改为“A 面”。将图层的“残影”效果删除，如图 7.26 所示。

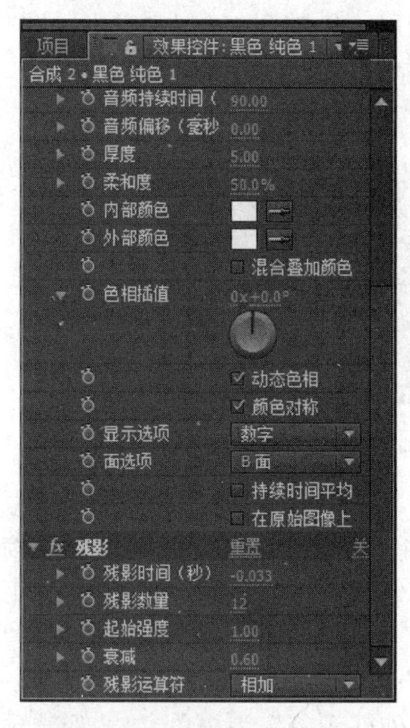

图 7.25　设置“黑色 纯色 1”图层残影参数

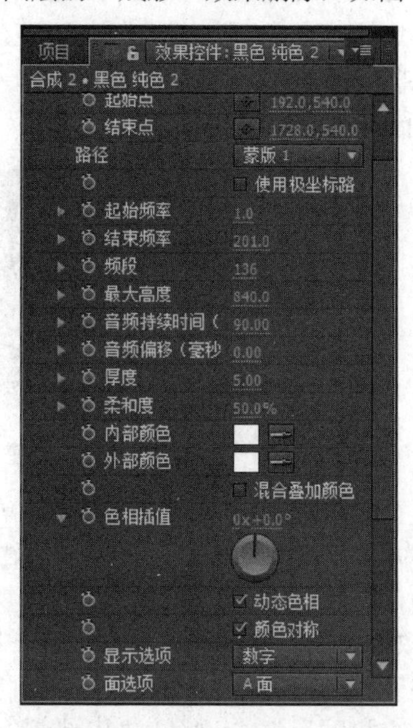

图 7.26 设置“黑色 纯色 2”图层效果参数

（12）选择“黑色 纯色 2”图层，按下“Ctrl+D”键复制，新图层被自动命名为“黑色 纯色 3”。在“效果控件”窗口中将“最大高度”改为“2030”，“厚度”改为“12”，“显示选项”改为“模拟频点”，“面选项”设为“A 面”，如图 7.27 所示。完成后“合成 2”的效果如图 7.28 所示。

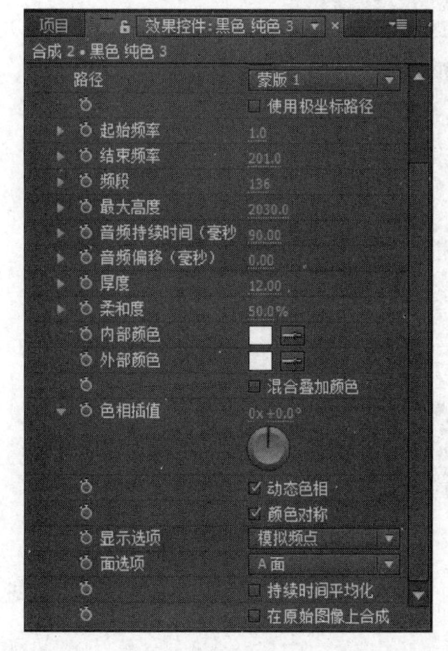

图 7.27　设置“黑色 纯色 3”图层效果参数

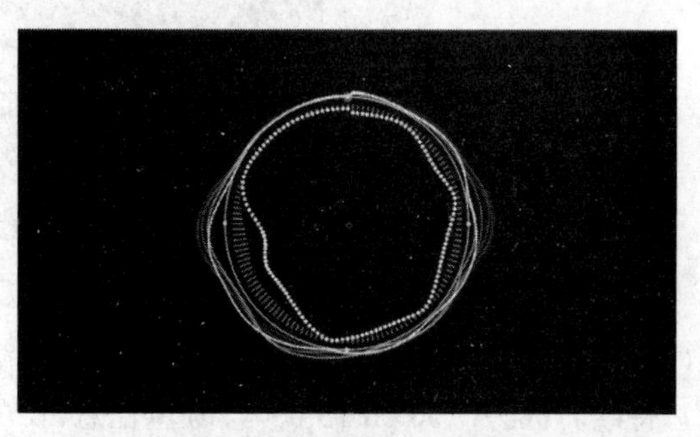

图 7.28　“合成 2”效果预览

（13）新建合成，将“合成名称”改为“合成 3”，预设为“HDTV 1080 25”，帧速率为“25”，持续时间为“00:00:15:05”，颜色任意。

（14）将“项目”窗口中的“音效.mp3”素材拖至“合成”窗口。

（15）选择“合成 2”中的“黑色 纯色 1”图层，复制到“合成 3”中。在“效果控件”窗口中将其“音频层”设为“音效.mp3”，“残影时间”改为 0.767，“残影数量”改为 8，“衰减”改为 1.0，如图 7.29 所示。

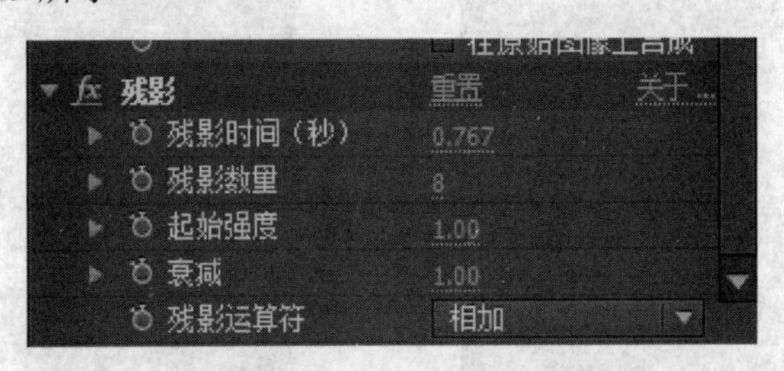

图 7.29　设置“黑色 纯色 3”残影参数

（16）在“时间线”窗口中选择“黑色 纯色 1”图层，按下“Ctrl+D”键复制图层，将其重命名为“黑色 纯色 2”。按下“S”键，将“缩放”改为 65%。在“合成”窗口中选中圆形蒙版并右击鼠标，在弹出的快捷菜单中选择“效果”→“生成”→“音频波形”命令，在打开的“效果控件”窗口中将原有的“音频频谱”和“残影”效果删除，设置“音频层”为“音效.mp3”，“路径”为“蒙版 1”，“显示的范例”为“188”，“最大高度”为“260”，“厚度”为“3”，“柔和度”为“50%”，“内部颜色”和“外部颜色”为白色，“波形选项”为“单声道”，“显示选项”为“数字”，如图 7.30 所示。

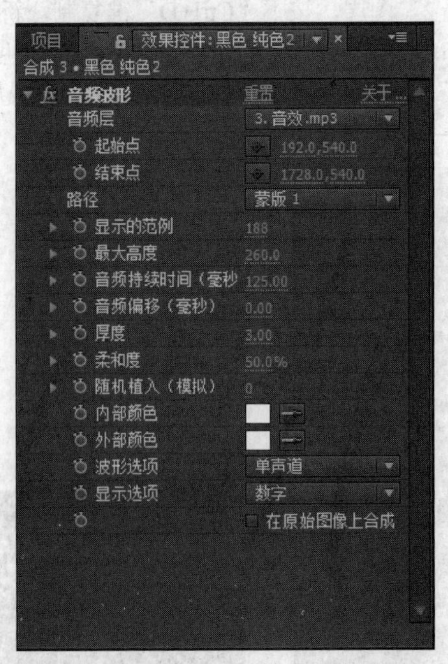

图 7.30　设置“黑色 纯色 2”图层效果参数

（17）新建合成，将“合成名称”改为“合成 4”，预设为“HDTV 1080 25”，帧速率为“25”，持续时间为“00:00:15:05”，颜色任意。

（18）选择“合成 1”中的“黑色 纯色 1”图层，复制到“合成 4”中。选择“黑色 纯色 1”

图层，在“合成”窗口中选择圆形蒙版并右击鼠标，在弹出的快捷菜单中选择“效果”→“生成”→“勾画”命令，在打开的“效果控件”窗口中，将“描边”设为“蒙版/路径”，片段设为“4”，“长度”设为“0.92”，“颜色”设为白色，“宽度”设为“15.5”，“硬度”设为“1”，如图 7.31 所示。按下“Alt”键并单击“旋转”前面的关键帧按钮，在打开的“时间线”窗口的“表达式：旋转”一栏中输入“time*-150”，如图 7.32 所示。

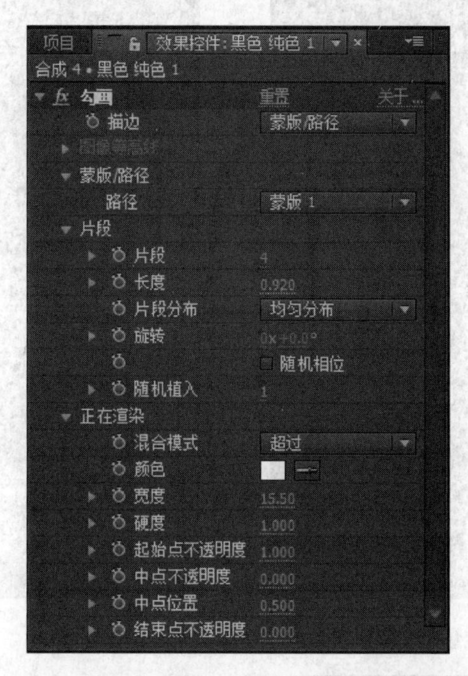

图 7.31　设置“黑色 纯色 1”图层效果参数

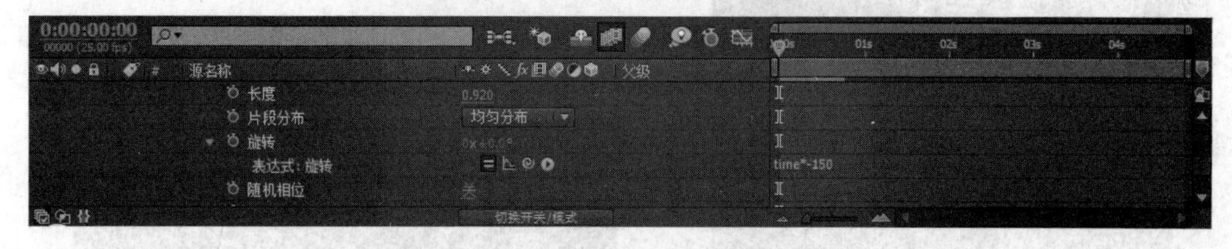

图 7.32　输入旋转的表达式

（19）选择“黑色 纯色 1”图层，按下“Ctrl+D”键复制图层，将其重命名为“黑色 纯色 2”。按下“S”键，将“缩放”改为“115%”。在“效果控件”窗口中将“片段”改为“11”，“长度”改为“0.75”，“宽度”改为“10.1”，如图 7.33 所示。

（20）选择“黑色 纯色 2”图层，按下“Ctrl+D”键复制图层，图层自动命名为“黑色 纯色 3”。按下“S”键，将“缩放”改为 85%。在“效果控件”窗口中将“片段”改为“8”，如图 7.34 所示。

（21）选择“黑色 纯色 3”图层，按下“Ctrl+D”键复制图层，图层自动命名为“黑色 纯色 4”。按下“S”键，将“缩放”改为 56%。在“效果控件”窗口中将“片段”改为“3”，“宽度”改为“23.3”，如图 7.35 所示。

（22）选择“黑色 纯色 4”图层，按下“Ctrl+D”键复制图层，图层自动命名为“黑色 纯色 5”。按下 S 键，将“缩放”改为 71%。在“合成”窗口中选择圆形蒙版并右击鼠标，在弹出的快捷菜单中选择“效果”→“生成”→“描边”命令，在打开的“效果控件”窗口中将“路径”设为“蒙版 1”，“颜色”设为“白色”，“画笔大小”设为“49.4”，“画笔硬度”设为“79%”，“起始”设为“0%”，“结束”设为“100%”，“间距”设为“97%”，“绘画样式”设为“在原始图像上”。删除原有的“勾画”效果，如图 7.36 所示。

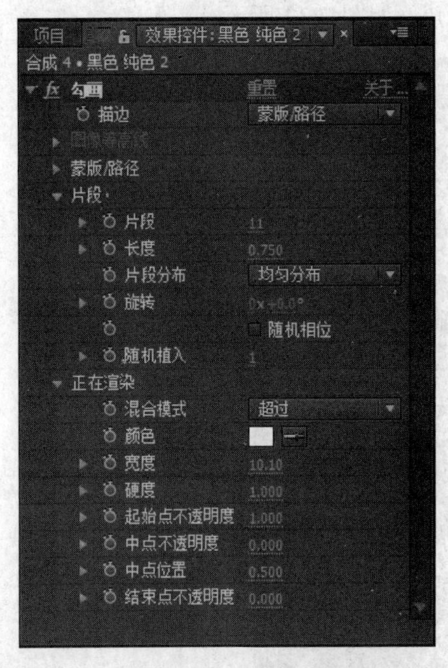

图 7.33　设置“黑色 纯色 2”图层参数

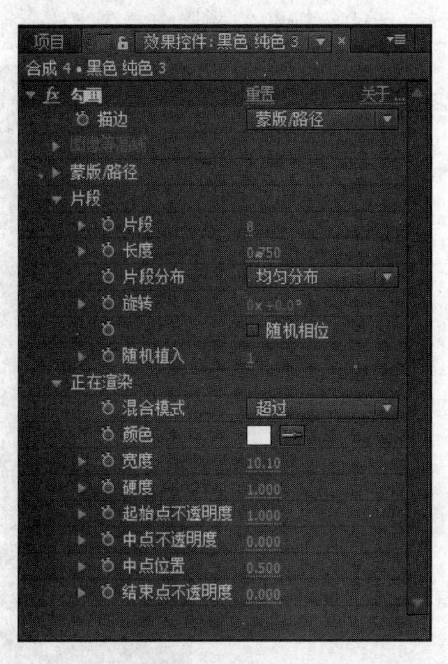

图 7.34　设置“黑色 纯色 3”图层参数

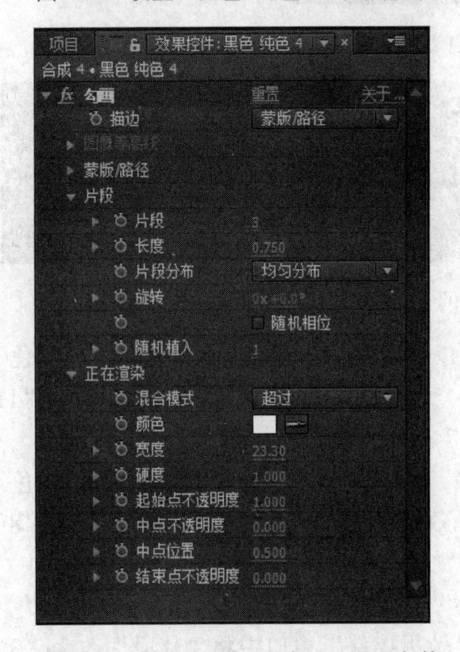

图 7.35　设置“黑色 纯色 4”图层参数

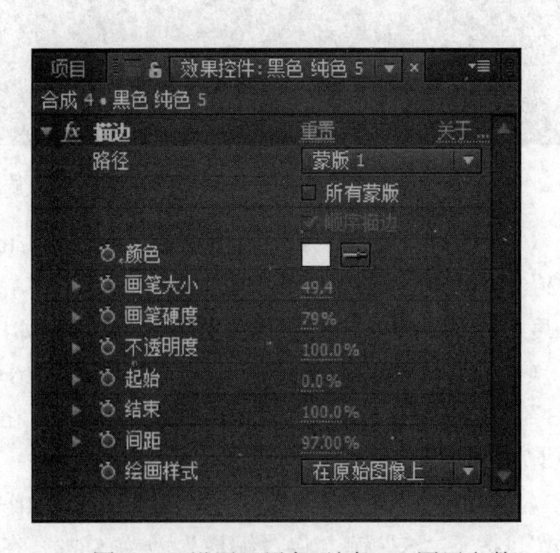

图 7.36　设置“黑色 纯色 5”图层参数

（23）选择“黑色 纯色 1”图层，按下“Ctrl+D”键复制图层，将图层重命名为“黑色 纯色 6”。将其移动到“时间线”窗口最上方。按下“S”键，将“缩放”改为 71%。在“效果控件”窗口中将“描边”设为“蒙版/路径”，片段设为“1”，“长度”设为“0.87”，“宽度”

设为“36”，“硬度”设为“1”，如图 7.37 所示。

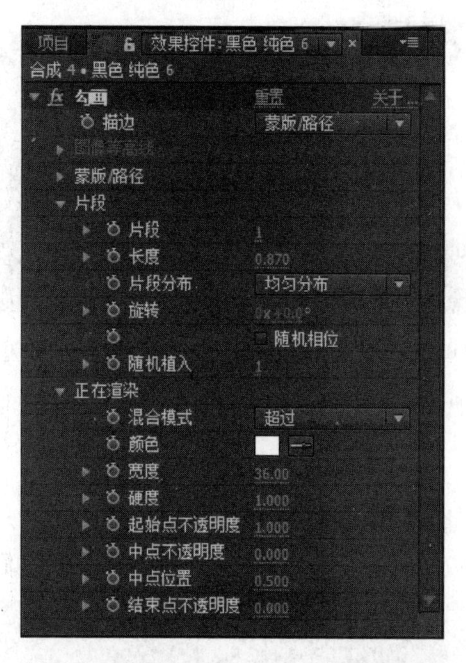

图 7.37　设置“黑色 纯色 6”图层参数

（24）单击“合成”窗口下方的 切换开关/模式 按钮，如图 7.38 所示，将“黑色 纯色 2”、“黑色 纯色 3”、“黑色 纯色 3”、“黑色 纯色 4”、“黑色 纯色 5”、“黑色 纯色 6”图层的“混合模式”全部改为“屏幕”，将“黑色 纯色 5”的“轨道遮罩”改为“亮度遮罩“黑色 纯色 6”。

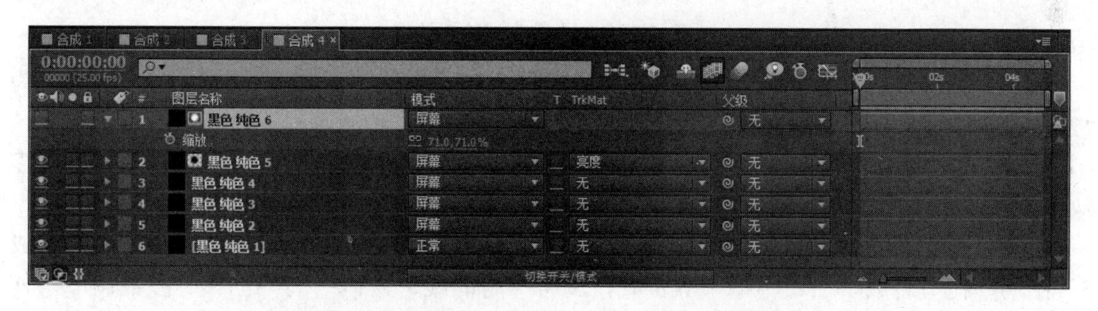

图 7.38　设置图层的“混合模式”和“轨道遮罩”

（25）新建合成，将“合成名称”改为“合成 5”，预设为“HDTV 1080 25”，帧速率为“25”，持续时间为“00:00:15:05”，颜色任意。

（26）单击工具栏的椭圆工具按钮，切换至圆角矩形工具，在“合成”窗口中拖动鼠标，画出一个圆角矩形，如图 7.39 所示。此时在“时间线”窗口中出现了一个名为“形状图层 1”的图层。单击工具栏上“填充”右边的色块，将色彩改为白色。

（27）在“时间线”窗口中选择“形状图层 1”，按下“Ctrl+D”键复制出一个“形状图层 2”。选择“形状图层 2”并右击鼠标，在弹出的快捷菜单中选择“效果”→“模糊和锐化”→“快速模糊”命令，在打开的“效果控件”窗口中将“模糊度”改为“54”，“模糊方向”设为“水平和垂直”，如图 7.40 所示。单击“合成”窗口下方的 切换开关/模式 按钮，将“形状图层 1”的“轨道遮罩”改为“亮度遮罩“形状图层 2”。

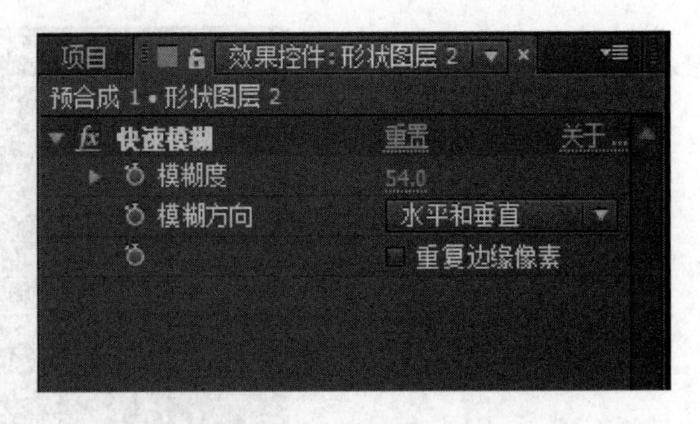

图 7.39　绘制圆角矩形　　　　图 7.40　设置“形状图层 2”参数

（28）选择两个形状图层并右击鼠标，在弹出的快捷菜单中选择“预合成”命令，在打开的对话框中单击“确定”按钮。

（29）在“时间线”窗口中单击“预合成 1”左边的三角形，再单击“变换”左边的三角形，调出“不透明度”选项，按下“Alt”键，单击“不透明度”左边的关键帧按钮，在“表达式：不透明度”一栏中输入“wiggle（5,50）”（5 为振幅，50 为频率），如图 7.41 所示。

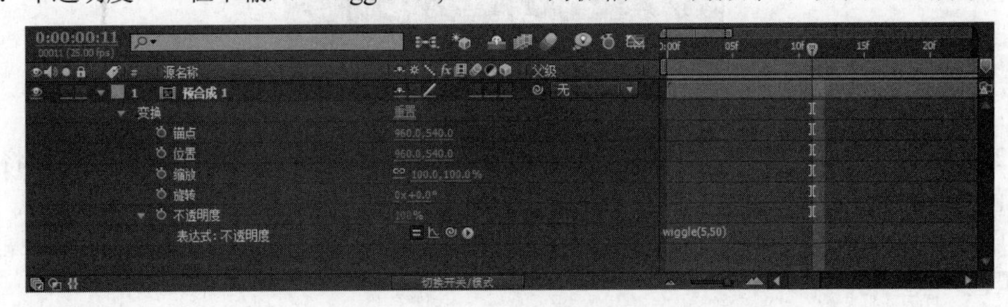

图 7.41　输入不透明度的表达式

（30）新建合成，将“合成名称”改为“合成 6”，预设为“HDTV 1080 25”，帧速率为“25”，持续时间为“00:00:15:05”，颜色任意。

（31）把“项目”窗口中的“合成 5”拖到“时间线”窗口，通过调整其“位置”和“缩放”值，使白色块显示如图 7.42 所示。

（32）在“时间线”窗口中选中“合成 5”图层，按下“Ctrl+D”键 3 次，复制 3 个“合成 5”图层，在“合成”窗口中调节其位置，配合“时间线”窗口中的“位置”参数调节，使最终显示效果如图 7.43 所示。

图 7.42　调节“合成 5”的位置　　　　图 7.43　调整四个“合成 5”后的效果

（33）选择菜单“图层”→“新建”→“调整图层”命令，新建一个调整图层。选择菜单“效果”→“扭曲”→“极坐标”命令，在打开的“效果控件”窗口中，将“插值”改为“100%”，“转换类型”改为“矩形到极线”，如图 7.44 所示。继续调整参数，使得完成后的效果如图 7.45 所示。

注意：为了实现图 7.45 的效果，可采用取消“缩放”值的横向纵向比例锁定，然后单独调整横向比例值，配合调整“锚点”值或调整“位置”值等方法。

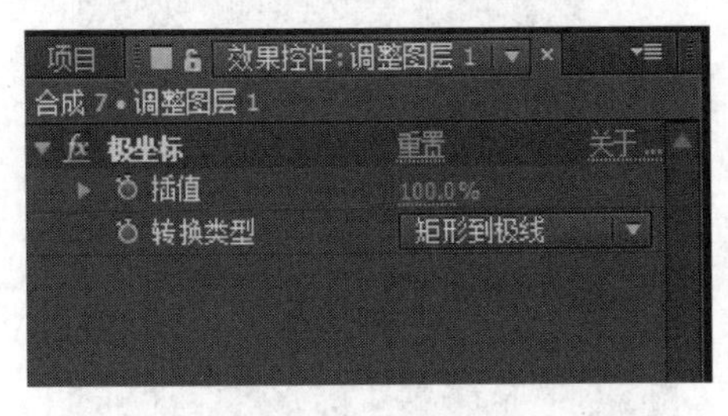

图 7.44　设置“调整图层 1”的参数

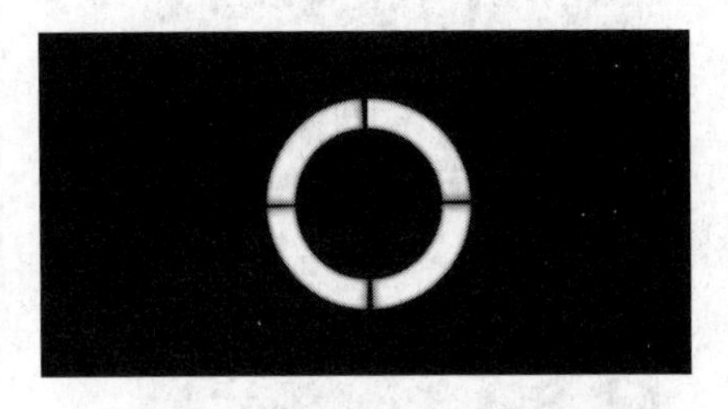

图 7.45　完成后的效果

（34）新建合成，将“合成名称”改为“合成 7”，预设为“HDTV 1080 25”，帧速率为“25”，持续时间为“00:00:15:05”，颜色任意。

（35）将“项目”窗口中的“合成 4”拖到“时间线”窗口，此时“时间线”窗口中出现了名为“合成 4”的图层。按下“S”键，将“合成 4”图层的“缩放”调整为“79%”。

（36）按“Ctrl+D”键复制一个“合成 4”，按下“S”键，将新图层的“缩放”调整为“29%”。

（37）选择菜单“图层”→“新建”→“调整图层”命令，新建一个调整图层。选择菜单“效果”→“模糊和锐化”→“CC Radial Blur”命令，将“Type”设置为“Fading Zoom”，“Amount”为“145”，“Quality”为“58.9”，“Center”为“960,540”，如图 7.46 所示。

（38）将“项目”窗口中的“合成 2”拖到“时间线”窗口最上层。选中“合成 2”图层，按“S”键将其“缩放”改为“99%”。用同样的方法将“合成 3”、“合成 1”、“合成 4”、“合成 4”导入“时间线”窗口，并分别将其“缩放”值改为“61%”、“11%”、“26%”和“42%”。将这几个图层的“混合模式”全部改为“屏幕”。

（39）按下“Ctrl+Alt+Y”键，新建调整图层，此时“时间线”窗口中出现了一个名为“调整图层 3”的图层。选择菜单“效果”→“风格化”→“发光”命令，在“效果控件”窗口中将其“发光阈值”设为“34.5%”，“发光半径”设为“10”，如图 7.47 所示。

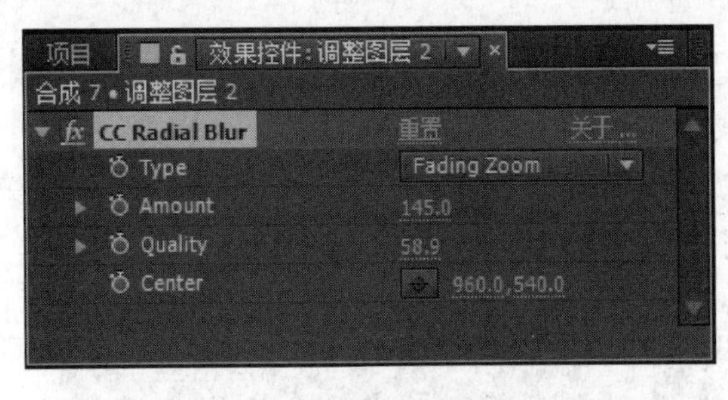

图 7.46　设置“调整图层 2”的参数

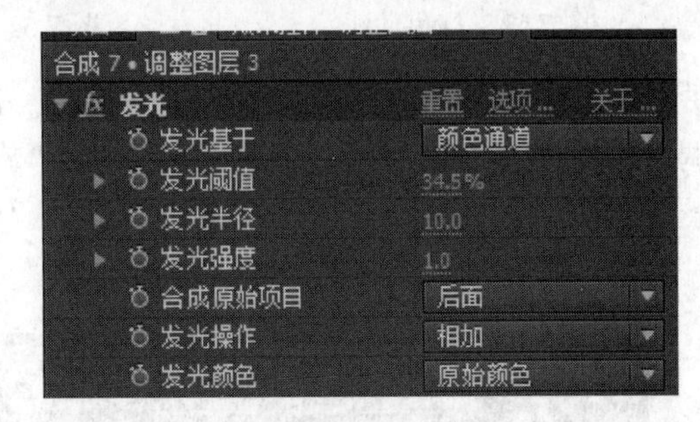

图 7.47　设置“调整图层 3”的参数

（40）选择菜单“效果”→“颜色校正”→“曲线”命令，分别在“通道”选项中选择“红色”、“绿色”和“蓝色”，曲线修改如图 7.48～图 7.50 所示。

（41）将“项目“窗口中的“合成 6”拖到“时间线”窗口最上层，右击鼠标，在弹出的快捷菜单中选择“效果”→“风格化”→“发光”命令，将其“发光阈值”设为“53.3%”，“发光半径”改为“60”，如图 7.51 所示。

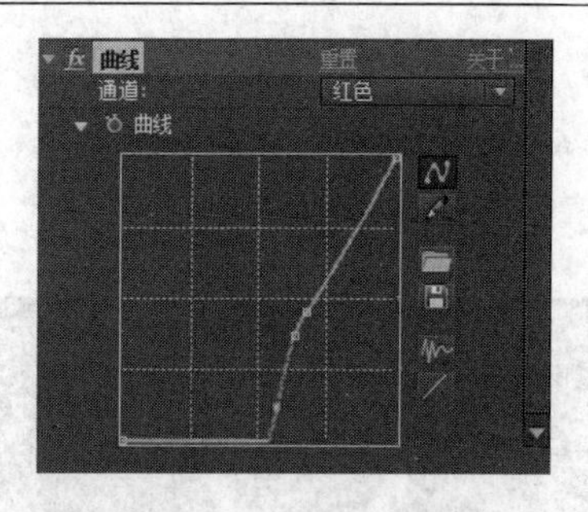

图 7.48　红色曲线

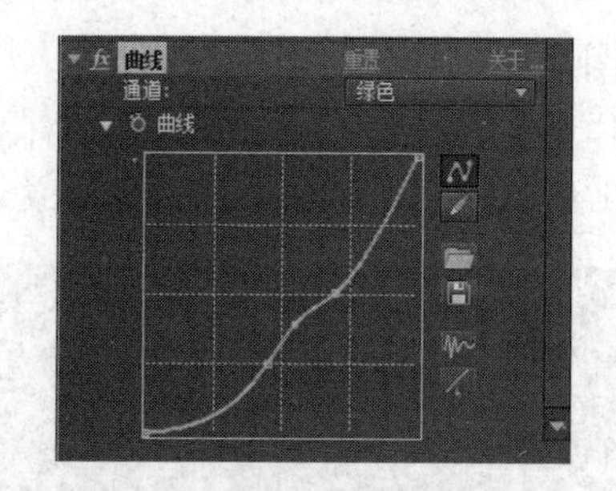

图 7.49　绿色曲线

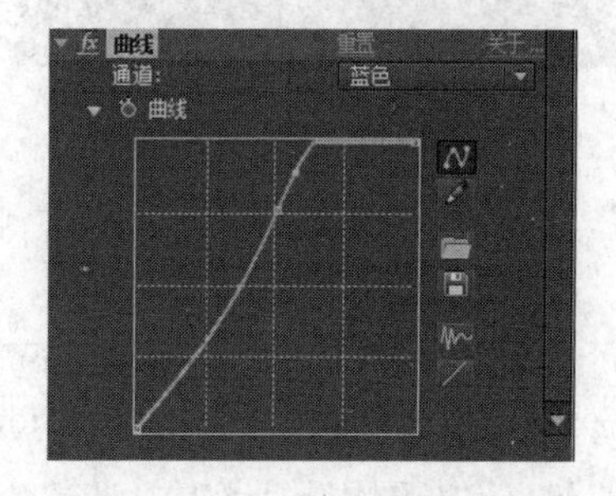

图 7.50　蓝色曲线

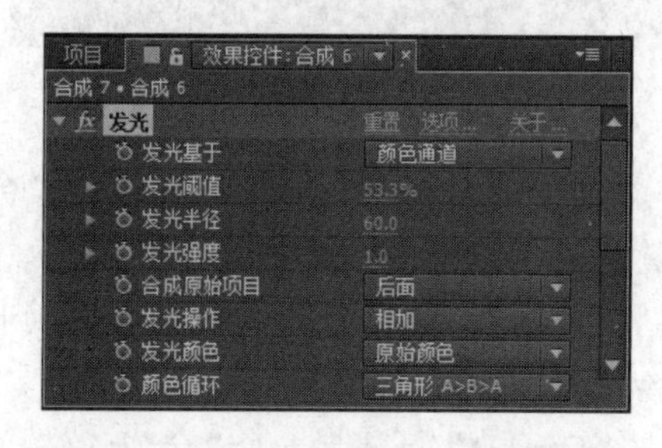

图 7.51　设置“合成 6”的参数（1）

（42）选择菜单“效果”→“颜色校正”→“曲线”命令，分别在“通道”选项中选择“红色”、“绿色”和“蓝色”，曲线修改如图 7.52～图 7.54 所示。

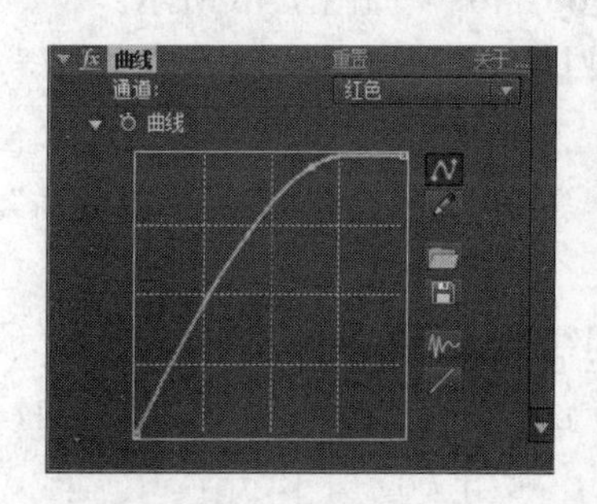

图 7.52　红色曲线

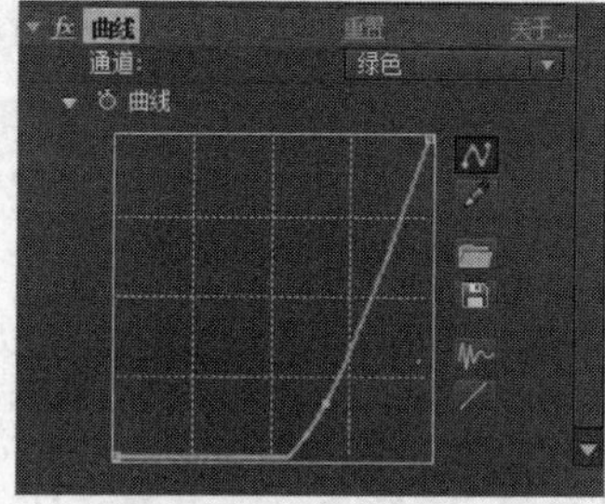

图 7.53　绿色曲线

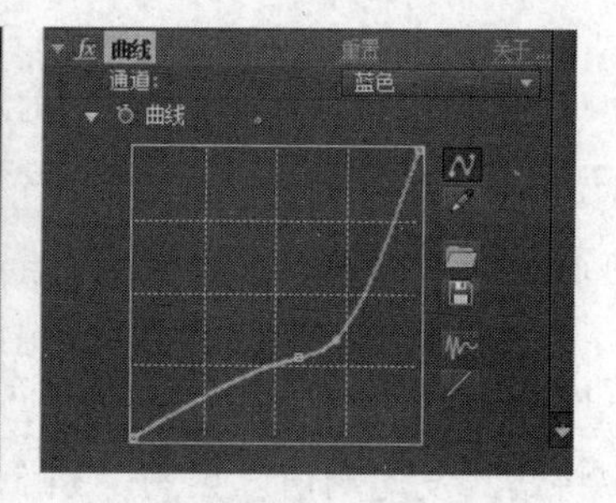

图 7.54　蓝色曲线

（43）在“时间线”窗口中单击“合成 6”左边的三角形，再单击“变换”左边的三角形，调出“旋转”选项，按下“Alt”键，单击“旋转”左边的关键帧按钮，在“表达式：旋转”一栏中输入“time*150”，“不透明度”改为“87%”，单击“缩放”左边的关键帧按钮，在第一帧将“缩放”值改为 13%，“0:00:01:19”处将“缩放”值改为 59%，如图 7.55 所示。

图 7.55　设置“合成 6”的参数（2）

（44）新建合成，将“合成名称”改为“合成 8”，预设为“HDTV 1080 25”，帧速率为“25”，持续时间为“00:00:15:05”，颜色任意。

（45）在“合成”窗口右击鼠标，在弹出的快捷菜单中选择“图层”→“新建”→“纯色…”命令，新建一个颜色为黑色的图层，此时在“时间线”窗口中出现了名为“黑色 纯色 2”的图层。选择菜单“效果”→“生成”→“梯度渐变”命令，在“效果控件”窗口中将“渐变起点”设为“960.5,229.5”，“起始颜色”设为“R:37，G:58，B:126”，“渐变终点”设为“16.5,1077.5”，“结束颜色”设为“黑色”，“渐变形状”设为“径向渐变”，如图 7.56 所示。

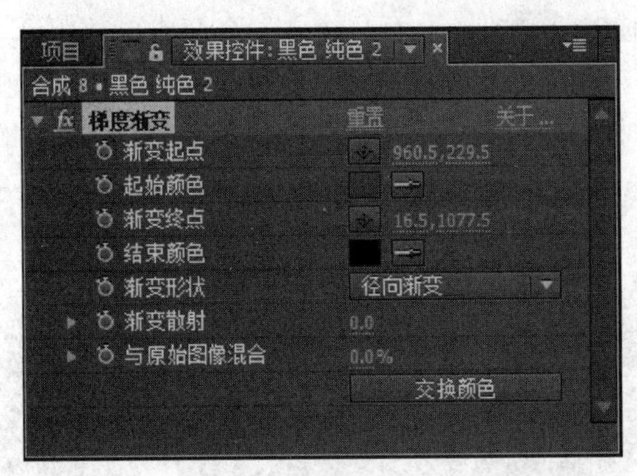

图 7.56　设置“黑色 纯色 2”图层的参数

（46）将“项目”窗口中的“合成 7”拖到“时间线”窗口最上层，按下“S”键，将“合成 7”的“缩放”值改为“113%”。

（47）选择菜单“图层”→“新建”→“纯色…”命令，新建一个颜色为黑色的图层，此时在“时间线”窗口中出现了名为“黑色 纯色 3”的图层。将该图层拖到“合成 7”图层下。选择菜单“效果”→“生成”→“镜头光晕”命令，为“光晕中心”添加关键帧，其中 0:00:00:00 处参数设为“60,432”，“0:00:01:19”处设为“2400,1032”，镜头类型改为“105 毫米定焦”，如图 7.57 所示。

（48）将“合成 7”和“黑色 纯色 3”图层的混合模式全部改为“屏幕”。

（49）设置完毕后，按小键盘上的“0”键，预览动画。

（50）保存项目文件，命名为 ch07_01。

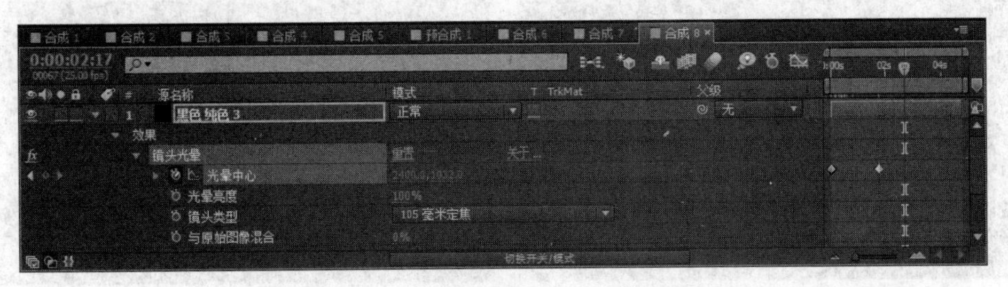

图 7.57　设置“黑色 纯色 3”图层的参数

7.3.2　实例 2——燃烧的高楼

1. 效果说明

本例将通过后期合成，制作城市毁灭的景象。需要说明的是，限于篇幅，本例只是对一栋大楼进行了效果制作，读者可以对本例进行反复调试和总结，并将制作方法运用到其他的建筑当中。

2. 操作要点

本例主要练习使用 AE 的跟踪摄像机功能及调色基础应用等功能。

3. 操作步骤

（1）打开 After Effects，选择“文件”→“导入”→“文件”命令，把光盘中的“城市.mov”导入到软件中，并将其拖曳到图标上面，建立一个合成。

（2）选择“窗口”→“跟踪器”命令，调出“跟踪器”面板，单击跟踪摄像机按钮，软件开始对视频素材进行摄像机分析，分析完成后，在视频上得到一系列跟踪点，如图 7.58 所示。

图 7.58　跟踪摄像机

（3）按住“Shift”键，在分析好的图像的大楼上选择合适的 3 个跟踪点，得到一个平面，如图 7.59 所示。右击平面，在弹出的快捷菜单中选择“创建实底和摄像机”命令，在“时间线”窗口中出现了“跟踪实底 1”和“3D 跟踪器摄像机”两个图层。选中“跟踪实底 1”图层，在工具栏中单击“旋转工具”按钮，把鼠标移动到图像的实底上，当显示“Z”时拖动鼠标，旋转“跟踪实底 1”的 Z 轴，使“跟踪实底 1”与大楼水平线平行，如图 7.60 所示。播放视频，可以看到“跟踪实底 1”始终“跟踪”在大楼正面上。若跟踪有误差，则重新选择合适的 3 个跟踪点，重复上述步骤。

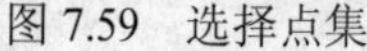

图 7.59　选择点集

图 7.60　跟踪实底 1

（4）选择“文件”→“导入”→“文件”命令，把光盘中的“图片 1”、“图片 2”、“图片 3”、“火焰”、“烟雾”等文件导入到软件中，选中“跟踪实底 1”图层，按住“Alt”键，将“图片 1”拖曳到“跟踪实底 1”图层上，此时“时间线”窗口中出现“图片 1”图层。选中“图片 1”图层，按下“S”键，调整图层“缩放”值为 143，如图 7.61 所示。选择工具，调整图层位置，如图 7.62 所示。

图 7.61　调整图层大小

图 7.62　调整“图片 1”图层位置

（5）对视频素材进行调色。右击“城市.mov”图层，在弹出的快捷菜单中选择“效果”→“颜色校正”→“曲线”命令。在 RGB 通道调整曲线，如图 7.63 所示。在绿色通道调整曲线，如图 7.64 所示。

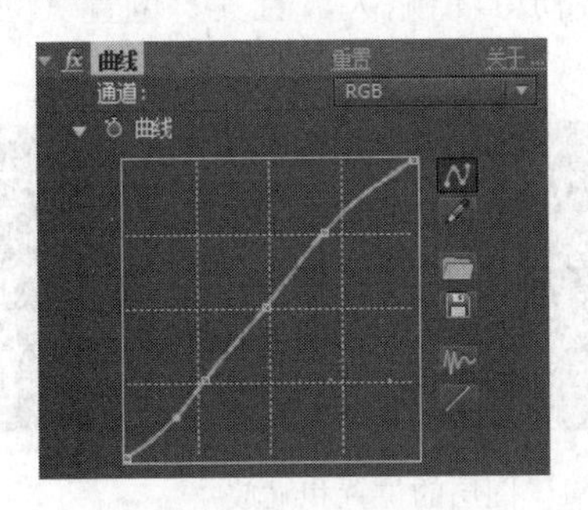

图 7.63　RGB 通道曲线

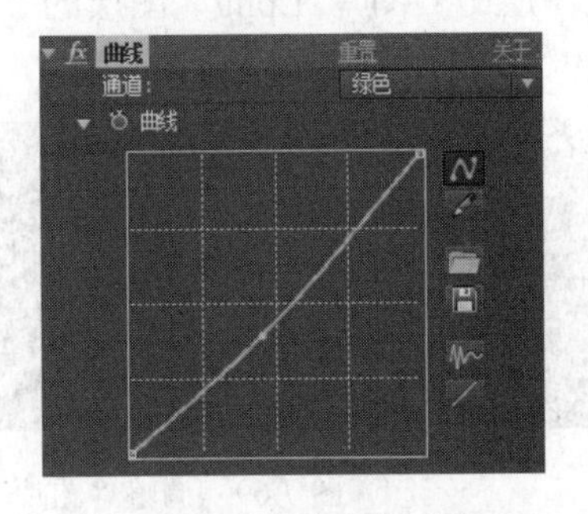

图 7.64　绿色通道曲线

（6）对“图片 1.png”图层进行调色。右击“图片 1.png”图层，在弹出的快捷菜单中选择“效果”→“颜色校正”→“曲线”命令。在 RGB 通道调整曲线，如图 7.65 所示。在红色通道调整曲线，如图 7.66 所示。

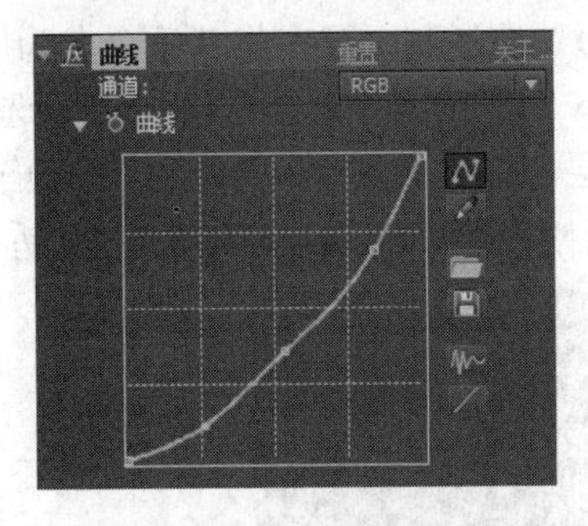

图 7.65　RGB 通道曲线

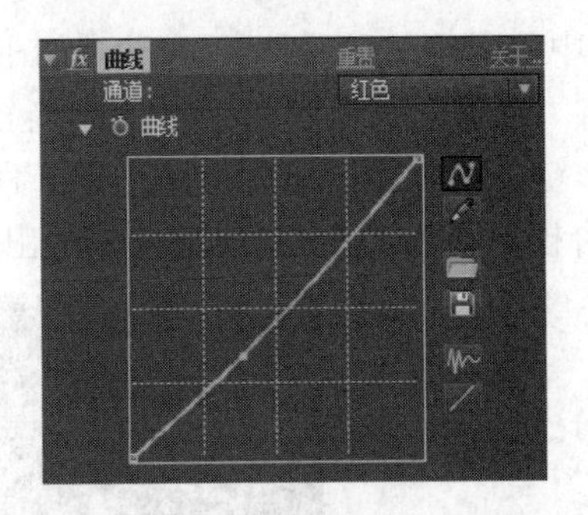

图 7.66　红色通道曲线

（7）选中“图片 1.png”图层，使用工具在图层上勾画蒙版，将图片内部勾画出来，如图 7.67 所示。单击“M”键，将蒙版模式改为“相减”，如图 7.68 所示。

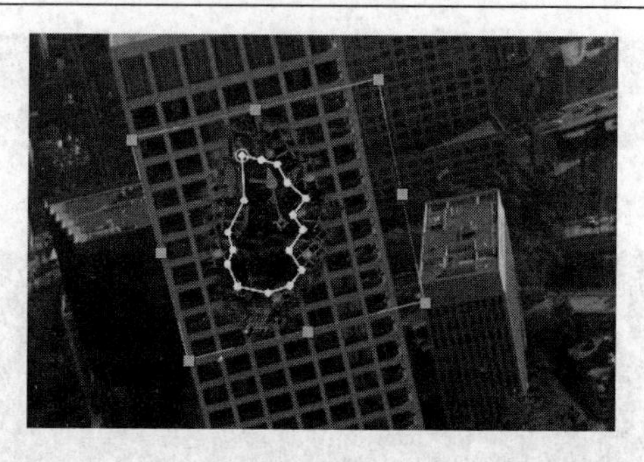

图 7.67　勾画蒙版

图 7.68　将蒙版模式改为“相减”

（8）选中“图片 1”图层，按住“Ctrl+D”键复制一层。右击复制的图层，在弹出的快捷菜单中选择“重命名”命令，重命名为“图片 1.1”。将“图片 1.1”图层置于“图片 1”下方，按下“M”键，调出蒙版，选择蒙版模式为“相加”。

（9）选中“图片 1.1”图层，按下“P”键，再按下“Shift+S”键，同时调出“位置”和“缩放”，调整图层比“图片 1.png”图层的“缩放”值略大，且其“位置”的 Z 轴数值要比“图片 1”图层略大，如图 7.69 所示。

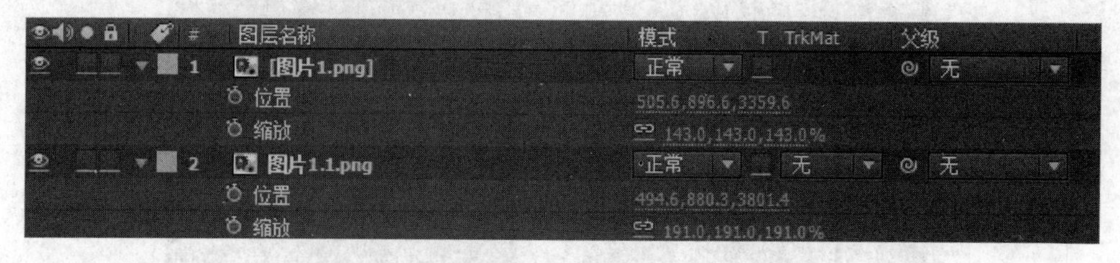

图 7.69　调整“图片 1.1”图层的位置和缩放

注意：之所以要让“图层 1.1”比“图片 1.png”图层的“缩放”值略大，且其“位置”的 Z 轴数值要比“图片 1”图层略大，是由于我们要将一个二维空间转化为三维空间。为了达到这样的三维效果，本例把房屋损坏的二维效果向 Z 轴进行了扩展，从而使镜头运动时看不出其中的破绽。

（10）选中“图片 1.1”图层，按住“Ctrl+D”键复制图层，将其重命名为“火焰”。按住“Alt”键，将“项目”窗口中的素材“火焰.mov”拖曳到“火焰”图层上。选中“火焰”图层，按“M”键，删除图层蒙版，适当调节图层“位置”和“缩放”值使火焰位于楼内，并将图层的混合模式设为“变亮”，最终呈现出高楼内起火的效果，如图 7.70 所示。

图 7.70　添加火焰效果图

（11）添加烟雾效果。将“烟雾.mov”素材拖入时间轴，放置到顶层。单击“时间线”窗口下方的“切换开关/模式”按钮，设置其混合模式为“相加”，单击“三维图层”按钮下方的小框，打开三维图层开关，如图 7.71 所示。

图 7.71　设置“烟雾”图层的混合模式并打开三维图层开关

（12）调整“烟雾.mov”图层的大小、方向、位置，参考数值如图 7.72 所示。

图 7.72　调整大小、方向、位置

（13）双击“烟雾.mov”图层，进入“图层”窗口，按住工具栏中的工具并拖曳，选择工具，在“图层”窗口对烟雾素材绘制蒙版，如图 7.73 所示。选中“烟雾.mov”图层，双击“M”键，调整“蒙版羽化”值为 192 像素，如图 7.74 所示。此时呈现出烟雾从高楼内飘出的效果，如图 7.75 所示。

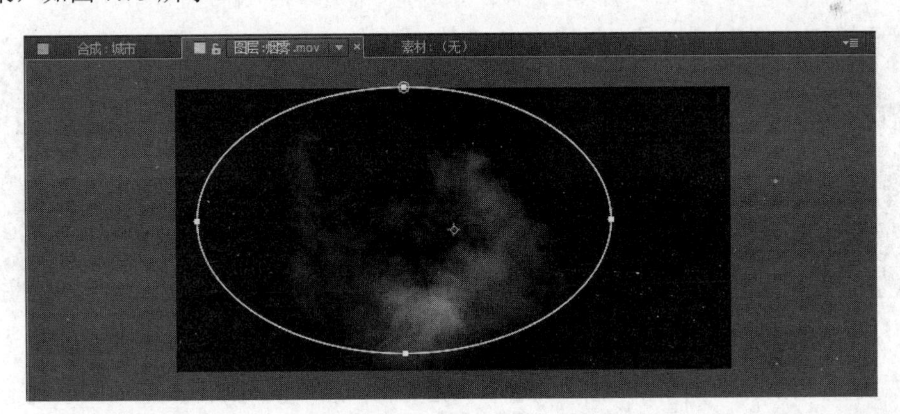

图 7.73　绘制蒙版

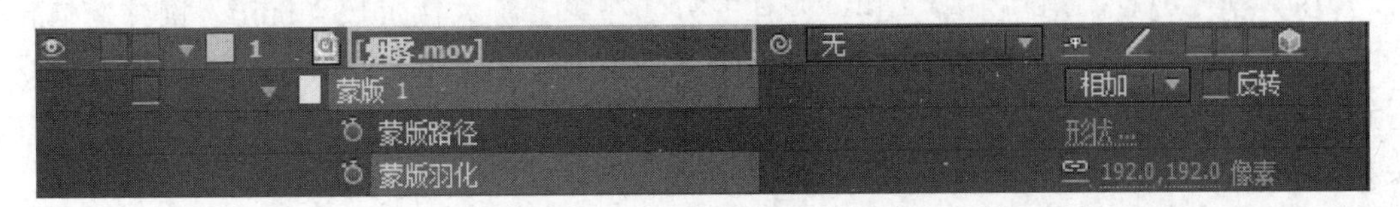

图 7.74　调整“蒙版羽化”值

（14）选择“城市.mov”图层，确保“效果控件”窗口中“3D 摄像机跟踪器”效果被选中，在第一栋大楼上按“Shift”键并选择合适的 3 个跟踪点，得到一个平面。单击鼠标右键，在弹出的快捷菜单中选择“创建实底”命令，得到“跟踪实底 1”图层。选中“跟踪实底 1”

图层，选择工具，旋转“跟踪实底 1”的 Z 轴，使“跟踪实底 1”与大楼水平线平行。

（15）选中“跟踪实底 1”图层，按住“Alt”键，将“项目”窗口中的“图片 2”拖曳到“跟踪实底 1”图层上，得到“图片 2”图层。按下“S”键和“P”键，调整图层“缩放”值和“位置”，制造出高楼窗户被烧毁的效果，如图 7.76 所示。“位置”和“缩放”的参考数值如图 7.77 所示。

图 7.75　画面烟雾效果

图 7.76　窗户烧毁效果

（16）选中“图片 2”图层，选择菜单“效果”→“颜色校正”→“曲线”命令。在 RGB 通道调整曲线，再调整红色通道和蓝色通道曲线，如图 7.78～图 7.80 所示。

图 7.77　调整“图片 2”图层的“位置”和“缩放”

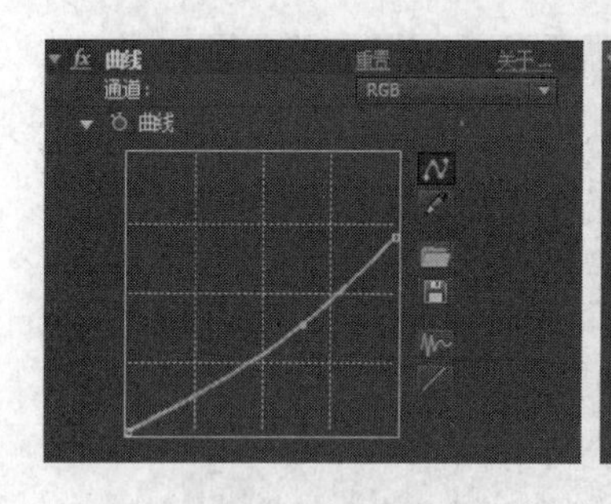

图 7.78　调整 RGB 通道曲线

图 7.79　调整红色通道曲线

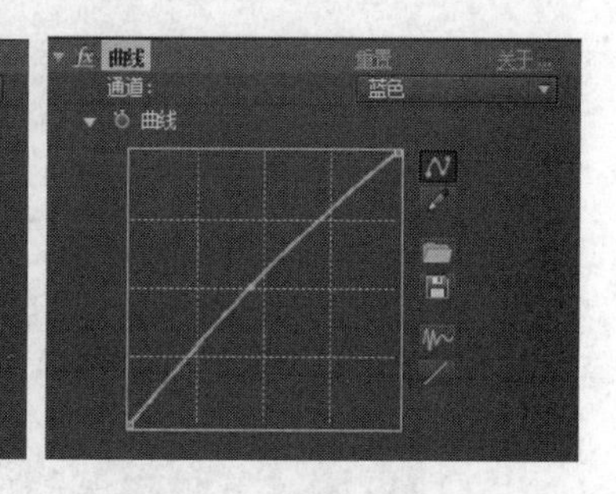

图 7.80　调整蓝色通道曲线

（17）选中“图片 2”图层，按“Ctrl+D”键复制一层，使用工具拖动图层到合适位置，制造出另外一处窗户烧毁的效果。使用或工具在此图层上勾画蒙版，如图 7.81 所示。

（18）制作裂纹。用与步骤（14）同样的方法在第一栋大楼上按“Shift”键并选择合适的 3 个跟踪点，得到一个平面。单击鼠标右键，在弹出的快捷菜单中选择“创建实底”命令，得到“跟踪实底 1”图层。选择工具，旋转“跟踪实底 1”的 Z 轴，使“跟踪实底 1”与大楼水平线平行。

（19）选中“跟踪实底 1”图层，按住“Alt” 键，将“图片 3”拖曳到“跟踪实底 1”图层上，得到“图片 3”图层。按下“R”键，调整“Z 轴旋转”值为“-90”。将“图片 3”图层的“混合模式”改为“相乘”，可以初步看到高楼墙体裂纹效果。按下“S”键和“P”键，调整图层的“缩放”和“位置”，使裂纹与墙体较好地结合，如图 7.82 所示。“位置”和“缩放”的参考数值如图 7.83 所示。

图 7.81　为窗户烧毁的效果添加蒙版

图 7.82　高楼墙体裂纹效果

图 7.83　调整“图片 3”图层的“混合模式”、“位置”和“缩放”

（20）此时画面效果中玻璃也出现了裂纹，这显得不真实。因此，使用工具在此图层上勾画蒙版，如图 7.84 所示。

图 7.84　为裂纹效果添加蒙版

（21）设置完毕，按小键盘上的“0”键，预览动画。

（22）保存项目文件，命名为 ch07_02。

7.3.3　实例 3——水流漩涡

1. 效果说明

本例将运用分形噪波和 Mettle FreeForm Pro 插件做出水流漩涡的效果，如图 7.85 所示。

图 7.85　水流漩涡

2. 操作要点

本例主要练习添加 After Effects 的分形噪波、模糊、蒙版、Mettle FreeForm Pro 插件等特效效果。

注意：在进行本例操作前，需要将光盘“ch07_03”中的 Mettle FreeForm Pro.aex 文件复制到“Adobe After Effects CC\Support Files\Plug-ins”文件夹。

3. 操作步骤

（1）打开 Adobe After Effects，选择菜单“合成”→“新建合成”命令，建立一个合成，“合成名称”为“水流漩涡”。设定其“预设”为 HDTV 1080 25，“帧速率”为 25，将“持续时间”设定为 0:00:10:00，如图 7.86 所示。选择菜单“文件”→“项目设置”命令，修改颜色设置，“深度”为“每通道 32 位（浮点）”，“工作空间”为“sRGB IEC61966-2.1”，如图 7.87 所示。

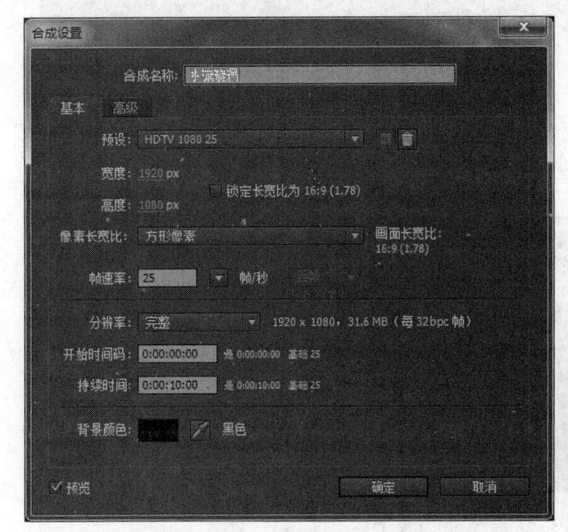

图 7.86　新建“水流漩涡”合成

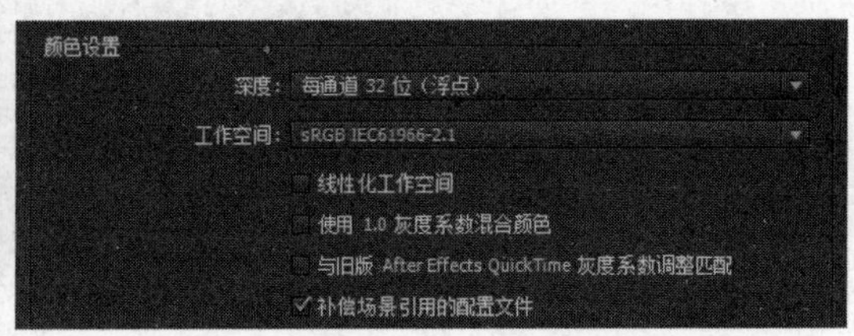

图 7.87　颜色设置

（2）选择菜单“合成”→“新建合成”命令，建立一个合成，“合成名称”为“海面”。设定其“预设”为“自定义”，“宽度”和“高度”都为“2000”，“帧速率”为“25”，将“持续时间”设定为“0:00:10:00”。

（3）选择菜单“文件”→“导入”→“文件”命令，把光盘中的“图片 1”导入到软件中。将“图片 1”拖入“海面”合成，调整“图片 1”大小，使其铺满图层，如图 7.88 所示。

（4）将“项目”窗口中的“海面”合成拖入“水流漩涡”合成的“时间线”窗口。选择菜单“效果”→“Mettle”→“Mettle FreeForm Pro”命令，为“海面”合成添加 Mettle FreeForm Pro 插件，如图 7.89 所示。

（5）选择菜单“图层”→“新建”→“摄像机”命令，新建“摄像机”图层，在“摄像机设置”对话框中设置“名称”为“摄像机”，“预设”为“50 毫米”，其他保持不变，如图 7.90 所示。

（6）选择菜单“图层”→“新建”→“空对象”命令，新建空对象图层，此时“时间线”窗口中出现了名为“空 1”的图层。打开该图层的三维开关。将“摄像机”图层的父级设置为“空 1”图层，如图 7.91 所示。

（7）选择“空 1”图层，按“R”键，调整图层“X 轴旋转”为“0×+54.0°”。使用工具拖动“空 1”图层的 Z 轴，使“海面”图层铺满图层窗口，如图 7.92 所示。

图 7.88　“图片 1”图层

图 7.89　Mettle FreeForm Pro 插件

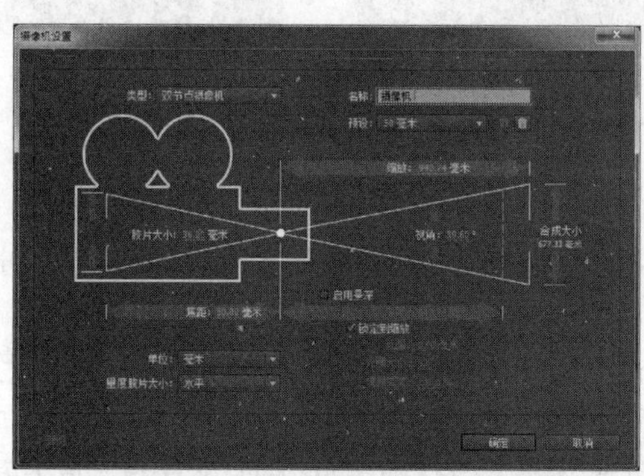

图 7.90　“摄像机设置”对话框

图 7.91　“空对象”图层设置

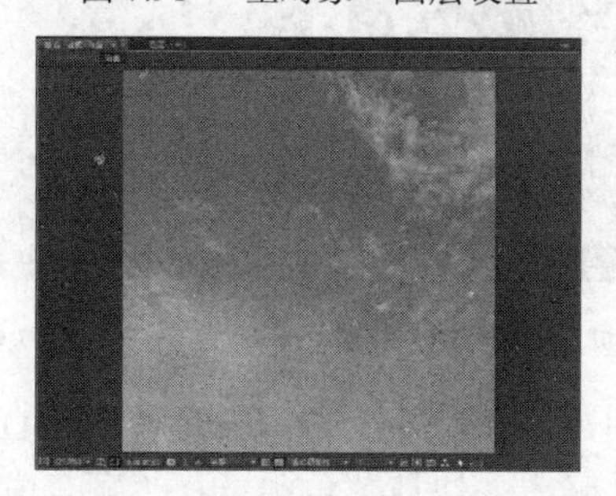

图 7.92　调整“空 1”图层

注意：要确保拖动的是“空 1”图层而不是“海面”图层。

(8) 选择菜单“图层”→“新建”→“灯光”命令，新建“灯光 1”图层，设置“灯光类型”为“环境”，“颜色”为白色，“强度”为“20”，如图 7.93 所示。新建“灯光 2”图层，设置“灯光类型”为“点”，“颜色”为白色，“强度”为“100”，如图 7.94 所示。

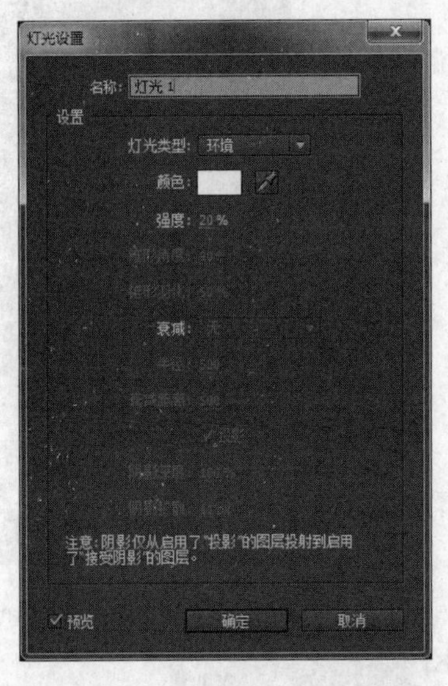

图 7.93　“灯光 1”图层　　　　图 7.94　“灯光 2”图层

(9) 调整“灯光 2”的位置，效果如图 7.95 所示。

(10) 选择菜单“合成”→“新建合成”命令，建立一个合成，“合成名称”为“漩涡”。设定其“宽度”和“高度”都为“1000”，“帧速率”为“25”，将“持续时间”设定为“0:00:10:00”。将“项目”窗口中的“漩涡”合成拖到“水流漩涡”合成的最下方。单击按钮，取消可见。

(11) 在“漩涡”合成中选择菜单“图层”→“新建”→“纯色”命令，新建“黑色 纯色 1”图层，颜色设置为黑色。

(12) 选中“黑色 纯色 1”图层，按“Ctrl+D”键复制一层，将下面的图层重命名为“背景”。

(13) 选中“背景”图层，然后选择菜单“效果”→“生成”→“填充”命令，在“效果控件”窗口中设置“颜色”为浅白色（可在“#”栏中输入“DEDEDE”），如图 7.96 所示。

图 7.95　调整“灯光 2”的位置

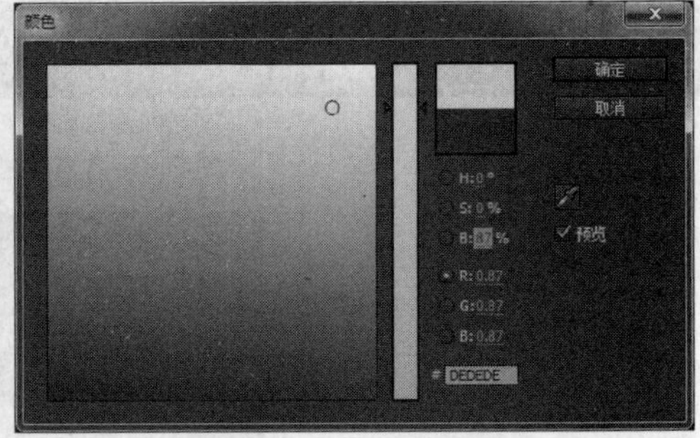

图 7.96　填充色选择

(14) 选择“黑色 纯色 1”和“背景”图层，按“Ctrl+D”键复制一次。选择新复制的两个图层并单击鼠标右键，在弹出的快捷菜单中选择“预合成”命令，在打开的“预合成”

对话框中将“新合成名称”命名为“漩涡 1”。

（15）打开“漩涡 1”合成，选择“黑色 纯色 1”图层，使用工具勾画蒙版，如图 7.97 所示。

图 7.97　勾画蒙版

（16）双击“M”键，调出蒙版参数，调整“蒙版羽化”值为“155,45”，如图 7.98 所示。

图 7.98　调整“蒙版羽化”值

（17）选择“黑色 纯色 1”图层，按“Ctrl+D”键复制一次。选择新复制的图层，按“R”键，调整“旋转”值为 90°。

（18）打开“漩涡”合成，将“黑色 纯色 1”图层置于“漩涡 1”合成的上方，单击按钮，取消可见。

（19）选择“漩涡 1”图层，然后选择菜单“效果”→“扭曲”→“旋转扭曲”命令，设置“角度”为“−1×−96°”，“旋转扭曲半径”为“40”，如图 7.99 所示。

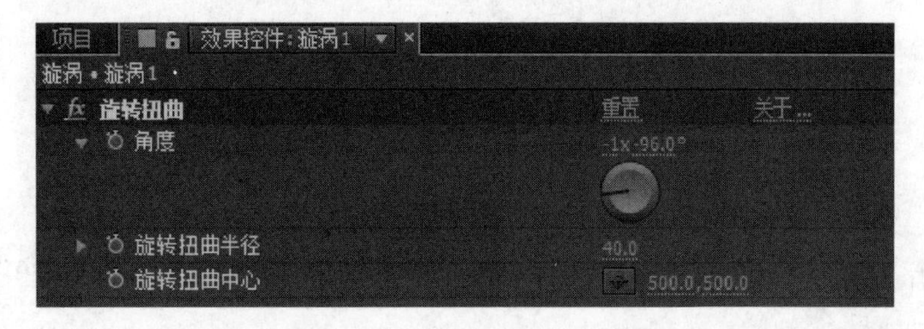

图 7.99　“旋转扭曲”参数设置

（20）选择“漩涡 1”图层，然后选择菜单“效果”→“模糊和锐化”→“快速模糊”命令，设置“模糊度”为“47”，“模糊方向”为“水平和垂直”，如图 7.100 所示。

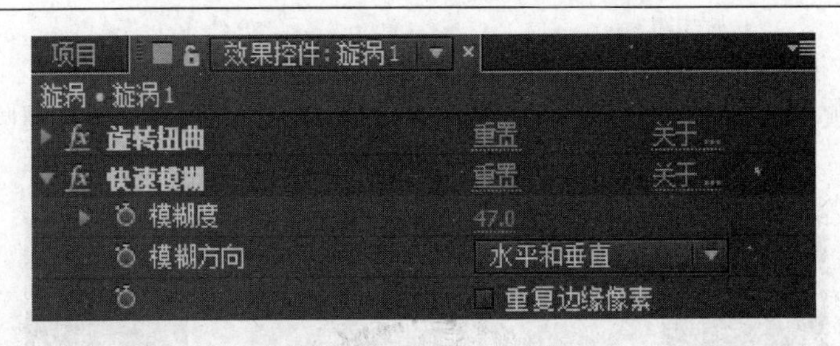

图 7.100　“快速模糊”参数设置

（21）选择“漩涡 1”图层，双击工具，为“漩涡 1”合成添加蒙版。双击“M”键，调整“蒙版羽化”值为“30,30”，“蒙版扩展”为“-50”，如图 7.101 所示。

图 7.101　蒙版参数设置

（22）选择“漩涡 1”图层，按“R”键打开旋转属性，按“Alt”键并单击“旋转”前面的关键帧按钮，在“表达式：旋转”一栏中输入“time*-10”。

（23）选择“漩涡 1”图层，按下“T”键，打开不透明度属性，在“0:00:00:00”处单击“不透明度”选项前面的图标，建立关键帧，设置“不透明度”为 0%；在 0:00:04:00 处设置“不透明度”为 35%。

（24）选择“黑色 纯色 1”图层，单击按钮，使其可见。使用工具绘制蒙版，如图 7.102 所示。

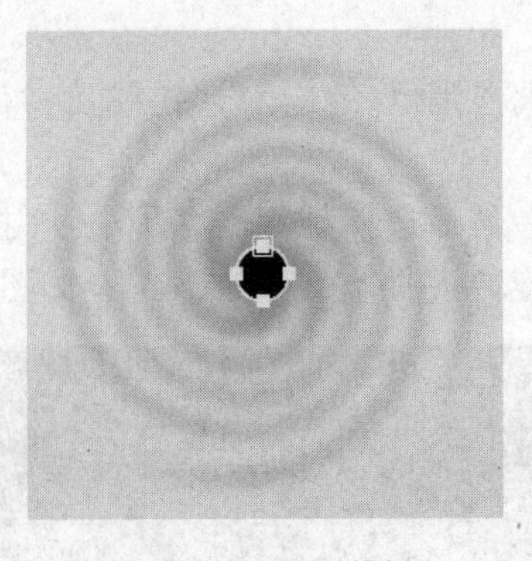

图 7.102　绘制蒙版

（25）双击“M”键，调整“蒙版羽化”值为“47,47”，“蒙版扩展”为“-20”，如图 7.103 所示。

（26）选择“黑色 纯色 1”图层，按下“T”键，打开不透明度属性，在“0:00:00:04”处单击“不透明度”选项前面的图标，建立关键帧，设置不透明度为 0%；在“0:00:10:00”处设置不透明度为 60%。

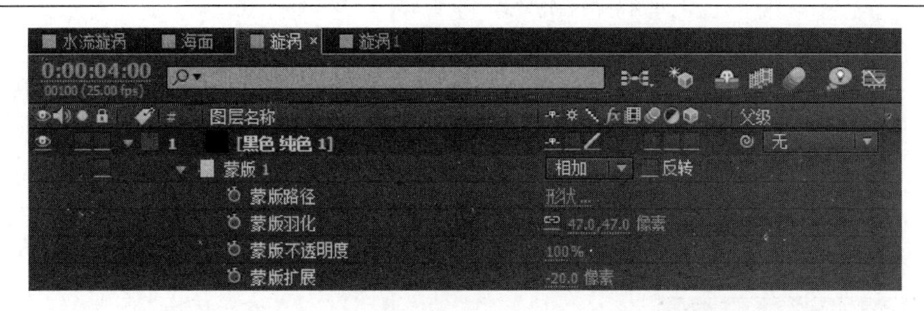

图 7.103　调整“黑色 纯色 1”图层的蒙版参数

（27）选择“黑色 纯色 1”图层，按“Ctrl+D”键复制，将新复制的图层重命名为“中心小圆”，按下“T”键，打开不透明度属性，单击“不透明度”选项前面的图标，取消关键帧。双击“M”键打开蒙版属性，在“0:00:00:00”处单击“蒙版羽化”选项前面的图标建立关键帧，设置“蒙版羽化”值为“15,15”；单击“蒙版扩展”选项前面的图标建立关键帧，设置“蒙版扩展”为“−39”。在“0:00:07:00”处调整“蒙版羽化”值为“36,36”，“蒙版扩展”为“−17”，如图 7.104 所示。

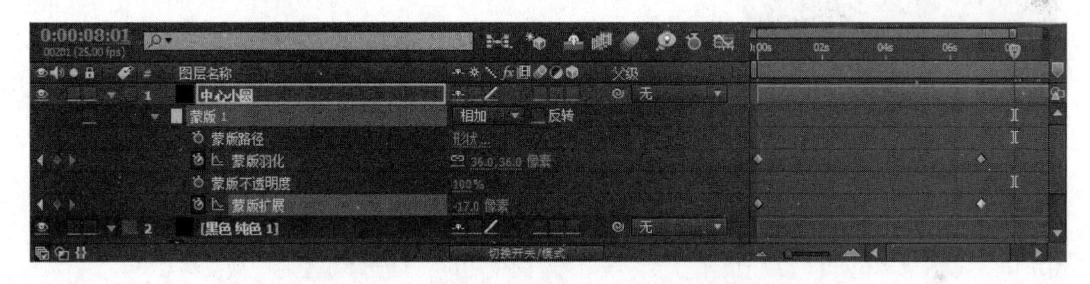

图 7.104　调整“中心小圆”图层的蒙版参数

（28）选择“中心小圆”图层，按下“T”键，打开不透明度属性，在“0:00:00:00”处单击“不透明度”选项前面的图标，建立关键帧，设置不透明度为 0%；在“0:00:07:00”处设置不透明度为 100%。

（29）选择菜单“图层”→“新建”→“纯色”命令，建立一个自动命名为“黑色 纯色 2”的图层。选中“黑色 纯色 2”图层并单击鼠标右键，在弹出的快捷菜单中选择“预合成”命令，在打开的“预合成”对话框中设置“新合成名称”为“分形噪波”。双击打开“分形噪波”合成，选中“黑色 纯色 2”图层，然后选择菜单“效果”→“杂色和颗粒”→“分形杂色”命令。在“效果控件”窗口中设置“分形类型”为“阴天”，“杂色类型”为“样条”，“对比度”为“36”，“缩放”（需单击“变换”前面的按钮打开）为“22”，“复杂度”为“14”，如图 7.105 所示。

（30）在“效果控件”窗口中单击“子设置”前方的按钮，按住“Alt”键再单击“子位移”前方的按钮。在“时间线”窗口中“表达式：子位移”一栏中输入“[0,(time*−15)]”。

（31）选中“黑色 纯色 2”图层，选择菜单“效果”→“扭曲”→“极坐标”命令。在“效果控件”窗口中设置“插值”为“100”，“转换类型”为“矩形到极线”，如图 7.106 所示。

（32）选中“黑色 纯色 2”图层，选择菜单“效果”→“风格化”→“CC RepeTile”命令。将“CC RepeTile”效果置于“极坐标”效果上方，设置“Expand Right”为“54”，“Expand Left”为“54”，如图 7.107 所示。

（33）选中“黑色 纯色 2”图层，按“Ctrl+D”键复制一次。选择新复制的图层，重命名为“黑色 纯色 3”。在“效果控件”窗口中修改“分形杂色”效果的“分形类型”为“湍流锐化”，“对比度”为“1006”，“亮度”为“127”，如图 7.108 所示。按下“T”键，调出不透明度属性，在“时间线”窗口中修改“不透明度”为“4”。

（34）选中“黑色 纯色 3”图层，然后选择菜单“效果”→“模糊和锐化”→“快速模糊”命令，在“效果控件”窗口中修改“模糊度”为“1”，选中“重复边缘像素”复选框，如图 7.109 所示。

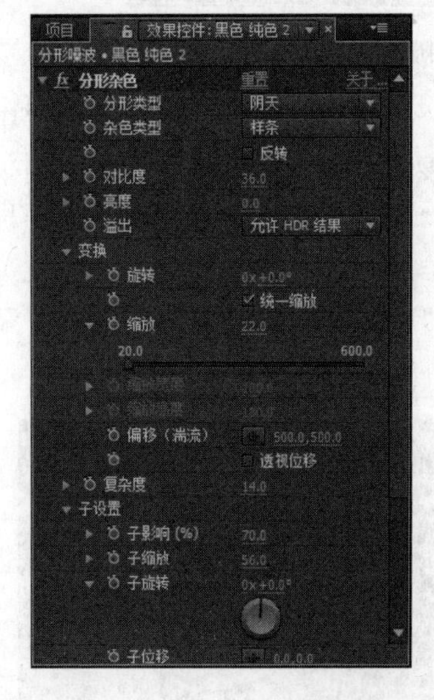

图 7.105　设置“黑色 纯色 2”图层的“分形噪波”效果参数

图 7.106　设置“极坐标”效果参数

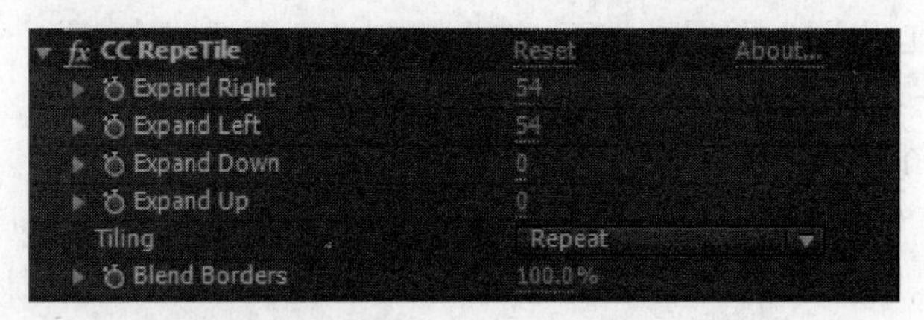

图 7.107　设置“CC RepeTile”效果参数

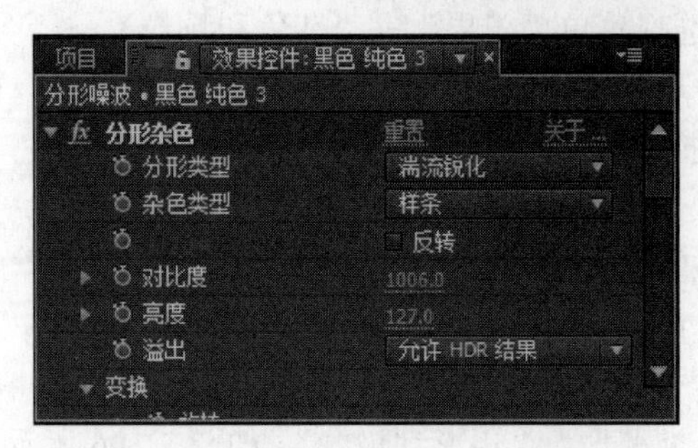

图 7.108　设置“湍流锐化”效果参数

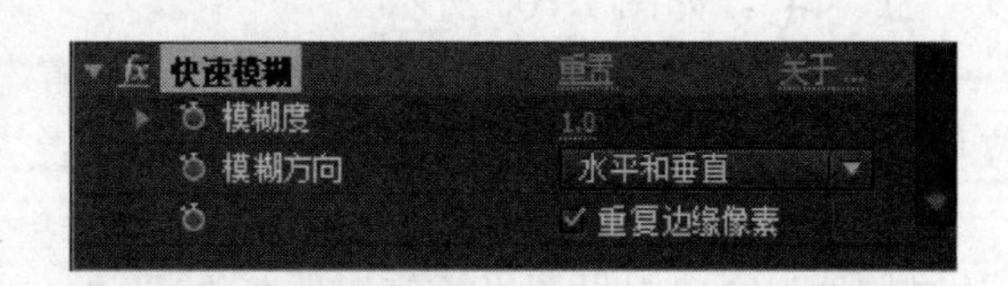

图 7.109 设置“快速模糊”效果参数

（35）选中“黑色 纯色 3”图层，将其“模式”更改为“相乘”。

（36）选中“黑色 纯色 2”图层，按“Ctrl+D”键复制一次。选择新复制的图层，重命名为“黑色 纯色 4”。在“效果控件”窗口中删除“分形杂色”效果。选择菜单“效果”→

“杂色和颗粒”→“湍流杂色”命令，在“效果控件”窗口中设置其“分形类型”为“基本”，“杂色类型”为“线性”，“对比度”为“22”，如图 7.110 所示。

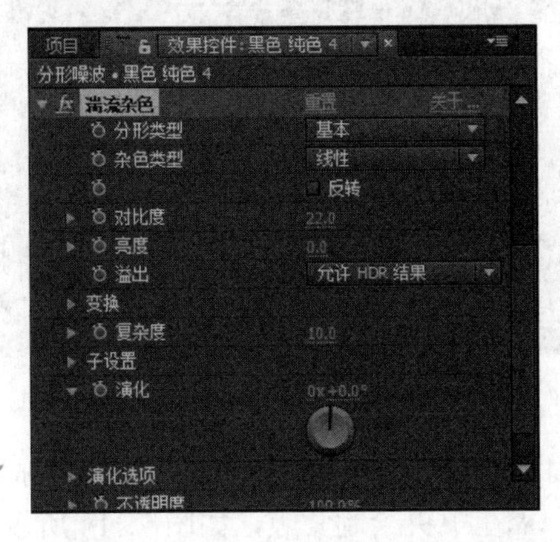

图 7.110　设置“湍流杂色”效果参数

（37）单击“变换”前方的▶按钮，调出“偏移（湍流）”选项，按住“Alt”键并单击“偏移（湍流）”选项前的关键帧按钮，在打开的“时间线”窗口的“表达式：偏移（湍流）”一栏中输入“[0,（time*-15）]”，如图 7.111 所示。

图 7.111　设置“偏移湍流”效果参数

（38）选中“黑色 纯色 4”图层，然后选择菜单“效果”→“扭曲”→“湍流置换”命令。在“效果控件”窗口中设置“置换”为“湍流”，“数量”为“54”，“大小”为“15”，“复杂度”为“1.4”，如图 7.112 所示。

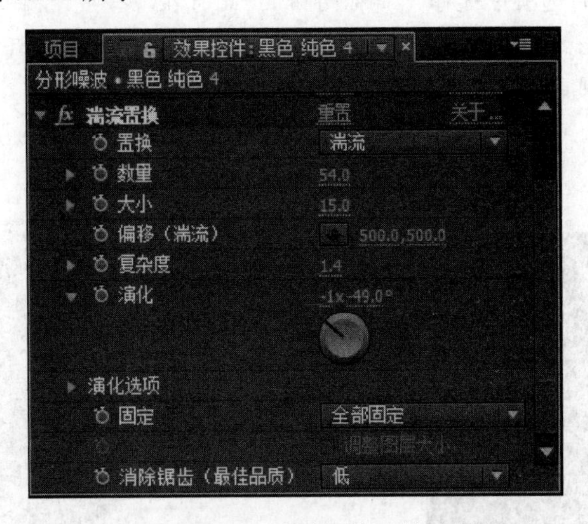

图 7.112　设置“湍流置换”效果参数

（39）选择“黑色 纯色 4”图层，然后选择菜单“效果”→“扭曲”→“CC Flo Motion”命令。在“效果控件”窗口中设置“Knot 1”为“-250,-250”，“Knot 2”为“500,500”；在“0:00:00:00”处单击“Amount 2”选项前面的图标建立关键帧，设置参数为 0；在“0:00:04:00”

处设置参数为 2.0，如图 7.113 所示。

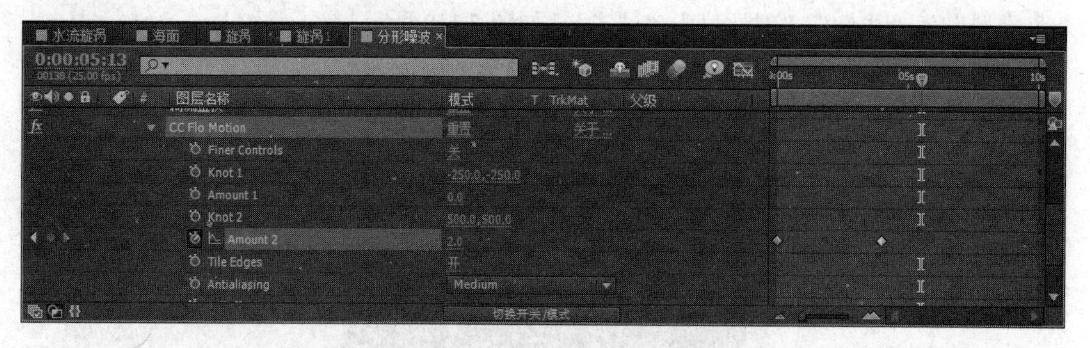

图 7.113　设置“CC Flo Motion”效果参数

（40）按下快捷键“Ctrl+Y”，在打开的对话框中设置“名称”为“黑色 纯色 5”，单击“确定”按钮，使用椭圆工具在中央绘制蒙版，如图 7.114 所示。双击“M”键，在“时间线”窗口中设置“蒙版羽化”为“50,50”，如图 7.115 所示。

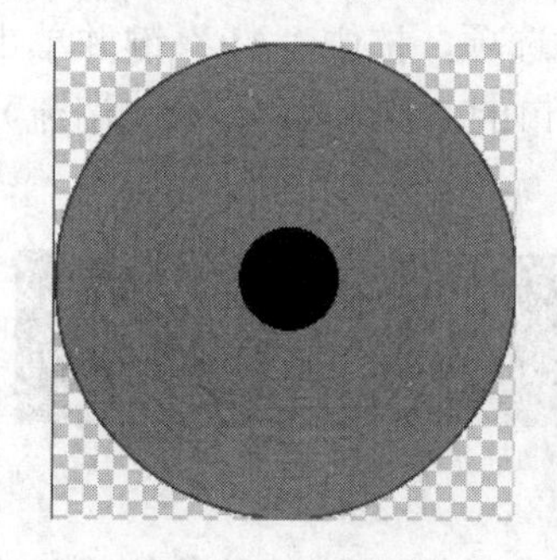

图 7.114　绘制蒙版

图 7.115　设置“蒙版”参数

注意：为了准确地在中央绘制蒙版，可单击“合成”窗口下方的“选择网格和参考线选项”按钮，在弹出的选项中选择“对称网格”，此时在“合成”窗口中会出现一个网格，如图 7.116 所示。单击椭圆工具，将鼠标移动到中心并拖动，再按下“Ctrl”和“Shift”键，即可准确地在中央绘制出一个蒙版。

（41）选择“黑色 纯色 4”图层，设置其“轨道遮罩”为“Alpha 遮罩‘黑色 纯色 5’”，效果如图 7.117 所示。

图 7.116　“合成”窗口中的对称网格

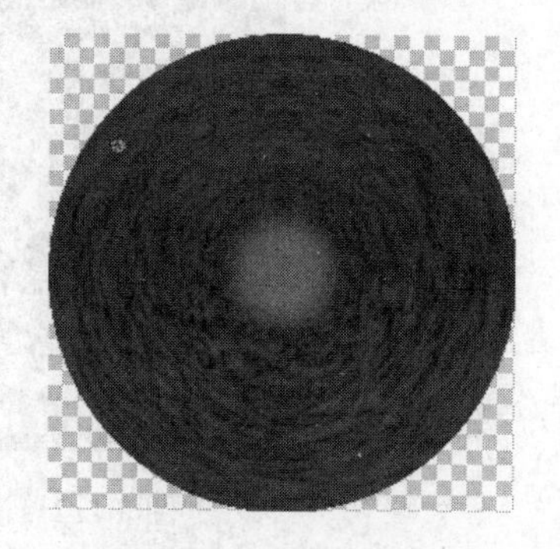

图 7.117　遮罩效果

（42）打开“漩涡”合成，选择“分形噪波”图层，按“R”键调出“旋转”属性，按住“Alt”键再单击“旋转”前方的按钮，在“时间线”窗口的“表达式：旋转”一栏中输入

“time*−10”。

（43）选择“分形噪波”图层，按下“T”键，调出“不透明度”属性，在“0:00:00:00”处单击“不透明度”选项前面的图标建立关键帧，设置不透明度为 0%；在“0:00:03:00”处设置不透明度为 13%。

（44）选择“分形噪波”图层，双击工具，为“分形噪波”合成添加蒙版。双击“M”键，在“时间线”窗口中设置“蒙版羽化”为“154,154”，“蒙版扩展”为“−158”，如图 7.118 所示。

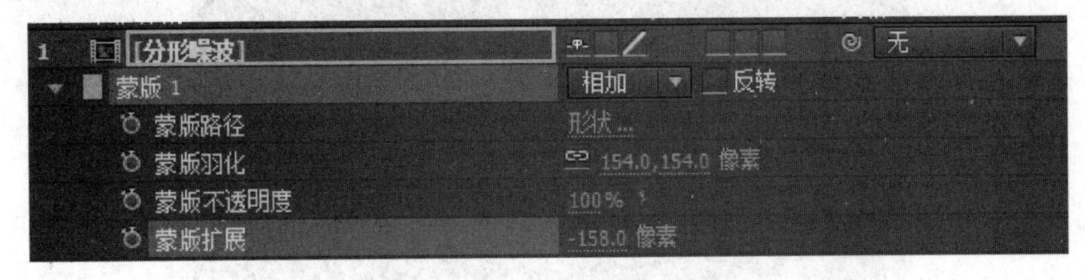

图 7.118　设置“蒙版”参数

（45）打开“水流漩涡”合成，选择“海面”图层，在“效果控件”窗口中打开“Grid”选项，单击“Mesh Distortion”选项前面的图标，再设置“Editing Controls”的“Manipulation”为“Z only”，如图 7.119 所示。设置“Displacement Mapping”的“Displace Layer”为“6.漩涡”，“Displace Height”为“575”，如图 7.120 所示。

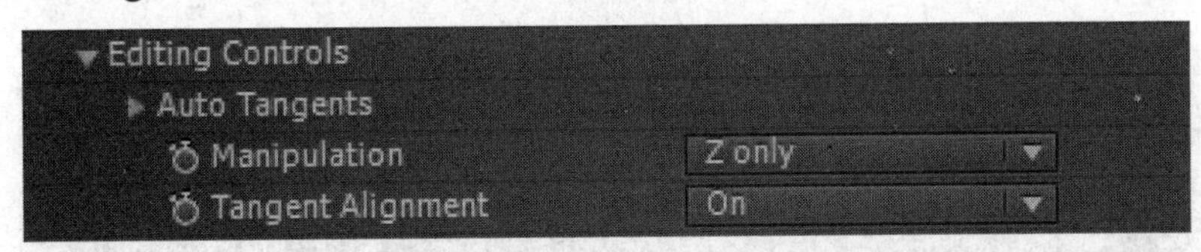

图 7.119　设置“Editing Controls”参数

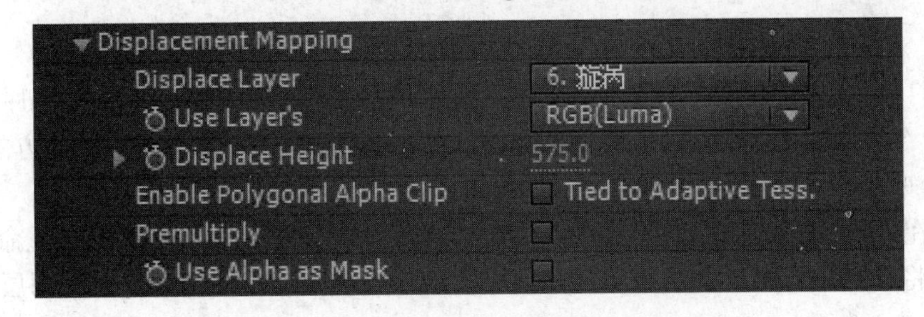

图 7.120　设置“Displacement Mapping”参数

（46）选中“空 1”图层并拖动鼠标，使得漩涡中心位于“合成”窗口的中央，如图 7.121 所示。

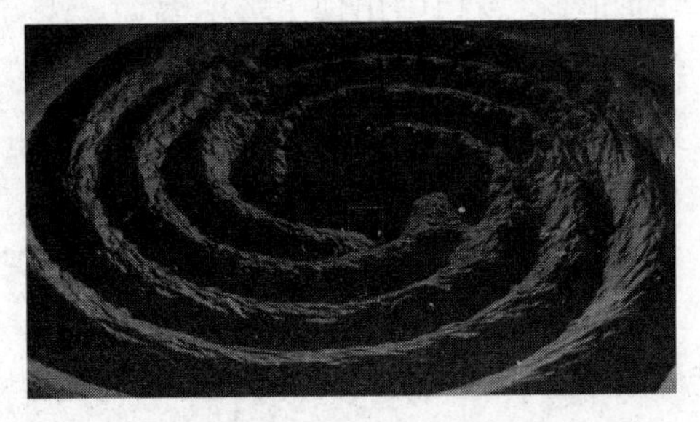

图 7.121　把漩涡中心拖到“合成”窗口的中央

（47）将当前时间指示器移至“0:00:00:10”处，确保“海面”图层的“效果控件”窗口中的“Mettle FreeForm Pro”效果被选中，适当向下拖曳“合成”窗口中网格的交叉点，以达到水面下陷的效果，如图 7.122 所示。

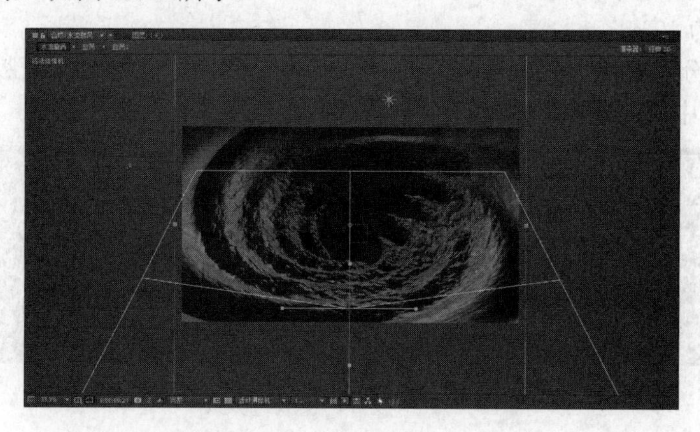

图 7.122　拖曳网格中央的交叉点

（48）选中“海面”图层，在“效果控件”窗口中设置“Material Properties”的“Ambient”为“54%”，“Diffuse”为“10%”，“Specular”为“43%”，“Shininess”为“54%”，如图 7.123 所示。

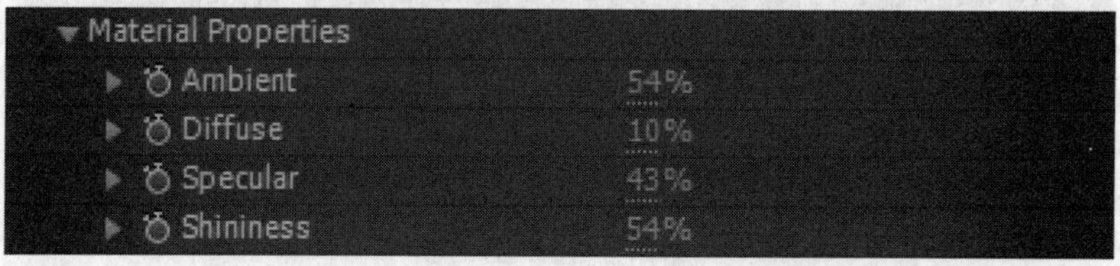

Material Properties
Ambient 54%
Diffuse 10%
Specular 43%
Shininess 54%

图 7.123　设置“Material Properties”参数

（49）打开“海面”合成，选择“图片 1”图层，然后选择菜单“效果”→“扭曲”→“旋转扭曲”命令，设置“旋转扭曲半径”为“50”。按住“Alt”键并单击“角度”前方的按钮，在打开的“时间线”窗口的 “表达式：角度”一栏中输入“time*-15”。

（50）在“项目”窗口中选择“海面”合成，按“Ctrl+D”键复制新图层，重命名为“海面反光”。将“海面反光”合成拖曳至“水流漩涡”合成中，将“海面反光”图层置于“海面”图层上方。

（51）双击打开“海面反光”合成，删除“图片 1”图层。选择菜单 “图层”→“新建”→“纯色…”命令，新建一个颜色为白色的图层，“名称”设为“白色 纯色 1”，然后单击“确定”按钮，此时在“时间线”窗口中出现了该图层。

（52）打开“水流漩涡”合成，选择“海面”图层，在“效果控件”窗口中选中 Mettle FreeForm Pro 插件，按下“Ctrl+C”键复制，选择“海面反光”图层，按下“Ctrl+V”键，将 Mettle FreeForm Pro 插件效果复制到“海面反光”图层。在“效果控件”窗口中设置“Material Properties”的参数“Ambient”为“0”，“Diffuse”为“0”，“Specular”为“100”，“Shininess”为“100”，如图 7.124 所示。

（53）选择“海面反光”图层，调整图层混合模式为“变亮”，如图 7.125 所示。

（54）选择“海面”图层，在“效果控件”窗口中设置“Environment”中“Mist”的参数“Mist Type”为“Linear”，“Mist Near Z”为“-450”，如图 7.126 所示。

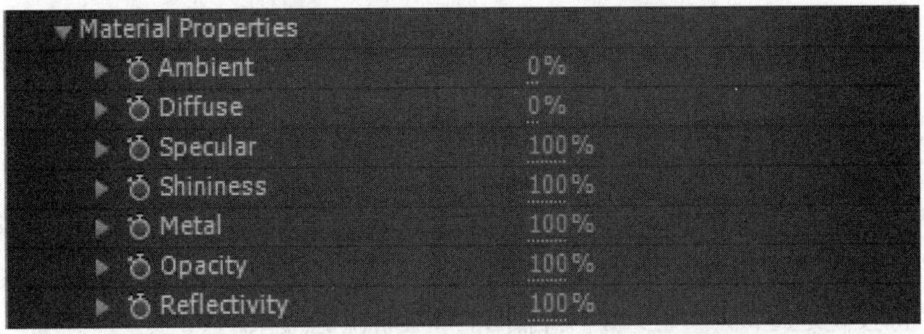

Material Properties	
Ambient	0%
Diffuse	0%
Specular	100%
Shininess	100%
Metal	100%
Opacity	100%
Reflectivity	100%

图 7.124　设置“Material Properties”参数

5	[海面 反光]	变亮			无
6	[海面]	正常		无	无

图 7.125　设置“海面反光”图层的混合模式为“变亮”

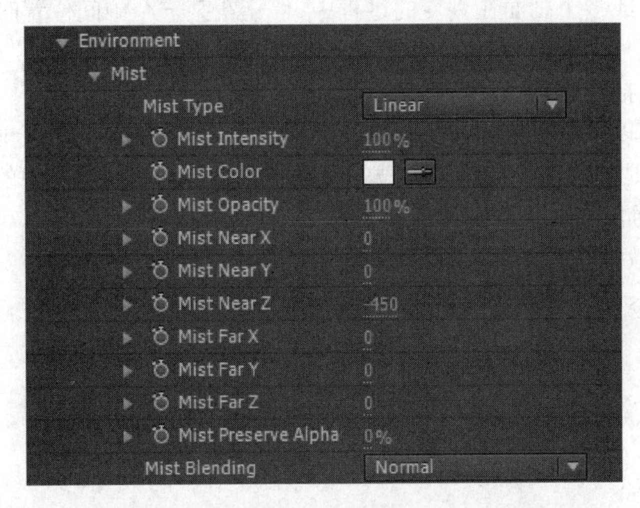

图 7.126　设置“海面”图层的“Mist”参数

（55）最终效果如图 7.127 所示。

图 7.127 最终效果

（56）设置完毕，按小键盘上的“0”键，预览动画。

（57）保存项目文件，命名为 ch07_03。

7.4 练 习 题

一、填空

1. 20 世纪初，在（　　）无意中把摄影机摇到相反的方向拍摄出了意料不到的画面效果之后，特技摄影技术就开始了。

2.（　　）特技效果是建立在模型摄影和特技道具上的，常常在影视剧的制作中使用。

3. 电子特技中的模拟特技，是指直接利用（　　）电视信号来实现特技效果。

4. 数字特技是通过（　　）手段制作特殊画面视觉效果的。

5.（　　）一般用于段落或全片开始的第一个镜头，引领观众逐渐进入；反之，（　　）常用于段落或全片的最后一个镜头，可以激发观众的回味。

6. 如果将两个画面化出、化入中间相叠的过程固定并延续下去，便可得到重叠的效果，叫作（　　）。

7. 当两个画面或多个画面在划变的过程中，停止在某一个中间位置时，便能得到(　　)的效果。

8. 键控特技包括（　　）、（　　）和（　　）。

9.（　　）是以参与键控的某一图像的亮度信号作为信号进行组合画面的。

10. （　　）是指利用参与键控特技的两路图像信号的一路信号中的任一彩色作为键信号来分割和组合画面。

11. 数字特技效果包括（　　）数字特技和（　　）数字特技。

12. After Effects 是一种基于（　　）操作的合成软件。

二、名词解释

1. 淡
2. 化
3. 划
4. 键

三、简答

1. 特技在数字视频作品创作中有什么作用？
2. “化”一般在哪些场合中使用？

第 8 章　数字视频作品的输出与发布

数字视频作品的输出与发布是数字视频制作的最后一个重要环节。利用非线性编辑软件 Premiere Pro CC，配合相应的第三方插件，我们可以输出多种形式的数字视频文件，包括影片格式、导出到 Web，以及回录到磁带等。这种作品输出与发布的多样性，正是数字视频制作的重要特点。

8.1　数字视频输出的媒体

在输出数字视频作品时，首先要明确作品制作的需求，其次要分析不同媒体的特点，从而确定输出的媒体类型。

8.1.1　明确作品制作的需求

作为数字视频的制作者，首先要明确作品制作的需求，即该作品是为电视台制作节目？还是在视频网站发布？还是为了多媒体教学使用？明确了作品制作的需求，才可以有针对性地选择不同的媒体。

8.1.2　分析不同媒体的特点

不同的媒体有不同的特点，常见的输出媒体有以下几种类型。

1. 计算机文件

计算机文件是指适用于本地播放的各种视频文件类型。常见的数字视频格式包括 MPEG、AVI、RM、DV、DivX、ASF、FLV、MKV 等（具体介绍参见第 2 章）。

2. 录像带

通过非线性编辑系统的非编卡上的接口，可将数字视频作品输出到数字录像机或模拟录像机，从而将其输出成所有流行的数字和模拟磁带格式。当然，为了保证图像质量，应优先考虑使用数字接口，其次是分量接口、S-Video 接口和复合接口。

3. 光盘

虽然随着闪存电子存储技术的发展，使得业界开始讨论光盘存储技术什么时候将消失，但由于光盘具有的保存时间长、方便携带使用等优点，所以仍然有一些企事业单位的形象宣传片、产品专题片等会以光盘作为重要的载体来进行存储或分发。

4. 计算机网络

随着流媒体技术的发展，用户可以将制作完成的数字视频作品输出为网络视频数字流，在互联网上发布。目前，很多非线性编辑系统提供了一系列可快速、方便地将项目发行到网页上的工具，为数字视频作品架起了通向广大观众的桥梁。

5. 移动视频设备

移动视频设备是数字视频作品发布的一个新途径。智能手机、iPod、MP4、PSP 等移动视频设备成为数字视频发布的新一代载体，手机电影、手机视频广告受到了越来越多传统影视传媒机构的关注。由于其便携、移动的特点，移动视频设备为数字视频作品的传播开辟了一片崭新的领域。

8.1.3　确定输出媒体的类型

在确定输出媒体的类型时，为了获得高质量的视频效果，不但要熟悉各种媒体的特点，还要分析相应的硬件配置，并对输出参数进行适当设置。虽然在利用非线性编辑系统编辑节目之前就已经设置好项目参数了，但在输出前的再检查仍然是十分必要的，这样做可以确认数字视频作品最终输出的参数。如有必要，应该对输出项目的参数重新设置。在输出媒体时，要注意以下事项。

1. 输出到录像带

用户使用的硬件必须能产生电视机显示的扫描速率和视频信号编码。它与计算机显示器产生的信号不同，用户计算机能否产生电视信号并提供正确的电缆连接取决于视频计算机和视频卡的类型，大多数标准的视频卡能够产生电视需要的扫描频率。由于传统电视行业采用隔行扫描方式显示画面，即两场扫描，场次序因播放系统和视频编辑系统而异，因此在分离场时应该选择正确的场次序，避免运动的不平滑现象。此外，还需要选择适合所选择录像带播放的帧格式，以保证不掉帧，使画面质量最大限度地保真。

2. 输出到光盘

输出到光盘时，要考虑到播放视频的用户使用的硬件参差不齐，适当降低输出视频文件的数据速率。在输出过程中，可参照以下原则调整。

（1）如果所选用的压缩/解压缩算法允许调整数据速率与质量系统，则在不至于损失太多画面质量的前提下，尽可能降低数据速率与质量系数，求得数据速率与画面质量的最佳匹配。

（2）只要画面的动态变化感觉不出太大的跳动，就可尽量降低帧速率，而不必受限于电视标准的帧速率规定。

（3）为了优化视频文件的观看质量，可以裁减画面，以较小的尺寸输出。

3. 输出到网络

当视频文件用于在网络上传输时，可以依据选择网络的不同，进行有针对性的选择。

1）用于局域网播放的视频

数据速率可以设置为 100Kb/s 或更高，具体速度与用户网络的速度有关。

2）用于在 Internet 上下载的视频文件

人们最关心的是下载文件耗时多少，因此视频文件的大小至关重要。文件小，则下载时间短；文件大，则下载时间长。如果使用流式传输技术，用户不必等到整个文件全部下载完毕，而只需经过几秒或十几秒的启动延时即可进行观看，文件的剩余部分将在后台从服务器内继续下载，而且不需要太大的缓存容量，不过仍会受到用户网络带宽的限制。

4．输出到移动视频设备

移动视频设备都有自己专用的视频格式，其传输方式也不尽相同，因此在输出时要根据具体的移动设备的特点输出相应的格式。

8.2　数字视频输出的设置

在非线性编辑软件 Premiere Pro CC 中，要对数字视频输出进行设置，可选择菜单“文件”→“导出”→“媒体”命令，打开如图 8.1 所示的“导出设置”对话框。

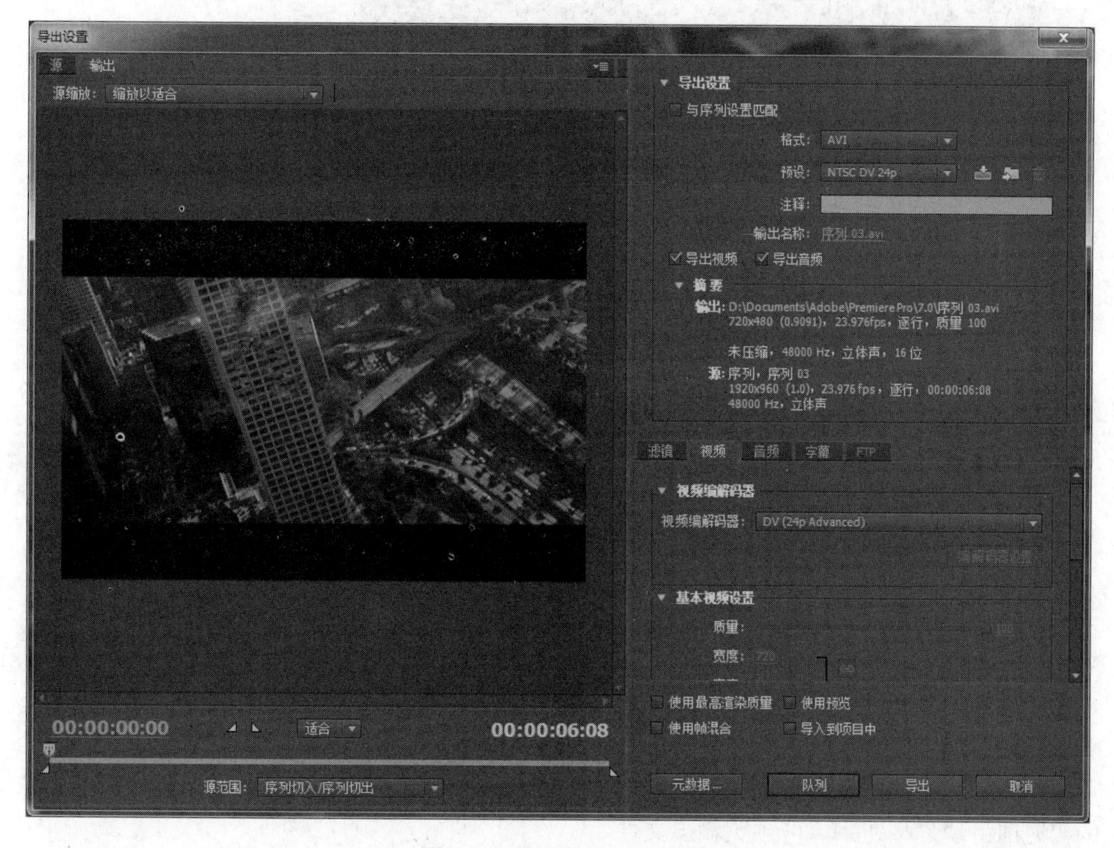

图 8.1　“导出设置”对话框

在对话框左上角，可以看到“源”和“输出”两个选项卡。在“源”选项卡中可对最终要输出的作品进行裁剪和设置，而“输出”选项卡可供用户预览最终的导出效果。对话框右上角的按钮用于设置“长宽比校正”选项。

1）“源”选项卡

“源”选项卡的上部有一组工具按钮，如图 8.2 所示。各按钮含义如下。

（1）“裁剪”：按下“裁剪”按钮，可以激活“裁剪”属性，对文件进行裁剪。该按钮用于对当前对象整体进行大小修改。单击该按钮后，要输出的文件选框将变成白色，此时就可根据要输出的部分进行裁剪。

（2）“参数设定”：通过左侧、顶部、右侧和底部 4 个参数来设定要输出的部分，其功能与“裁剪”按钮一样。

（3）“裁剪比例”：用于设置裁剪比例。单击，会出现多种比例供用户选择，如图 8.3 所示。

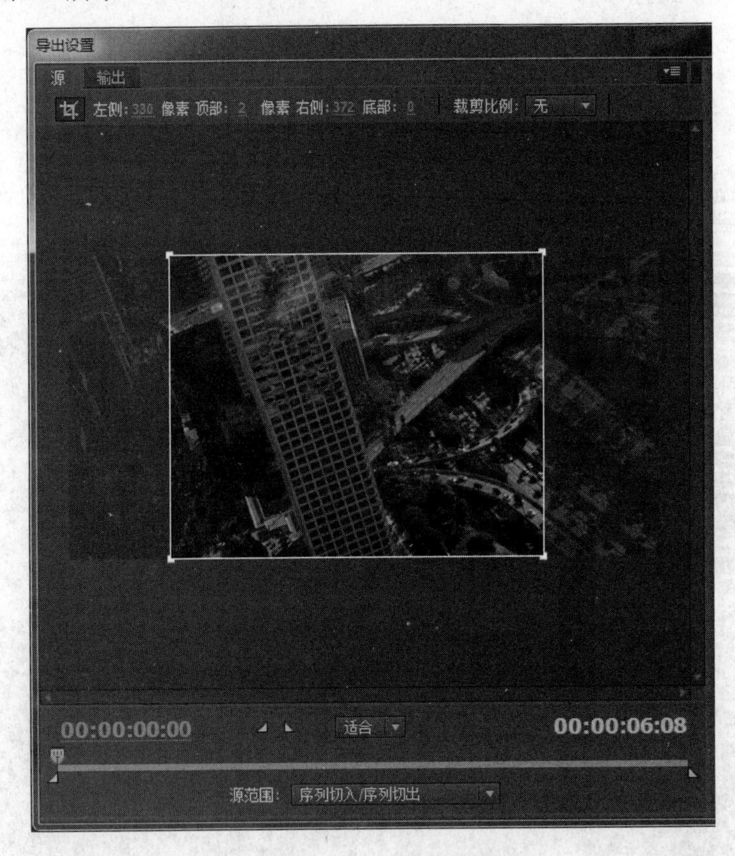

图 8.2　“源”和选项卡

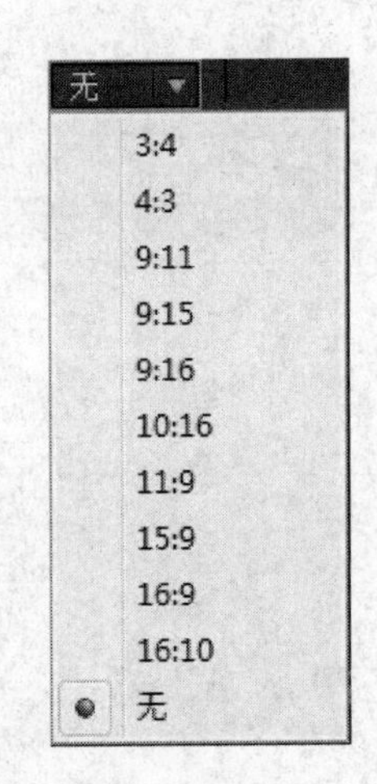

图 8.3　裁剪比例

（4）和按钮：用于设定入点和出点。

（5）“显示比例”：用于设置当前显示比例，单击，会出现如图 8.4 所示的菜单。一般情况下，系统默认为“适合”，用户也可根据自己的需要来设置。

（6）：通过拖曳和按钮可设置输出位置；通过拖曳上方的“时间滑块”按钮，可预览输出文件。

2）“输出”选项卡

裁剪完成后，可切换至“输出”选项卡，如图 8.5 所示。可以查看即将输出的视频画面，用户可根据预览的输出样式进行裁剪设置。

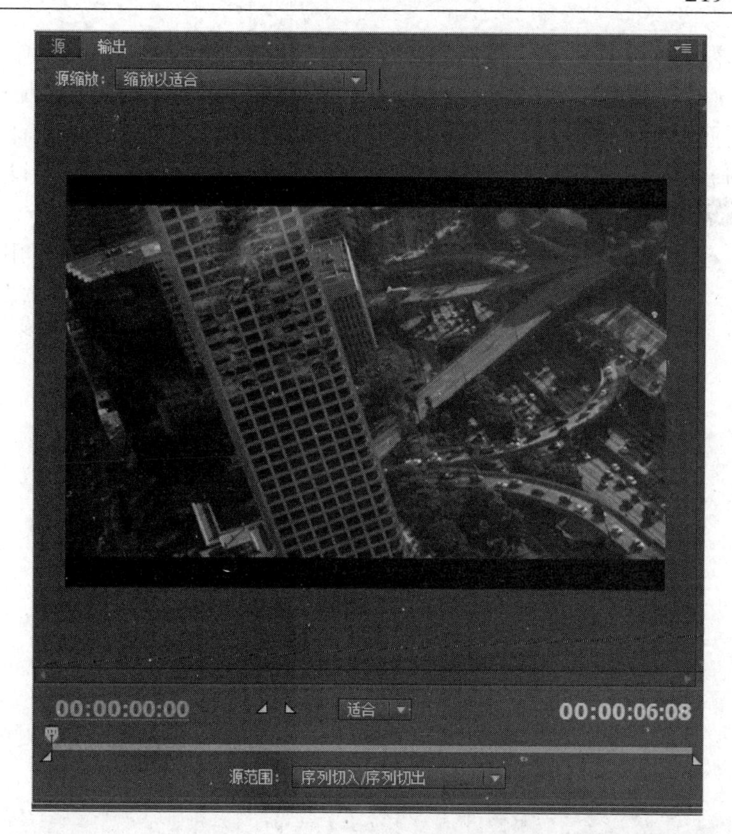

图 8.4　显示比例

图 8.5　“输出”选项卡

3）导出设置

在“导出设置”对话框的右边是一系列选项的设置，如图 8.6 所示。其作用和功能如下。

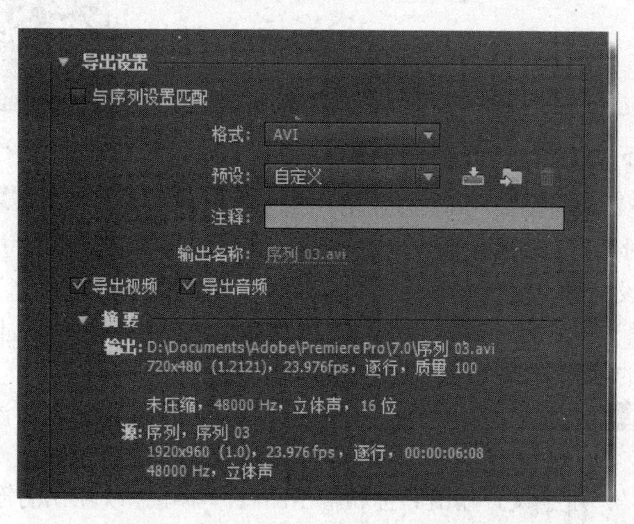

图 8.6　“导出设置”对话框的设置选项

（1）“格式”：用户输出文件时，首先要设定的是文件输出的格式。单击“格式”选项后侧的▼按钮，用户可以从中选择多种文件格式的输出方式，如图 8.7 所示。最常用的格式是

AVI 视音频文件格式，当然也可导出为单独的图像或视频、音频文件。

（2）“预设”：系统提供的默认设置，用于设定文件输出的制式，其选项根据选择格式的不同而不同。单击“预设”选项后侧的按钮，用户可以从中选择要输出文件制式的种类，如图 8.8 所示。“预设”选项右侧有 3 个按钮，分别是“保存预设”按钮、“导入预设”按钮和“删除预设”按钮。

- “保存预设”按钮：用于保存用户输出的制式，也可用于保存用户自定义的制式。单击“预设”选项后侧的按钮，选择一种预设后单击按钮，将弹出“预设错误”对话框，如图 8.9 所示。这是因为我们选择的是系统预置的制式，因此不能将其覆盖，故出现错误。

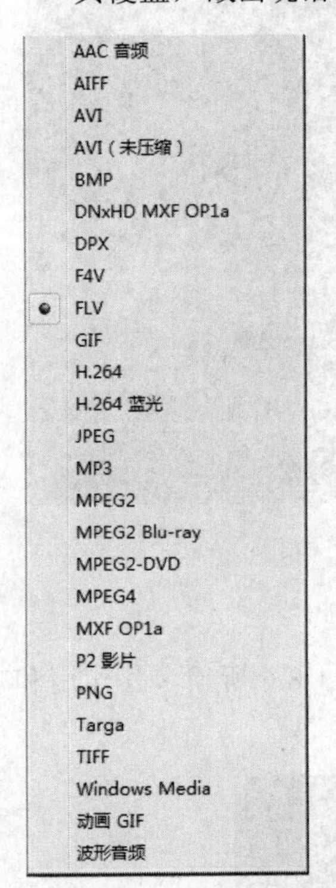

图 8.7 “格式”选项下拉列表

图 8.8 “预设”选项下拉列表

图 8.9 “预设错误”对话框

- “导入预设”按钮：用于导入用户需要输出的预置。单击按钮，将弹出“导入预设”对话框，如图 8.10 所示，供用户打开需要输出制式的位置，然后进行导入，导入的预设文件类型包括*.per 和*.xml 两种。
- “删除预设”按钮：用于删除用户保存和导入的预置。值得注意的是，无法删除系统自带的预置。

（3）“注释”注释:：用于为输出文件添加注释，单击即可进行输入。

（4）“输出名称”：用于设置输出名称和输出路径。单击系统默认的输出路径和名称，将出现“另存为”对话框，如图 8.11 所示，供用户选择要保存的路径和文件名称。

在上述 4 个选项的下方是“导出视频”和“导出音频”复选框，单击前方的可选择是否导出。在其下方显示的是输出文件的摘要信息。

图 8.10　“导入预设”对话框

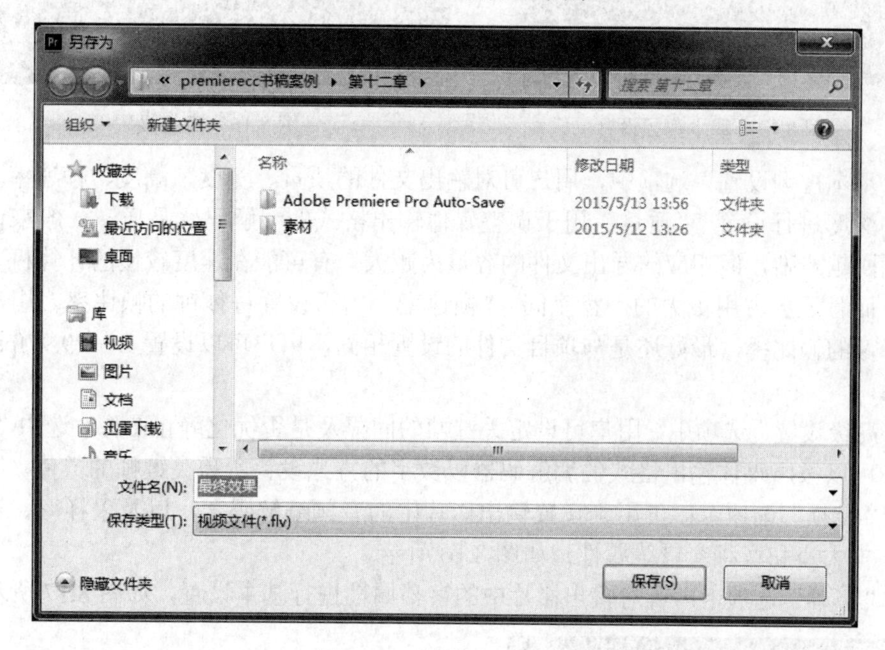

图 8.11　“另存为”对话框

4）其他设置

- “滤镜”选项卡：用于设置“高斯模糊”滤镜效果的模糊程度和尺寸。选中“高斯模糊”复选框，可进行“模糊度”和“模式尺寸”的设置，如图 8.12 所示。
- “视频”选项卡：可用于设置视频编解码器、品质、高度和宽度等基本设置，以及关键帧、是否扩展静帧图像等高级设置。单击“视频编解码器”右侧的▾按钮，便可出现“视频编解码器”下拉菜单，如图 8.13 所示。

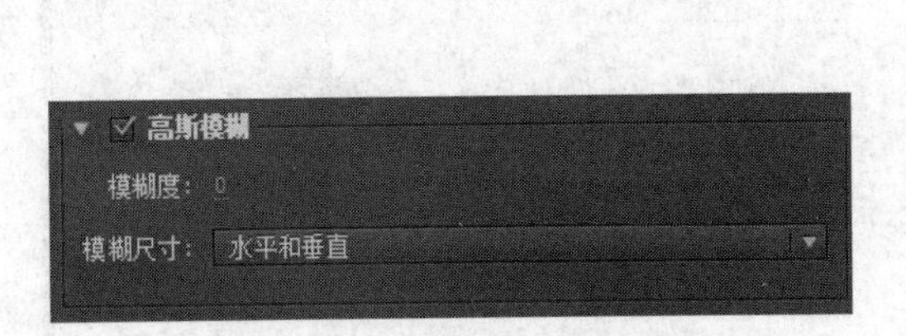

图 8.12 “滤镜”选项卡

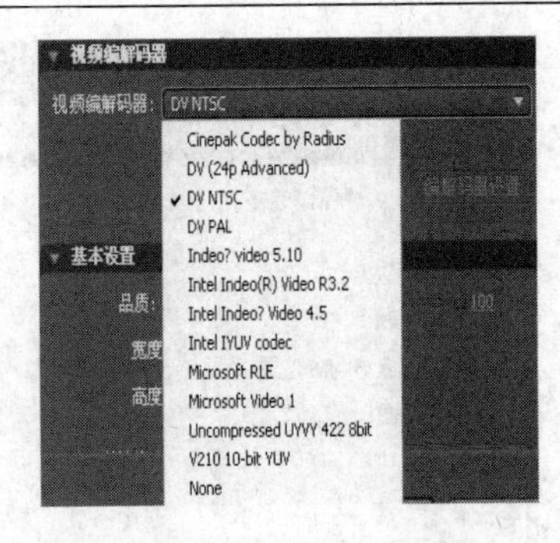

图 8.13　视频编码器

“视频编码器”选项下方是“基本视频设置”和“高级设置”两个选项，如图 8.14 和图 8.15 所示。

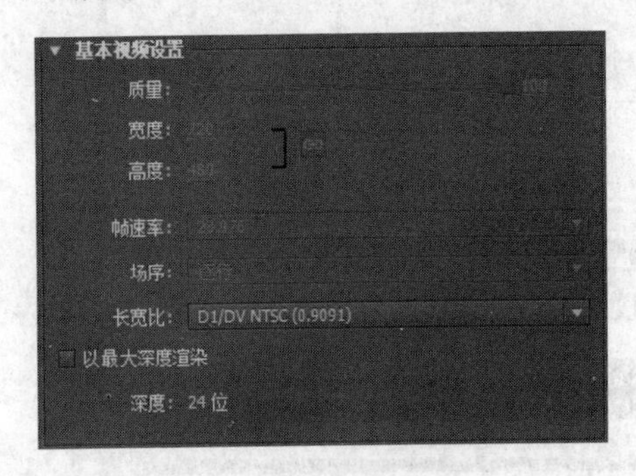

图 8.14　基本视频设置

图 8.15　高级设置

在“基本视频设置”选项中，用户可对输出文件的质量、宽度、高度、帧速率、场序、长宽比和深度进行设置。“质量”用于调整媒体输出格式的编解码器品质。一般来说，质量越高则画面越清晰，但相应的导出文件的容量为越大，有可能在速度较慢的计算机上无法正常播放，而且还会占用更大的硬盘空间。“帧速率”用于设置每秒钟的帧比率。用户如果不想改变影像的帧比率，最好还是与项目文件的设置相同，用户可以设置 1～29.97fps 之间的各帧速率。

在“高级设置”选项中，用户可设定关键帧的间隔及是否优化静止图像。选中“关键帧”复选框，可以按照媒体输出格式的编解码器以数字的方式设置所需关键帧的数值。

- “音频”选项卡：可用于设置输出影片中的音频编解码器，以及采样率、声道、样本大小和音频交错等属性，如图 8.16 所示。
- “字幕”选项卡：可对输出影片中的字幕属性进行基本设置，如图 8.17 所示。

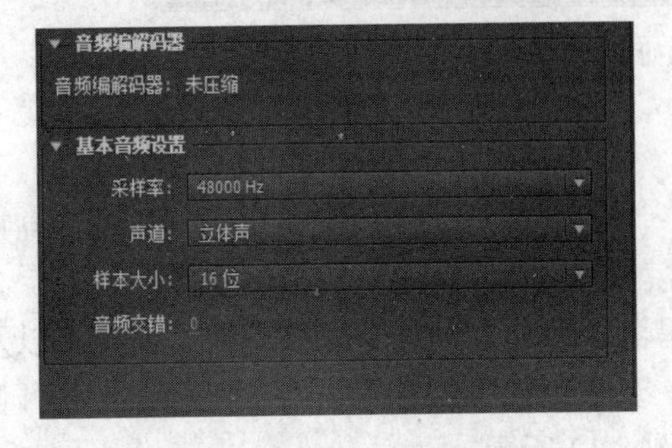

图 8.16 “音频”选项卡的设置

图 8.17 “字幕”选项卡的设置

- “FTP”选项卡：可对影片输出的 FTP 相关内容进行设置，如图 8.18 所示。

需要说明的是，当用户输出的是视/音频文件时，会呈现上述“滤镜”、“视频”、“音频”、“字幕”和“FTP”5 个选项卡；当用户选择输出文件为 GIF、Windows 位图、Targa 和 TIFF 等图像格式时，不能在“导出设置”对话框中设置与音频相关的参数选项，即仅出现“滤镜”、“视频”、“字幕”和“FTP”4 个选项卡。当用户选择输出文件为 MP3 和 Windows 波形等音频格式时，不能在“导出设置”对话框中设置与视频相关的参数选项，即只有“音频”和“FTP”两个选项卡。而当用户选择输出文件为 H.264、H.264 蓝光等格式时，会出现“多路复用器”选项卡，如图 8.19 所示。

图 8.18　“FTP”选项卡的设置

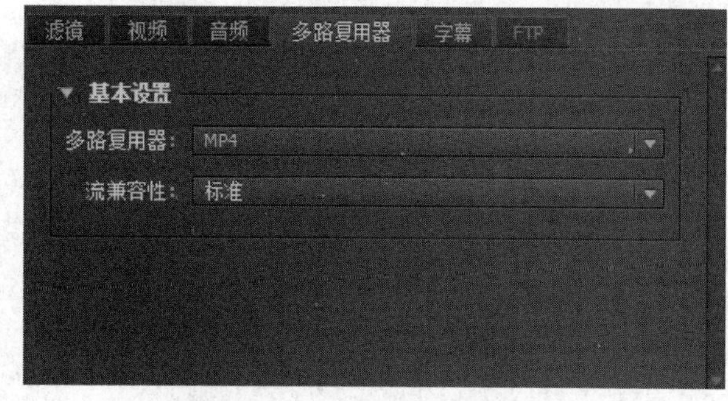

图 8.19　“多路复用器”选项卡

用户完成整个导出设置后单击“确定”按钮，便可进行文件的渲染和导出。导出完成后，可在存放路径下查看播放。

8.3　使用 Adobe Media Encoder

Adobe Media Encoder 是一个视频和音频编码应用程序，能够对各种格式的音频和视频文件进行编码。

用户在“导出设置”对话框中设置好参数后，单击“队列”按钮，Premiere Pro CC 会自动启动 Adobe Media Encoder，其界面如图 8.20 所示。

单击“开始队列”按钮，开始渲染输出影片，此时“开始队列”按钮将变为“停止队列”按钮，在软件下方可以看到渲染信息，如图 8.21 所示。

- “暂停”：单击该按钮可以暂停渲染，此时“暂停”按钮将变为“继续”按钮。
- “停止队列”：单击该按钮可以停止渲染影片，此时会弹出如图 8.22 所示的提示框。
- “添加”：单击该按钮可以在队列中添加一个或多个文件。
- “复制”、“移除”：可以对队列中选择的文件进行复制或删除操作。单击“移除”按钮时，将会弹出如图 8.23 所示的提示框。
- “添加输出”：单击该按钮可以打开“导出设置”对话框进行设置。

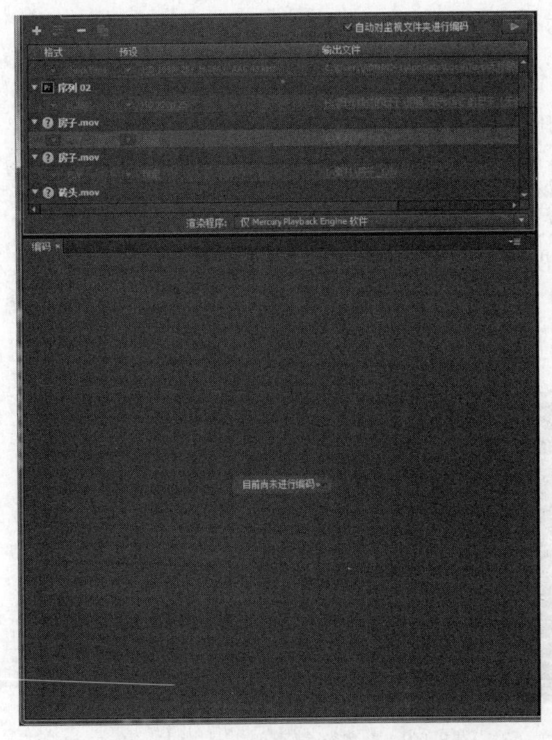

图 8.20　启动 Adobe Media Encoder

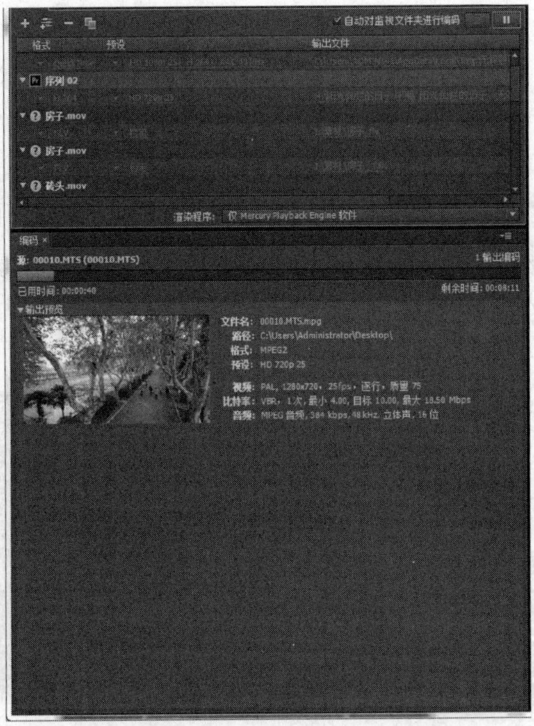

图 8.21　渲染输出过程

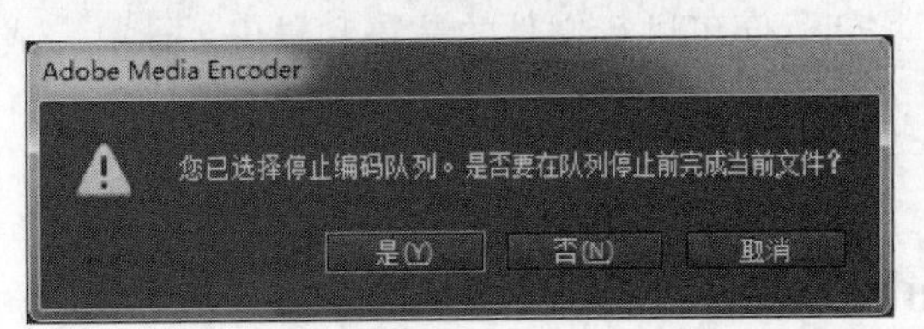

图 8.22　提示框（1）

图 8.23　提示框（2）

8.4　导出视频画面为图像

在 Premiere Pro CC 中，想要将“时间线”窗口中的视频素材导出为图像，可以通过菜单“文件”→“导出”→“媒体”命令实现。选择菜单“文件”→“导出”→“媒体”命令可以导出静帧视频画面为单帧图像，也可以导出一段视频片段为序列图像，但导出单帧图像和导出序列图像在设置上有所差别。

8.4.1　导出静帧视频画面为单帧图像

选择菜单“文件”→“导出”→“媒体”命令，不仅可以从素材中将特定的帧导出为单帧图像，还可以把多个轨道上运用各种效果合成的一个帧制作成单帧视频画面。值得注意的是，导出“媒体”命令根据“源”窗口、“项目”窗口及“时间线”窗口的选择状态不同，导出的内容也会有所不同。在“源”窗口下，选择菜单“文件”→“导出”→“媒体”命令，会将“源”窗口中当前时间标记处的帧导出为单帧图像；在选择“项目”窗口中的素材时，选择菜单“文件”→“导出”→“媒体”命令，会将素材的第一帧导出为单帧图像。用户可以将静帧导出为 BMP、TIF、GIF 和 TGA 这 4 种图像文件格式。

8.4.2　导出视频片段为序列图像

导出视频片段为序列图像也是通过使用菜单“文件”→“导出”→“媒体”命令实现的。

下面以本书配套光盘实例 ch06_01 为例，从中选择一个视频片段，将其导出为序列图像。具体步骤如下。

（1）启动 Premiere Pro CC，打开 ch06_01 项目文件。

（2）在“时间线”窗口中移动工作区域标识两侧的边界，设置导出为序列图像的工作区域，如图 8.24 所示。

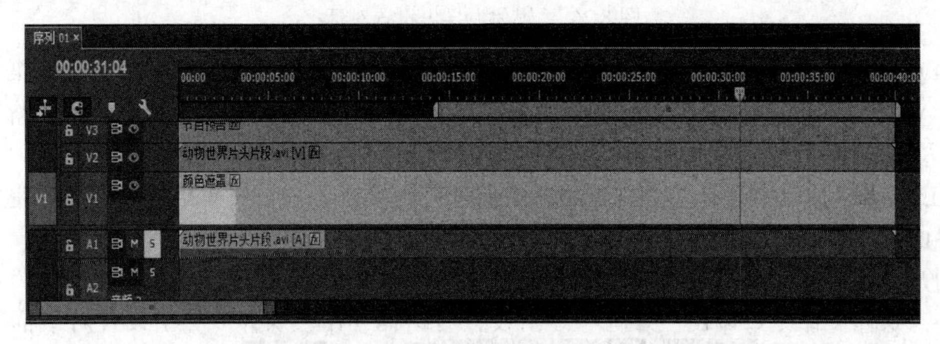

图 8.24　设置导出为序列图像的工作区域

（3）选择菜单“文件”→“导出”→“媒体”命令，打开“媒体”导出设置对话框。在该对话框中单击“导出设置”窗口中的“格式”选项，选择“格式”下拉列表框中的“Targa”文件格式，并对输出的“预置”进行选择，此处选用系统默认的“PAL Targa”。单击“输出名称”后方的路径进行修改，如图 8.25 所示，选择要保存的位置，输入要输出文件的名称“序列图像”，单击“保存”按钮，返回“媒体”导出设置对话框。单击“高级模式”中的“视频”选项卡，选中“导出为序列”复选框，并对“帧速率”、“场类型”和“纵横比”进行设置，如图 8.26 所示。

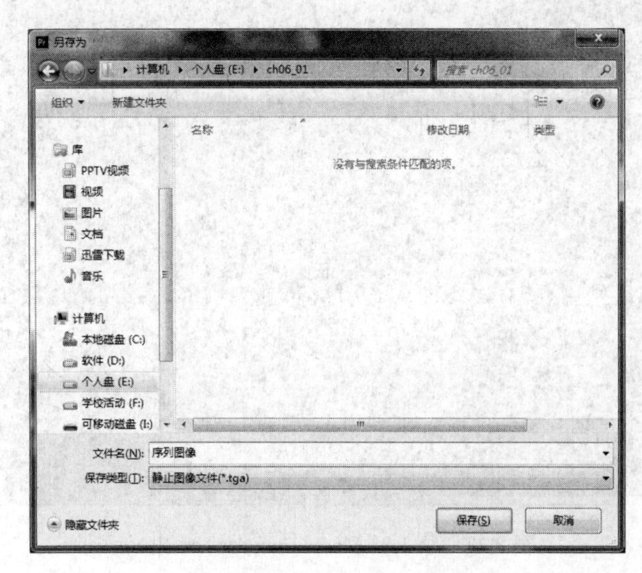

图 8.25　“另存为”对话框

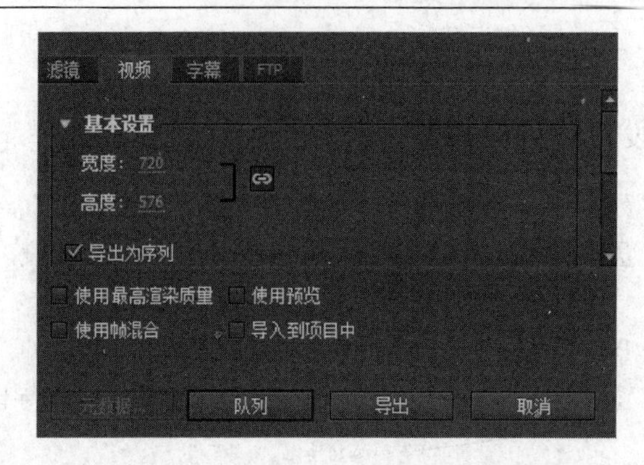

图 8.26 “媒体”导出设置对话框

（4）设置完成后，单击下方的“队列”按钮，即可打开“渲染”对话框显示渲染进度，调出“Adobe Media Encoder”输出界面，如图 8.27 所示，该界面显示要导出的文件路径和名称，以及其他相关设置。查看无误后，单击“开始队列”按钮便可进行导出。同时，“Adobe Media Encoder”输出界面下方将显示导出的时间及预览画面，如图 8.28 所示。导出完成后关闭该界面，在存放路径下可查看已导出的序列图像文件。

用户除了采用上述方法将视频画面导出为图像外，也可通过选择菜单“文件”→“导出”→“媒体”命令，调出“媒体”导出设置对话框。在“媒体”导出设置对话框的“预览”窗口中通过拖曳中的和按钮设置要输出的静帧视频画面或视频片段，然后进行相关的导出设置即可。

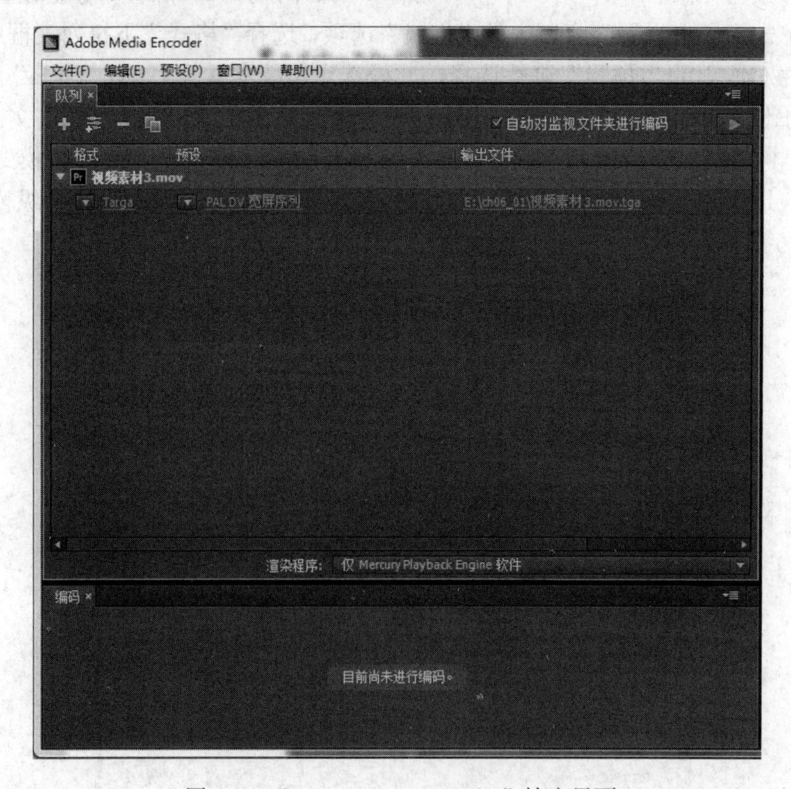

图 8.27 “Adobe Media Encoder”输出界面

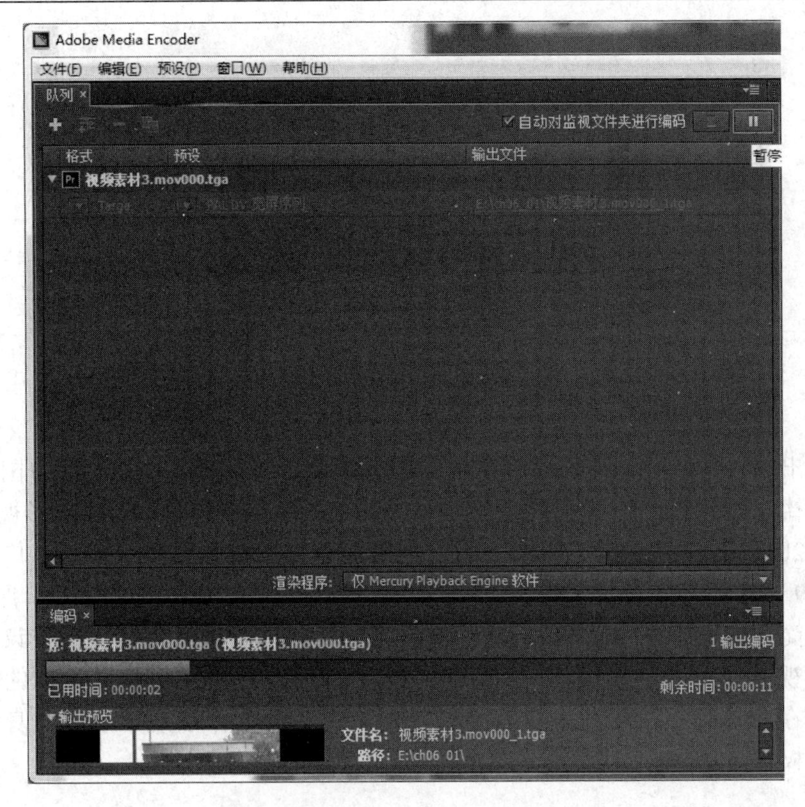

图 8.28　导出过程查看

8.5　练　习　题

一、填空

1. 通过非线性编辑系统的非编卡上的接口，可将数字视频作品输出到数字录像机或模拟录像机，从而将其输出成所有流行的数字和模拟磁带格式。当然，为了保证图像质量，应优先考虑使用（　　）接口，其次是（　　）接口、（　　）接口和（　　）接口。

2. 在输出媒体到录像带时，用户使用的硬件必须能产生电视机显示的扫描速率和视频信号编码。它与计算机显示器产生的信号不同，用户计算机能否产生电视信号并提供正确的电缆连接取决于视频计算机和（　　）的类型。

3 Adobe Media Encoder 是一个视频和音频（　　）应用程序。

4. 在 Premiere Pro CC 中，想要将“时间线”窗口中的视频素材导出为图像，可以通过菜单“文件”→“导出”→（　　）命令实现。

二、简答

1. 常见的输出媒体有哪些类型？

2. 输出媒体到光盘时，一般要按照什么原则调整？

第 9 章　数字视频制作的法律规定与职业道德

9.1　数字视频制作的法律规定

影视的出现，对人类文明的进程产生了深远影响。与世界各国一样，中国一贯重视影视行业的法律法规建设与完善，自从加入 WTO 以来，我国更是大幅调整影视政策，加快影视立法。2015 年 3 月，国家新闻出版广电总局负责人宣布要加快启动《广播电视法》立法工作。9 月 1 日，国务院常务会议审议通过了《中华人民共和国电影产业促进法（草案）》（以下简称《电影法（草案）》），并决定将草案提请全国人大常委会审议。这意味着国家已将影视产业发展纳入战略层面，而中国影视产业也将在更加法治化的环境中迎来新的机遇。在此形势下，影视人更有必要了解影视业的法律法规，规范自身行为，保护自己的合法权益。

9.1.1　法与影视法

1．法的基本概念与特征

法是由国家统治阶级制定的，并由国家强制力保证实施，是普遍适用的行为规范体系。法是统治阶级意志的体现，也是保证统治阶级的社会关系和维护社会秩序的工具。我国社会主义法制建设是在工人阶级领导下的人民意志的体现，是维护、保障与促进社会主义制度与社会主义现代化建设的法治工具。

在我国，狭义的法专指全国人民代表大会及其常务委员会制定的规范性法律文件；广义的法不仅表现为法律，还包括行政法规、地方性法规、部门规章等。

2．影视法概述

人们通常所说的“影视法”是指针对影视创作活动的相关法律法规，涉及影视创作的策划、制作、传播等方面。我国影视法的体系包括以下几个方面。

1)《中华人民共和国宪法》

《中华人民共和国宪法》（以下简称《宪法》）规定了一个国家制度基本原则、国家机关的组织和活动的基本原则、公民的基本权利和义务，涉及整个社会生活的各个方面。《宪法》作为国家组织和活动的总章程，具有最高的法律效力，是制定其他法律的依据，一切法律法规都不能与《宪法》相抵触。《宪法》规定的各项基本原则与基本内容是指导影视创作活动的总方针。一切影视创作活动都要在《宪法》的指导下进行。

《宪法》第二十二条规定：“国家发展为人民服务、为社会主义服务的文学艺术事业、新闻广播电视事业、出版发行事业、图书馆博物馆和其他文化事业，开展群众性的文化活动。”这从根本上规定了新闻广播电视事业应保持“为人民服务、为社会主义服务”的总方向，为影视行业的发展指出了明确的方向，成为我国影视行业发展的根本指导方针。影视从业人员必须保持社会价值取向，在了解、宣传党和国家方针政策的基础上，充分利用影视传播活动为社会主义的精神文明建设贡献自己的一份力量。

《宪法》在关于保障国家权益和社会公共利益等方面提出了明确的内容：“中华人民共和国公民有维护祖国的安全、荣誉和利益的义务，不得有危害祖国的安全、荣誉和利益的行为。”

2）相关法律

在我国，法律是指由全国人民代表大会及其常务委员会制定、颁布的规范性文件。由于影视行业在社会生活各方面的特殊性，国家已经出台了一系列相关的法律条款，这对于影视行业的规范发展有着重要意义。

（1）《中华人民共和国民法通则》是调整公民、法人等主体之间社会关系的法律规范，影视行业也应遵守《中华人民共和国民法通则》中的相关法律条文。例如，“公民享有肖像权，未经本人同意，不得以营利为目的使用公民的肖像。”“公民、法人享有名誉权，公民的人格尊严受法律保护，禁止用侮辱、诽谤等方式损害公民、法人的名誉。”“公民、法人享有荣誉权，禁止非法剥夺公民、法人的荣誉称号。”

（2）《中华人民共和国刑法》（以下简称《刑法》）针对大众传媒的传播内容中“有害公共利益的言论和信息的公开传播”做出了强制性的规范，这也是数字视频（DV）策划制作师在从事影像传播活动中不可逾越的底线。如《刑法》中规定：“以牟利为目的，制作、复制、出版、贩卖、传播淫秽物品的，处三年以下有期徒刑、拘役或者管制，并处罚金；情节严重的，处三年以上十年以下有期徒刑，并处罚金；情节特别严重的，处十年以上有期徒刑或者无期徒刑，并处罚金或者没收财产。”

（3）为保护未成年人的身心健康，数字视频（DV）策划制作师应该对规定影视传播内容的相关法律进行深入研究。例如，《中华人民共和国未成年人保护法》第三十四条规定：“禁止任何组织、个人制作或者向未成年人出售、出租或者以其他方式传播淫秽、暴力、凶杀、恐怖、赌博等毒害未成年人的图书、报刊、音像制品、电子出版物以及网络信息等。”另外，《中华人民共和国预防未成年人犯罪法》对影像作品的内容传播也做了严格的规定。

（4）《中华人民共和国合同法》是保护合同当事人的合法权益，维护社会经济秩序，促进社会主义现代化建设的法律。影视创作是集体协作性的创作活动，相关操作事宜需要严格按照《中华人民共和国合同法》的有关内容进行规范。

（5）《中华人民共和国著作权法》是保护和规范作品权利人及使用者行为的基本性法律，也是保障影视作品的制作者和参加制作的各类人员权利的法律。影视从业人员要熟悉《中华人民共和国著作权法》，以便在影像创作活动中切实保护他人与自身的合法权益。

（6）伴随新闻事业的发展，保护个人隐私已成为国际共识。我国《宪法》明确规定对公民的人身、人格尊严、家庭、住宅等最基本的隐私事项予以保护；《中华人民共和国治安管理处罚法》规定偷窥、偷拍、窃听、散布他人隐私的行为将受到相应的处罚；《中华人民共和国未成年人保护法》规定任何组织和个人不得披露未成年人的个人隐私；《中华人民共和国预防未成年人犯罪法》规定对未成年人犯罪案件，新闻报道、影视节目、公开出版物不得披露该未成年人的姓名、住所、照片及可能推断出未成年人的资料。因此，影视创作活动，尤其是一些以牟利为目的的商业性影视创作，如果有涉及他人隐私的内容应事先征得被拍摄者的同意，最好有相关书面授权文件。

此外，国家对影视创作一直实行严格的审批制度或行政许可制度，即影视制作单位必须按照相关的法律程序进行申请，经过依法审定同意才可以从事相关影视创作活动。国家关于影视创作的许可、管理及违法处罚等方面的规定主要体现在《中华人民共和国行政许可法》、《中华人民共和国行政处罚法》、《中华人民共和国行政诉讼法》等法律的若干规定中，这些都是数字视频策划与创作者必须学习的内容。

3）行政法规

行政法规是指国务院根据《宪法》和法律，以及领导与管理国家各项行政工作的规范性文件的总称，其效力与地位低于《宪法》和法律，是我国法律体系中的重要构成部分。

我国对于影视创作与传播活动进行管理的专门性行政法规是《电影管理条例》和《广播电视管理条例》，这也是目前影视从业人员必须遵守的最权威、最系统的规范性文件。其中，针对电影、电视及其他影视创作的内容传播设置了比较详细的规范底线。例如，在影视画面内容的传播上应严格遵守《电影管理条例》的第二十五规定，即电影片禁止载有下列内容：

（1）反对宪法确定的基本原则的；
（2）危害国家统一、主权和领土完整的；
（3）泄露国家秘密、危害国家安全或者损害国家荣誉和利益的；
（4）煽动民族仇恨、民族歧视，破坏民族团结，或者侵害民族风俗、习惯的；
（5）宣扬邪教、迷信的；
（6）扰乱社会秩序，破坏社会稳定的；
（7）宣扬淫秽、赌博、暴力或者教唆犯罪的；
（8）侮辱或者诽谤他人，侵害他人合法权益的；
（9）危害社会公德或者民族优秀文化传统的；
（10）有法律、行政法规和国家规定禁止的其他内容的。

电影技术质量应当符合国家标准。

4）地方性法规

地方性法规是指以《宪法》、法律、行政法规为指导纲领，由省、自治区、直辖市，以及省、自治区人民政府所在地的市和经国务院批准的市的人民代表大会及其常务委员会根据本行政区域的具体情况和实际需要，按照规定程序所制定的规范性文件。影视从业人员应及时了解所处地区与影视相关的地方性法规，以便提高影视创作活动的效率。

5）规章

又指部门规章，是国务院所属部委与具有行政管理职能的直属机构根据法律和国务院的行政法规、决定、命令，在本部门的权限范围内制定的规定、办法和实施细则。由于行政法规未能涵盖影视行业的全部活动，因此，国家新闻出版广电总局所制定的各类部门规章就是具体可行的补充规定，从而成为我国影视法体系的重要部分，同样也是具有国家强制力的规范性文件。

《电视剧管理规定》对电视剧的制作管理做了比较详细的规范。

《广播电视节目制作经营管理规定》和《广播电视节目传送业务管理办法》分别对广播电视节目的经营、制作与传播进行了详细的规范。

《电视剧审查管理规定》对电视剧（含电视动画片）题材规划立项、审查机构及标准、审查程序进行了详细的规范。

随着社会经济的不断发展，DV 的日益普及，我国相关部门先后出台了《关于加强影视播放机构和互联网等信息网络播放 DV 片管理的通知》（2004），《互联网视听节目服务管理规定》（2007）、《关于进一步加强网络剧、微电影等网络视听节目管理的通知》（2012）、《关于进一步完善网络剧、微电影等网络视听节目管理的补充通知》（2014）等有关通知和规定，使得对 DV 片、网络剧、微电影的播出和管理日益规范。其中以下几点值得特别注意。

第一，凡违反规定，或格调不高、内容导向存在问题的作品一律不得播放和传播。凡涉及宗教、民族、社会敏感问题的 DV 片，应征求当地有关部门的意见，对其中把握不准，或有可能引起社会负面影响的，不得安排播放。

第二，在互联网等信息网络播放 DV 片，应与播放电影、电视剧等视听节目一样纳入管理，必须取得《网上传播视听节目许可证》后方可传播 DV 片。

第三，数字电影院播放 DV 片，应符合《电影管理条例》等电影法规的规定。广播影视部门举办区域性、全国性的 DV 片评奖或展播活动，主办机构应事先报省级以上广播电视行政管理部门备案，举办国际性的 DV 片评奖或展播活动，需按程序报国家广电总局（现为国家新闻出版广电总局）批准。

第四，任何机构或个人参加境外影视机构举办的或其他专业影视节展的 DV 片评奖、展播活动，其作品应事先取得《电视剧发行许可证》、《电影片公映许可证》，或已经在境内电视台公开播放的证明。对未取得上述证明，擅自将 DV 片送境外参展或评奖，并造成不良影响的，一经发现核实，由国家广电总局（现为国家新闻出版广电总局）向社会公告违规的当事机构或当事人名单，并要求境内所有电视台、互联网站等信息网络机构和数字电影院在三年内不得播放其任何影视和 DV 作品。当事机构或当事人在三年内不得从事其他广播影视节目制作经营活动。

第五，用 DV 机拍摄的 DV 电影或转制成的影片，凡进入电影院、电影频道等大众传播媒体及其他公共场所，或参加境内外电影节（展）等，按《电影管理条例》和有关电影法规执行。

第六，网络剧、微电影等网络视听节目播出后，群众举报或相关行政部门发现节目内容不符合国家有关规定的，要立即下线。其中，有些节目虽然存在问题，但重新编辑后可以播出的，要立即联系节目制作机构重新编辑，重编节目经相应行政部门审核通过并形成统一版本后，方可重新上线。

9.1.2 行政许可

行政许可是指行政机关根据公民、法人或者其他组织的申请，经依法审查，准予其从事特定活动的行为。行政许可制度就是国家为规范行政许可的设定和实施，保护公民、法人和其他组织的合法权益，维护公共利益和社会秩序，保障和监督行政机关有效实施行政管理而建立起来的一整套法律规范和具体运行机制，是调整与行政许可行为有关的申请、审查、决定、延展、中止、撤销等相关行为在内的各种制度的总称。

目前我国广播影视行业的行政许可制度主要的法律依据是《广播电视管理条例》、《电影管理条例》等行政法规。根据规定，在电影和电视节目制作方面，需要审批的环节和种类主要如下所述。

1）准入阶段

电影方面：专门设立电影制作、发行、放映机构，组建跨省院线公司的、院线整合，进行电影进口和进口电影的全国发行，都要进行审批。

电视节目方面：成立广播电视节目经营制作单位，要经过地方或国家主管部门批准；成立电视剧制作单位、发行单位和从事进口电视剧的业务，都要进行批准。

网络组织要进行影视节目的传播，也要经过审批。

2）制作阶段

题材申报阶段：电影剧本要报电影审查机构备案，电影审查机构必要时可以进行审查。电视剧的选题要先进行审批，列入题材规划，才能进行摄制。如果电影和电视剧内容属于重大革命历史题材，在进行题材申报前，还需经有关党的部门和主管部门审查批准。

拍摄准备阶段：需要批准的事项主要是聘请境外的制作、主创人员参与制作时，提供帮助需要批准，与境外的机构合拍需要批准，接受境外机构的委托拍摄需要批准，赴境外拍摄需要批准。

3）传播阶段

影视节目拍摄完成后，非属重大革命和历史题材的电影、电视剧经主管部门审查通过后，电视剧由审查机构（包括省级广电部门和国家新闻出版广电总局）核发《电视剧发行许可证》，电影由国家新闻出版广电总局核发《电影公映许可证》，进行发行播放。电视剧在电视台播放之前，还要依照规定进行播前审查，重播仍要进行审查。进口电视剧在播出前要进行审查。已经取得《电视剧发行许可证》的电视剧，在发行、播放、进口、出口时不得更改。确需更改的，应当按规定重新送审。重大革命和历史题材的电视剧在摄制完成后还要先经过省级广电部门初审，领导小组再审通过。进口供公映的电影，进口前应当报送电影审查机构审查。中外合作摄制的电影片出口、中方协助摄制的电影片或者电影片素材出境的，都需要经国家新闻出版广电总局批准。用于广播电台、电视台播放的境外电影、电视剧，必须经国务院广播电视行政部门审查批准。广播电台、电视台以卫星等传输方式进口，转播境外广播电视节目，必须经国务院广播电视行政部门批准。

1. 影视行业准入许可

自从 2001 年中国入世以来，国家广电总局（现为国家新闻出版广电总局）根据国家大力发展文化产业的要求，降低了行业准入门槛，充分调动各方面积极因素，允许各类所有制机构作为经营主体进入影视节目制作业。

1）电影制片、发行、放映单位设立的许可

（1）电影制片单位设立许可。

电影制片单位包括电影制片厂、电影制片公司、电视台、电视剧摄制中心等，国家对电影制片单位的设立采取行政许可的办法，即电影制片单位的设立必须要经过审批，取得《摄制电影许可证》。

《电影管理条例》第八条规定，设立电影制片单位，需要具备下列条件：（一）有电影制片单位的名称、章程；（二）有符合国务院广播电影电视行政部门认定的主办单位及其主管机关；（三）有确定的业务范围；（四）有适应业务范围需要的组织机构和专业人员；（五）有适应业务范围需要的资金、场所和设备；（六）法律、行政法规规定的其他条件。

依法成立的电影制片单位可以从事以下活动：（一）摄制电影片；（二）按照国家有关规定制作本单位摄制的电影片的复制品；（三）按照国家有关规定在全国范围发行本单位摄制并被许可公映的电影片及其复制品；（四）按照国家有关规定出口本单位摄制并被许可公映的电影片及其复制品等活动。

（2）业外单位准入许可。

《电影管理条例》第十六条规定，电影制片单位以外的单位独立从事电影摄制业务，须报经国务院广播电影电视行政部门批准，并持批准文件到工商行政管理部门办理相应的登记手续。电影制片单位以外的单位经批准后摄制电影片，应当事先到国务院广播电影电视行政部门领取一次性《摄制电影片许可证（单片）》，并参照电影制片单位享有权利、承担义务。此后，国家广电总局（现为国家新闻出版广电总局）又于 2003 年 1 月颁布《电影制片、发行、放映经营资格准入暂行规定》；2004 年 10 月，又与商务部联合颁布《电影企业经营资格准入暂行规定》。

根据前述规定，业外单位从事电影拍摄业务的门槛大大降低。我国境内任何公司、企业和其他经济组织，只要具备一定资金条件，都可以进入电影制作行业。不过，需要先成立一个“影视文化公司”，申请《摄制电影片许可证（单片）》，进行一次性的电影拍摄，在拍摄并公映了两部以上影片后，就可以依法申请设立电影制片单位。

（3）电影发行单位设立许可。

根据《电影管理条例》的规定，从事省、自治区、直辖市区域内电影发行业务的，由所在地省级电影行政部门审批；从事跨省、自治区、直辖市区域内电影发行业务的，由国家新闻出版广电总局审批。批准的，发给《电影发行经营许可证》，申请人持证向工商部门进行工商登记，领取营业执照。此外，我国现行政策还鼓励国有、非国有影视文化单位成立专营国产影片发行公司。

（4）电影放映单位设立许可。

我国过去电影放映单位主要是按照行政区划设置在全国各地的电影院，一律由国家出资，政府文化部门主管；电影发行公司负责向电影院供片。电影的发行和放映完全是两个不同的环节。从 2002 年起，我国开始建立电影院线，打破地域垄断，减少发行层次，促进影片流通。根据相关规定，组建省（区、市）内院线公司的，由所在省、自治区、直辖市人民政府电影行政管理部门审批，并报国家新闻出版广电总局备案；组建跨省院线公司的，由国家新闻出版广电总局审批。申报单位持电影行政管理部门出具的批准文件到所在地工商行政管理部门办理相关手续。

在《电影企业经营资格准入暂行规定》中，规定了以下鼓励性政策：(1) 鼓励境内公司、企业和其他经济组织（不包括外商投资企业）投资现有院线公司或单独组建院线公司；(2) 鼓励境内公司、企业和其他经济组织（不包括外商投资企业）组建少年儿童发行放映院线；(3) 鼓励境内公司、企业和其他经济组织及个人依照《电影管理条例》在全国农村以多种方式经营电影发行、放映业务，在城市社区、学校经营电影放映业务；(4) 鼓励境内公司、企业和其他经济组织及个人投资建设、改造电影院。

2）广播电视节目制作经营单位设立许可

根据《广播电视管理条例》的规定，依法设立的广播电台、电视台可按照批准的节目摄制范围制作、播放节目，无须另行申请制作经营节目的许可。因此，这里所说的许可，是指电台或电视台以外的单位、个人申请广播电视节目制作单位许可的条件和程序。

根据 2004 年国家广电总局（现为国家新闻出版广电总局）颁布实施的《广播电视节目制作经营管理规定》，申请《广播电视节目制作经营许可证》，除了应当符合国家有关广播电视节目制作产业的发展规划、布局和结构，还应符合以下 4 个条件：具有独立法人资格，有符合国家法律法规规定的机构名称、组织机构和章程；有适应业务范围需要的广播电视及相关专业人员、资金和工作场所，其中企业注册资金不少于 300 万人民币；在申请之日前三年，其法定代表人无违法违规记录或机构无被吊销过《广播电视节目制作经营许可证》的记录；法律、行政法规规定的其他条件。

申请报批单位分为中央单位及其直属机构和其他机构两类：前者报国家新闻出版广电总局审批；后者向所在地广播电视行政部门提出申请，经逐级审核后，报省级广播电视行政部门审批。经批准取得《广播电视节目制作经营许可证》的企业，凭许可证到工商行政管理部门办理注册登记或业务增项手续。《广播电视节目制作经营许可证》由国家新闻出版广电总局统一印制，有效期为两年。

2. 制作许可

1）电影制作许可

电影制作许可程序包括两个阶段：一是在电影拍摄之前，对电影剧本（梗概）进行立项；二是在电影拍摄完成之后，对电影片进行审查，确定是否可以公映。

(1) 单片摄制许可。

根据《电影管理条例》和国家新闻出版广电总局相关规定，所有我国境内（不含港澳台）地（市）级以上电影单位和电视台、电视剧制作单位，以及在地（市）级以上工商部门注册的各类影视文化单位，均可按规定向国家新闻出版广电总局申请领取《摄制电影片许可证（单片）》。申请时需提交申请书、营业执照复印件、制作影片的资金来源证明、摄制影片的文学剧本（梗概）等材料。申请单位在取得《摄制电影片许可证（单片）》后，方可按批准的剧本进行拍摄。

(2) 电影剧本（梗概）立项。

已设立的电影制片单位，也不是可以任意摄制电影的。根据《电影管理条例》的规定，电影制片单位对其准备投拍的电影剧本要先进行审查，然后报电影审查机构备案。电影审查机构可以对备案的剧本进行审查，发现有法律禁止内容的，可以通知不得投拍。

持有《摄制电影许可证》的电影制片单位和申请《摄制电影片许可证（单片）》的影视文化单位要拍摄电影片，应当在投拍前将电影剧情梗概报国家新闻出版广电总局立项。国家新闻出版广电总局根据有关规定予以立项或提出修改意见。

2）电视剧制作许可

（1）《电视剧制作许可证》。

以前，《电视剧制作许可证》分为长期许可证和临时许可证两种。自 2001 年 12 月起，我国对电视剧制作实行新的许可制度，向符合条件的单位分别发放甲、乙两种许可证，取代以前的长期许可证和临时许可证。根据《广播电视节目制作经营管理规定》，可以申请制作电视剧的只限于 3 种机构：持有《广播电视节目制作经营许可证》的机构、地市级及以上的电视台（含广播电视台、广播影视集团）和持有《摄制电影许可证》的电影制片机构，它们都必须事先另行取得电视剧制作许可。

前述规定将《电视剧制作许可证》分为以下两种。

①《电视剧制作许可证（乙种）》是针对设置某一特定电视剧的单项许可，仅限于该证标明的剧目使用，即“一剧一证”，有效期不超过 180 日。特殊情况经发证机构批准，可以适当延期。该证由省级以上广播电视行政部门核发，并在一周内将核发情况报国家新闻出版广电总局备案。

②《电视剧制作许可证（甲种）》是较为长期的制作多部电视剧的许可，有效期为两年，在有效期内，对持证机构制作的所有电视剧均有效。电视剧制作机构只有在连续两年内制作完成 6 部以上单本剧或 3 部以上连续剧（3 集以上/部）的，方可按程序申请该证。该证由国家新闻出版广电总局核发。

（2）拍摄制作备案公示。

之前，我国电视剧制作除了电视剧制作单位要具备《电视剧制作许可证》以外，准备投拍的电视剧还要列入电视剧题材规划管理，申报电视剧题材规划立项，只有经过立项的剧目才能投拍。根据 2013 年发布的《电视剧拍摄制作备案公示管理办法》，取消原有的电视剧题材规划立项审批制度，实行电视剧拍摄备案审批制度。国家新闻出版广电总局负责中直单位制作机构拍摄制作电视剧的备案管理、全国电视剧拍摄制作的公示管理；省级广播影视行政部门负责本行政区域内制作机构电视剧拍摄制作的备案管理；解放军总政宣传部艺术局、中央电视台负责所辖制作机构电视剧拍摄制作的备案管理。拍摄制作备案公示实行月报制。

3）重大革命和历史题材影视剧许可

重大革命和历史题材影视剧的范围包括：反映我党、我国、我军历史上重大事件，描写担任党和国家重要职务的党政军领导人及其亲属生平业绩，以历史正剧形式表现中国历史发展进程中的重要历史事件、历史人物为主要内容的电影、电视剧。

重大革命和历史题材的电影、电视剧的许可不同于前述一般题材的电影、电视剧。重大革命和历史题材影视剧在开拍前，必须先将剧本报请国家新闻出版广电总局重大革命和历史题材影视创作领导小组审定。此类题材的电影报国家新闻出版广电总局电影局，此类题材的电视剧报国家新闻出版广电总局总编室，再分别由电影组办公室或电视剧组办公室报领导小组审查。此类影视剧的审查分为立项审查和完成片审查两部分。

4）理论、文献电视专题片（含电影纪录片）许可

1999年，国家广电总局（现为国家新闻出版广电总局）颁布的《关于制作播出理论、文献电视专题片的暂行规定的实施办法》规定了对理论、文献电视专题片实施制作播出的许可，并成立理论、文献电视专题片（含电影纪录片）创作领导小组，负责理论、文献电视专题片播出的审定工作。

理论、文献电视专题片应由中央和国家机关各部门，省、自治区、直辖市党委宣传部，中央电视台组织制作；文献专题片应由中央和国家机关各部门及中央电视台组织制作。经国家新闻出版广电总局审定的理论、文献电视专题片（含电影纪录片），由国家新闻出版广电总局颁发《理论、文献电视专题片播出（放映）许可证》。

5）电视动画片制作许可

凡持有《广播电视节目制作经营许可证》的制作机构均可制作动画片。制作国产动画片实行题材报批，经规划审查同意立项后方能投产制作。

3. 内容审查

根据相关规定，我国在电影、电视剧摄制或制作完成以后，要由政府设立的专门机构对其内容实行严格的审查。

1）电影的审查和公映许可

根据《电影审查规定》，电影的审查实行一级两审制，电影审查的权力在国家新闻出版广电总局。国家新闻出版广电总局设立电影审查委员会和电影复审委员会，负责电影审查和复审工作。所有电影都要报请国家新闻出版广电总局的电影审查委员会进行审查。2003年之后，国家新闻出版广电总局授权部分省级广电局拥有除了重大革命和历史题材、特殊题材、国家资助影片、合拍片之外其他影片的审查权。

电影审查要经过以下程序。

（1）国产电影（包括合拍电影）的审查分为混录双片送审和标准拷贝送审。

电影审查委员会自收到混录双片及相关材料之日起 20 个工作日内做出审查决定。审查合格的，发给《影片审查决定书》和《电影片公映许可证》（片头）。审查不合格或需要修改的，应在《影片审查决定书》中做出说明，并通知制片单位。电影审查委员会自收到标准拷贝（数字节目带）及相关材料之日起 10 个工作日内作出审查决定。审查合格的，发给《电影片公映许可证》；审查不合格或需要修改的，应通知制片单位。影片审查不合格需经修改后再次送审的，审查期限重新计算。

（2）进口电影的审查分为原拷贝审查和译制拷贝审查。

电影审查委员会自收到送审的原拷贝之日起 15 日内提出书面审查意见，并通知送审单位。电影审查委员会收到译制拷贝之日起 15 日内做出审查决定。审查合格的，发给《电影片公映许可证》；经审查仍需修改的，由送审单位修改后重新送审；审查不予通过的，应当书面告知不予通过的理由。

2）电视剧的审查和发行许可

电视剧的审查实行中央和地方两级审查制。国家新闻出版广电总局设立电视剧审查委员

会，负责审查使用中央单位所属制作机构的《电视剧制作许可证》制作的电视剧（含电视动画片），审查聘请境外人员（包括编剧、导演、演员、摄像等）参与创作的国产电视剧（含电视动画片），审查合拍剧的剧本、完成片和引进剧，审查电视播出中引起公众争议的、省级电视剧审查机构提请国家新闻出版广电总局审查的，以及因公共利益需要报国家新闻出版广电总局审查的电视剧（含电视动画片），并做出审查结论。省级广播电视行政部门设立省级电视剧审查机构，负责审查本辖区电视剧制作机构制作的、不含境外人员参与创作的国产电视剧（含电视动画片），并做出审查结论；还要初审前述由国家新闻出版广电总局终审的内容，并提出详细、明确的初审意见。

国家新闻出版广电总局设立电视剧复审委员会，负责对送审单位不服电视剧审查委员会或省级电视剧审查机构的审查结论提起的复审申请进行复审，并做出审查结论。此外，国家新闻出版广电总局成立的“重大革命和历史题材影视创作领导小组”，专门负责重大革命和历史题材影视剧创作的组织指导、剧本立项把关和完成片审查。

电视剧审查机构在收到完备的报审材料后，应当在 50 日内做出是否准予行政许可的决定，其中组织专家评审的时间为 30 日。经审查通过的电视剧，由省级以上广播电视行政部门颁发《电视剧（电视动画片）发行许可证》。已经取得《电视剧发行许可证》的电视剧，不得随意改动。需要对剧名、主要人物、主要情节和剧集长度等进行改动的，应当按照规定重新送审。

9.1.3　合同

合同又称契约，是平等民事主体的自然人、法人、其他组织之间就设立、变更、终止民事权利义务关系的协议。影视合同是指在电影、电视剧及其他电视节目的创作、摄制和发行等环节所涉及的各种合同的总称。

1. 影视合同的订立

1）合同的订立程序

《中华人民共和国合同法》（以下简称《合同法》）第十三条规定：“当事人订立合同，采取要约、承诺方式。”因此，任何一个合同的订立都必须经过要约和承诺两个必不可少的环节。要约是希望和他人订立合同的意思表示。做出意思表示的一方称为要约人，接受要约的一方称为受要约人。承诺是“受要约人同意要约的意思表示”。作为承诺的受要约人又称为承诺人。

2）合同的内容和形式

合同的内容是双方当事人订立合同过程中意思表示的具体化。它表现为合同中的各项具体条款。合同的内容由当事人约定，一般包括以下条款：当事人的名称或者姓名和住所；标的，即合同权利义务所具体指向的事物；数量，即衡量标的多寡的依据；质量，即对合同标的的品质要求；价款或者报酬；履行期限、地点和方式；违约责任；解决争议的方法，包括自行协商、第三人调解、仲裁及诉讼。

此外，影视合同还应具备以下特殊条款：相关许可证的办理；作品成果的归属或分享；影视作品使用许可的方式；影视作品使用许可的范围；影视作品的前期宣传。

合同的形式包括口头、书面或其他等。鉴于影视合同的标的额较大，涉及范围较广，履行期限也较长，因此，为避免日后发生纠纷时无以为凭，各类合同一般应当采用书面形式。

3）缔约过失责任

缔约过失责任是指一方或双方在缔结合同的过程中，基于其主观过错或违反了缔约法定义务，致使所订立的合同未能成立或全部或部分无效，并给对方当事人造成损失的，应当依法承担的法律责任。

2. 影视合同的效力

1）合同的生效

合同的生效，是指依照法定条件和程序成立的合同，便产生相应的法律效力。理解合同生效的概念，要明确两个方面：一是合同生效的前提是该合同依法已经成立；二是合同的约定对当事人产生相应的法律拘束力。

合同成立后，如果具备以下要件，就会产生法律效力，受法律保护：存在双方或多方当事人；当事人意思表示真实；合同的内容合法；合同的形式合法。

合同生效的时间有以下几种情况：①在一般情况下，依法成立的合同，应当从该合同成立时生效；②合同成立后，尚需依照法律或者行政法规的规定办理相应的批准或者登记等手续的，只有在批准或者登记手续办理完毕时，该合同才能生效；③当事人在订立合同时约定了合同生效条件的，只有当所附条件成立时，该合同才生效；④当事人在订立合同时约定了合同生效期限的，在所附的期限届至时，该合同生效。

2）效力待定的合同

效力待定的合同是指合同的主体要件存在瑕疵，导致合同虽然成立，但合同的效力尚未确定，一般须经有追认权的当事人表示承认才能生效的合同。这包括以下几种情况：

一是限制民事行为能力人签订的合同。如影视制作机构聘用不满 10 周岁的小演员，只能与其法定代理人签订合同。

二是因无权代理而签订的合同，即合同签订人无代理权或超越代理权或者代理终止以后，以被代理人名义签订的合同。在企、事业法人的影视制作机构，经常有法人内部的职能部门或负责人，甚至普通工作人员，既不具有法定权限又未经授权，对外以影视制作机构的名义签订合同，或者签订超越自身权限的合同（如被授权经营广告的人员签订了节目制作委托合同），而导致大量效力待定合同的产生。

三是无权处分合同，即行为人对某项财产没有处分权，而与人签订的转让该财产的合同。如某影视文化公司在未获得授权的情况下，将某演员私人所有的一个道具出卖给某电台主持人。该公司与该主持人之间的买卖合同属无权处分合同。

3）可撤销的合同

可撤销的合同是指在签订合同的生效要件中，当事人意思表示不真实，法律允许具有撤销权的当事人通过行使撤销权使已经生效的合同无效。包括：因重大误解订立的合同；在订立合同时显失公平的合同；以欺诈、胁迫的手段订立的合同；乘人之危而订立的合同。

4）无效合同

无效合同是指已经成立的合同因其在内容和形式上违反了法律、行政法规的强制性规定或社会公共利益，而不具有法律效力的合同。

无效合同或被撤销的合同自始没有法律约束力。其法律后果表现为返还财产、赔偿损失和收缴财产。

3．影视合同的履行

合同履行是指合同的双方当事人正确、适当地完成合同中规定的双方应当承担的义务行为。合同履行行为不仅仅是债务人的给付行为，同时也包括债权人接受给付的行为。合同的履行是合同法的核心问题。

合同的履行从时间上分为两种情况：第一种是同时履行，如日常生活的“一手交钱一手交货”；第二种是一方先履行，另一方后履行，如请他人拍广告，拍好后再给钱。但是如果在第一种情况，一方不履行或者履行不适当，在第二种情况中，后履行的一方丧失或者很可能丧失履行能力，这时强行要求另一方履约，显然有悖公平观念。因此，为了平衡双方利益，法律赋予另一方当事人履约抗辩权。

所谓履约抗辩权，是指在合同履行过程中，一方当事人享有的拒绝对方当事人提出的履约请示的权利。其目的在于平衡双方当事人的利益。履约抗辩权并非单方无理毁约，无须承担违约责任。虽然履约抗辩权是一项法定的权利，但是为了防止当事人滥用该权利，法律同时规定了行使条件，凡不符合法定条件，对相对人依法提出的履约请求加以无理拒绝的，应认定为违约行为。

履约抗辩权主要包括同时履行抗辩权和异时履行抗辩权。

同时履行抗辩权是指在没有先后履行顺序的双务合同中，一方当事人在对方未履行或未适当履行义务时，有拒绝对方要求自己履行合同的权利。例如，某公司拍摄影视剧雇请乐队配乐，合同约定来 8～10 次，每次即时支付多少报酬，但是乐队来了两次，一分钱也没有拿到，也没有得到任何说明。在这样的情况下，如果该公司再通知该乐队来演奏，乐队就可以不来。

异时履行抗辩权，又称不安抗辩权，是指在双务合同中，应当先履行义务的一方当事人有对方丧失或很可能丧失履行债务能力的确切证据时，在对方当事人未恢复履行能力并且未提供适当担保前，可以中止履行先给付义务的权利。如果对方在合理的期限内还是未能提供适当的担保，那么中止履行的一方可以解除合同。例如，上例中的公司与乐队如果在合同中约定付酬办法是在电视剧拍摄完成后一次付清，乐队在做了几次配乐以后，从可靠消息渠道获悉公司有一笔重要资金不能到位，势必影响拍摄的顺利进行，这时乐队就可以提出交涉，要求公司给出付酬能力的保证，否则乐队可以暂停约定的配乐工作。

4．影视合同的终止

合同的终止也叫合同的消灭，或者是合同权利义务关系的终止，是指合同当事人之间的合同关系在客观上已经不复存在，合同债权和合同债务均归于消灭。《合同法》规定合同消灭的原因有清偿、合同解除、抵消、提存、免除、混同 6 种，但在司法实践中，合同更新也是合同消灭的原因和合同终止的方式。

（1）清偿。清偿是指当事人按照合同的约定履行其合同义务，并使当事人约定目的得以实现的行为。一般情况下，清偿不需要做出某种意思表示，它是一种事实行为，如交付标的、支付价款等。但在特殊情况下，清偿也可以通过实施一定的法律行为来完成，如受托人履行委托合同，便可能需要与相对人从事法律行为。

（2）合同解除。合同解除是指合同在有效期内具备解除条件时，根据当事人一方或双方的意愿而使合同关系自始消灭或向将来消灭的一种行为。合同解除成立的条件有：①必须为有效成立的合同；②必须具备由双方当事人约定或法定的条件；③必须有解除行为，即做出解除意思，并通知对方。

合同解除，一般伴随而来的是合同关系的自始消灭，有些人认为也可向将来消灭，即在不损害国家和社会公共利益下由当事人自行约定。

（3）抵消。抵消是指双方当事人互承担相同种类债务，并各自以其债权充当债务的清偿，从而使双方债务在对等额内相互消灭的制度。抵消主要分为法定抵消和约定抵消两类。抵消除了可以消灭债务，还有利于节省双方当事人的交易成本和费用，以及减少各种三角债务纠纷。

（4）提存。提存是由于债权人的原因，使债务人无法向债权人清偿到期的债务，债务人将合同标的物交付特定的提存部门，从而完成债务的清偿，使合同消灭的制度。提存主要涉及债务人、债权人、提存机关三方关系。提存后，提存机关与债权人之间已经形成了有偿性的保管关系，同时债务人的债务得以免除，所有权转移到债权人。

（5）免除。免除是指债权人抛弃债权的单方面行为，免除了债务人的全部或部分债务，使合同权利义务关系全部或部分消除。

（6）混同。混同是指债权和债务的混同，使合同关系消除的事实。当债权和债务同归于一人时，合同的权利义务终止，若债权还涉及其他人，则不能混同债权和债务，即不能发生混同。

（7）合同更新。合同更新也称为债务更改、债务更替，是指合同当事人之间因成立新合同而使旧合同消除的制度。在司法实践中，广泛存在以旧抵新的合同纠纷，在合同自由约定原则下的合同更新是应给予认可的。

9.1.4 著作权

著作权在影视领域中具有至关重要的地位。一方面是因为影视产品是一种精神产品，精神产品的交易标的并不是物，而是对产品的使用权利。另一方面，影视制作的原材料除了胶片、盘带等载体和制作场所、设备等物质条件之外，还离不开各种上游作品作为素材，如剧本、乐曲、图片、各种美术设计等，制作者同样不是购买这些素材，而是具有这些素材的使用权。所聘请的导演、演员、乐队等，后者提供的也不是一般的劳务，而是智力劳务，这些交换也要遵循著作权的原则。因此，从根本上说，影视产业所从事的交易是一种著作权的交易。

1. 著作权概述

1）著作权和著作权法

著作权，又称版权，是指作者及其他著作权人对文学、艺术和科学作品依法享有的各种专有权利。著作权包括著作人身权和著作财产权两部分。著作人身权是指作者基于创作作品而产生的与作者人身利益紧密相关的权利，包括发表权、署名权、修改权和保护作品完整权等；著作财产权是指作者自己使用或许可他人使用自己作品而获得报酬的权利，即对作品的使用权和因作品而获取报酬的权利。

著作权法是指规定有关著作权及相关权益的取得、行使和保护的法律规范。我国于 1990 年 9 月 7 日正式通过了《中华人民共和国著作权法》(以下简称《著作权法》)，共六章五十六条。2001 年 10 月 27 日第九届全国人大常委会第二十四次会议和 2010 年 2 月 26 日第十一届全国人大常委会第十三次会议又对《著作权法》进行了两次修正。修改后的著作权法分为六章六十一条。

除了《著作权法》，涉及著作权方面的法律还有《刑法》、《民法通则》中的有关规定；国务院的行政法规有《音像制品管理条例》、《著作权法实施条例》、《计算机软件保护条例》；部门规章有国家版权局发布的《著作权行政处罚实施办法》；司法解释有《最高院关于审理著作权民事纠纷案件适用法律若干问题的解释》等。

此外，我国已分别于 1992 年 10 月 15 日和 1992 年 10 月 30 日加入了《伯尔尼公约》和《世界版权公约》。2001 年 12 月 11 日我国成为世界贸易组织成员国，《与贸易有关的知识产权协议》(简称 TRIPS) 已对我国生效。因此，这些条约和协议也是我国法律的渊源。要指出的是，我国公民在我国境内不可以直接寻求这些公约和协议的保护，因为这些公约和协议提供的是著作权的跨国保护或国际保护，它保护的是外国人，即只有有关的外国人才可以在我国主张条约所赋予的利益。外国人在我国主张著作权利益时，首先应依据我国《著作权法》，只有当我国《著作权法》与国际公约不一致时，才可以依据公约获得保护。

2) 著作权的客体

著作权的客体，即《著作权法》的保护对象，是指受《著作权法》保护的文学、艺术和科学作品。作为《著作权法》意义上的“作品”，是有特定含义的。《著作权法实施条例》第二条规定，我国《著作权法》所称的作品，是指文学、艺术和科学领域内，具有独创性并能以某种有形形式复制的智力成果。

依照我国《著作权法》第三条、第六条，以及《著作权法实施条例》第四条的规定，作品的种类具体包括：文字作品；口述作品；音乐、戏剧、曲艺、舞蹈和杂技艺术作品；美术、建筑作品；摄影作品；电影作品和以类似摄制电影的方法创作的作品；工程设计图、产品设计图、地图、示意图等图形作品和模型作品；计算机软件；民间文学艺术作品；法律、行政法规规定的其他作品。

根据《著作权法》第四条和第五条的规定，不受《著作权法》保护的作品或对象有：依法禁止出版、传播的作品；立法、行政和司法性质的文件；时事新闻；历法、通用数表、通用表格和公式。

3) 著作权的主体和归属

著作权的主体就是享有著作权的人。《著作权法》第九条规定：“著作权人包括：(一) 作者；(二) 其他依照本法享有著作权的公民、法人或者其他组织。”在特殊情况下，国家也可以成为著作权的主体。在原理上，著作权取得可分为原始取得与继受取得。原始取得是指因创作而取得，即作者取得著作权；继受取得是指非因自己创作而因继承、赠予、转让等事实而取得著作权。

通常情况下，著作权归属于作者。《著作权法》第十一条第四款规定："如无相反证明，在作品上署名的公民、法人或者其他组织为作者。"这是判断著作权归属的一般原则。但在特定环境下产生出来的作品其著作权的归属依法律来界定。

2．影视作品著作权的归属和内容

1）影视作品著作权的归属

影视作品的创作涉及的人员很多，如剧本创作者、改编创作者、对白作者、乐曲创作者、谱曲创作者、导演、演员、美工等，而且这些创作者均在导演的协调下融入到整个作品中，无法分割使用。正是由于这种特殊性，使得影视作品的著作权归属变得十分复杂，很容易产生争议。

为了简化著作权归属的复杂关系，我国《著作权法》第十五条规定："电影作品和以类似摄制电影的方法创作的作品的著作权由制片者享有，但编剧、导演、摄影、作词、作曲等作者享有署名权，并有权按照与制片者签订的合同获得报酬。电影作品和以类似摄制电影的方法创作的作品中的剧本、音乐等可以单独使用的作品的作者有权单独行使其著作权。"

一般情况下，影视著作权的归属情况如下：整部电影或电视剧的著作权归制片人所有；参加创作的编剧、导演、摄影、作词等作者享有署名权及获得报酬权；影视作品中的剧本、音乐等可以单独使用的作品，作者有权单独行使著作权，而制片人对此不得干涉。目前，DV作品及其他电视节目著作权的归属应该也可以按照此种方法执行。

2）影视作品著作权的内容

依照我国《著作权法》第十条的规定，著作权的内容包括著作人身权和著作财产权两部分。

（1）著作人身权。

著作人身权是指作者因创作活动而产生的与人身利益紧密联系的权利，具体包括发表权、署名权、修改权和保护作品完整权。

（2）著作财产权。

著作财产权是指作者自己使用或许可他人使用其作品而获取报酬的权利。我国《著作权法》共规定了十三种财产权：复制权、发行权、表演权、放映权、广播权、展览权、出租权、信息网络传播权、摄制权、改编权、翻译权、汇编权、应当由著作权人享有的其他权利。

以上这些权利，著作权人可以许可他人行使以获得相应报酬；也可以全部或部分转让，以获得相应的报酬。这些权利的规定是著作权人在利用作品时，经济利益的体现，也是对作品价值的充分认可。

3）著作权的取得和保护期

（1）著作权的取得。目前，世界各国在著作权取得上主要有自动取得、注册取得和加注版权标记取得三种制度。我国实行著作权的自动取得制度。我国《著作权法实施条例》第六条规定，著作权自作品创作完成时取得。因此，作品一经创作完成，著作权人即自动取得著作权，无须履行任何手续。

（2）著作权的保护期。著作权的保护期在我国分为人身权的保护期和财产权的保护期两种。

首先，作者的署名权、修改权、保护作品完整权的保护期不受限制。

其次，作品的发表权与著作财产权关系密切，两者的保护期限是相同的，即作者终生及其死亡后 50 年，截至作者死亡后第 50 年的 12 月 31 日。法人或者其他组织的作品、著作权（署名权除外）由法人或者其他组织享有的职务作品，以及电影作品和以类似摄影方法创作的作品、摄影作品的保护期也是如此，但作品自创作完成后 50 年内未发表的，则不再受到法律的保护。

作者生前未发表的作品，如果作者未明确表示不发表，作者死亡后 50 年内，其发表权可由继承人或者受遗赠人行使；没有继承人又无受遗赠的，由作品原件的所有人行使；作者身份不明的作品，其保护期也是截至作品首次发表后第 50 年的 12 月 31 日。

3．影视领域著作权侵权的类型及法律责任

著作权是一种排他性权利，只能由权利人行使。他人未经著作权人的同意而使用作品属于侵犯著作权的行为。在影视领域，著作权侵犯主要表现为两种类型，一种类型是在影视创作中侵犯他人著作权，另一种类型是影视作品本身被侵权。

1）影视作品创作中侵犯他人著作权的种类和表现

（1）剧本的创作和使用引起的侵权。

剧本是影视作品的基础。影视作品的剧本大致有三个来源。一是有现成的剧本；二是制片人自己改编或委托他人改编已有的小说、戏剧作品或影视作品而形成的剧本；三是制片人自己创作或委托他人创作的剧本。《著作权法》规定，著作权人对自己的作品享有改编权和摄制权。改编权是改变原作品创作出具有独创性的新作品的权利。摄制权，又称制片权，即以摄制电影或以类似摄制电影的方法将作品固定在载体上的权利。因此，在第一种情况下，制片人需征得剧本著作权人的同意，取得该剧本的摄制权，如果该剧本改编自其他作品，则制片人还需取得原有作品著作权人的同意。在第二种情况下，制片人需征得已有作品著作权人的同意，取得该作品的改编权和摄制权，而如果作为剧本基础的作品如小说、戏剧等本身是在他人作品基础上创作的演绎作品时，则还需征得该演绎作品的基础作品的著作权人的同意。另外，在改编他人作品时，不得歪曲、篡改该作品，损害作者声誉，否则会构成对作者保护作品完整权的侵犯。在第三种情况下，制片人委托他人创作剧本时，需取得该剧本的摄制权。否则，即为侵犯他人著作权。

另外，在影视作品中使用民间文学艺术作品时，虽然其作者不明，但作为某一个民族或地区的文化特征，参照相关规定，应该在影视作品中进行适当标注。利用民间文学作品进行再创作而产生的作品享有著作权，在影视作品中使用该作品时应该获得相应的改编权与摄制权。

（2）音乐作品的使用引起的侵权。

音乐作品是影视作品的重要组成部分，其使用应当经过著作权人许可，并支付相应报酬。一般来说，影视作品的主题音乐、插曲及其他为影片独立创作的音乐的使用，制片人会征求著作权人或有关的著作权管理机构的许可，并会主动付酬，一般不会引起侵权争议。有问题的是背景音乐的使用。长期以来，影视作品中的背景音乐几乎是一道“免费午餐”，没有人想到要为其支付著作权费用，但这一问题已日益引起人们的关注。

背景音乐的使用是否要征得著作权人同意并支付使用费，应视不同情形而定。一般来讲，

作为影视背景的音乐，即独立于表演之外的音乐，是影片的重要组成部分，其使用应征得著作权人同意并支付报酬。那些属于情节的音乐（如角色的演唱、角色所处空间出现的音乐），如果未以完整、独立形式被强调渲染，只是简单出现在故事场景之中，不构成故事的主要叙事环节，则属于合理使用，不会构成侵权，也不需要支付报酬。

（3）使用道具引起的侵权。

道具是影视作品中不可缺少的组成部分。对于不具备著作权属性的道具，如房子、汽车、家具等的使用，属于物的使用，需与权利人订立租借合同。对于享有著作权的作品，如美术作品、摄影作品的使用则属于著作权性质的问题，需要征得著作权人的同意，为作者正确署名，并向著作权人支付相应报酬。建筑作品虽属享有著作权的作品，但由于该作品置于公开场所，因此以其作为道具拍摄到影视作品中，不需征得许可，也不需要支付报酬。

2）影视作品著作权被侵犯的种类和表现

（1）侵犯影视作品著作人身权。

侵犯影视作品发表权。其侵权表现主要有未经制片人许可，将尚未发表的影视作品以各种方式（如光盘、录像带、电视台、网络等）公之于众。

侵犯影视作品署名权。其侵权表现主要有未对有署名权的人在影视作品中加以署名；未对其予以正确署名，如署错名字或署名顺序不恰当等，以及对不应署名的人加以署名等。

侵犯修改权和保护作品完整权。修改权是著作权人自己修改或授权他人修改作品的权利，保护作品完整权即保护作品不受歪曲、篡改的权利。通常认为，两者实际上同属一种权利的正反面。侵犯修改权主要表现为未经著作权人同意而对影视作品加以修改，这也同时会侵犯到保护作品完整权。侵犯保护作品完整权的表现有很多，如歪曲或篡改作品的内容、情节、主题、思想等，未经许可而援用原作故事拍摄后续作品、他人擅自更换影视作品具有独特意义的标题等。另外，在播被影视作品时未经制片人同意，任意插播广告的，也可能侵犯其保护作品完整权。

（2）侵犯影视作品著作财产权。

侵犯复制权。表现为未经著作权人许可，将影视作品进行非法复制。

侵犯发行权。表现为未经许可，擅自发行、传播影视作品。

侵犯放映权。表现为未经许可，在电影院、放映厅等经营场所放映影视作品。

侵犯广播权。表现为未经许可，以无线或有线方式传播或转播影视作品。

侵犯出租权。表现为未经许可，出租影视作品原作或其录音、录像制品。

侵犯网络传播权。表现为未经许可，擅自在网络非法传播影视作品。

侵犯改编权。表现为未经许可，将影视作品改编为新作品，如将影视作品改编为小说、戏剧等。

侵犯翻译权。表现为未经许可，将影视作品翻译成其他语言。

侵犯汇编权。表现为将整部影片或片断编排、汇集成一部新作品，如摘取影片片断编成关于某一主题的影片赏析等。2005 年网络上传播的“一个馒头引发的血案”的视频已经广泛引发人们关注数字视频环境下如何合理运用著作权与避免侵权的问题。

3）影视作品著作权侵犯的法律责任

侵犯著作权，据其具体情况，应分别承担民事责任、行政责任和刑事责任。其中，民事责任重在补偿著作权人因被侵权而受到的损失，行政责任则反映了国家对文化、经济市场的主动管理，而刑事责任的目的主要在于惩罚严重的侵权者。

(1) 影视领域中侵害著作权的民事责任。

根据《著作权法》第四十七条规定，具有下列行为应承担民事责任："(一) 未经著作权人许可，发表其作品的；(二) 未经合作作者许可，将与他人合作创作的作品当作自己单独创作的作品发表的；(三) 没有参加创作，为谋取个人名利，在他人作品上署名的；(四) 歪曲、篡改他人作品的；(五) 剽窃他人作品的；(六) 未经著作权人许可，以展览、摄制电影和以类似摄制电影的方法使用作品，或者以改编、编译、注释等方式使用作品的，本法另有规定的除外；(七) 使用他人作品，应当支付报酬而未支付的；(八) 未经电影作品和以类似摄制电影的方法创作的作品、计算机软件、录音录像制品的著作权人或者与著作权有关的权利人许可，出租其作品的……"影视领域中应承担民事责任的还有《著作权法》第四十八条规定的"未经著作权人许可，复制、发行、表演、放映、广播、汇编、通过信息网络向公众传播其作品的……"等侵权行为。

上述行为应根据其具体情况分别以下列方式承担民事责任：停止侵害、消除影响、赔礼道歉、赔偿损失等。

(2) 影视领域中侵害著作权的行政责任。

影视领域中侵害著作权应承担行政责任的行为是指具有《著作权法》第四十八条规定的侵权行为，并同时损害公共利益的。

承担行政责任的方式是由著作权行政管理部门责令停止侵权行为，没收违法所得，没收、销毁侵权复制品，并处以罚款；情节严重的，著作权行政管理部门还可以没收主要用于制作侵权复制品的材料、工具、设备等。

(3) 影视领域中侵害著作权的刑事责任。

影视领域中侵害著作权应承担刑事责任的行为是指具有《著作权法》第四十八条规定的侵权行为，并同时构成犯罪的。

根据《刑法》第二百一十七条，承担刑事责任的方式是，违法所得数额较大或者有其他严重情节的，处三年以下有期徒刑或者拘役，并处或单处罚金；违法所得数额巨大或者有其他特别严重情节的，处三年以上七年以下有期徒刑，并处罚金。

9.1.5　劳动关系

1. 劳动法概述

影视作品的生产是一项多人、多种任务协作完成的复杂创作工作。影视制作单位除了自身需要投入大量资金外，更需要组织大量相关领域的人员共同参与创作和组织、管理、经营工作。显然这些工作仅靠投资人是无法完成的，必须雇佣大量的专业人员参与这项工作。因此，在影视制作中，必然存在大量涉及劳动法的问题。

1) 劳动法的概念和立法宗旨

(1) 劳动法的概念。

劳动法是指调整劳动关系，以及与劳动关系密切联系的其他社会关系的法律规范的总称。

从狭义上说，劳动法主要指《中华人民共和国劳动法》(以下简称《劳动法》) 与《中华人民共和国劳动合同法》（以下简称《劳动合同法》）。

从广义上说，劳动法内容广泛，包含《宪法》中涉及有关劳动问题的各种规定；全国人民代表大会及其常务委员会制定的其他包含调整劳动关系的法律，如《工会法》、《妇女权益保障法》、《未成年人权益保障法》等；国务院及其所属各部委制定的劳动行政法规和劳动规章，以及地方性法规中调整劳动关系的法律规范；由我国政府批准生效的国际劳工组织通过的劳动公约和建议书等。

（2）《劳动法》的立法宗旨。

《劳动法》的立法宗旨和根本任务是保护劳动者的合法权益。由于在劳动关系中，相对于用人单位而言，劳动者往往处于弱者的地位，因此国家有必要通过劳动立法，对劳动者的基本权利予以明确的规定并实施国家保护，以实现社会的公平和正义。同时，通过法律形式确立、维护和发展用人单位与劳动者之间稳定、和谐的劳动关系，有利于合理解决劳动争议，调动劳资双方的积极性，建立和维护适应社会主义市场经济的劳动制度，促进经济协调发展和社会文明进步。

2)《劳动法》的主要内容

（1）《劳动法》的调整对象。

《劳动法》的调整对象，是指《劳动法》调整的社会关系。这类社会关系的范围和特征决定了《劳动法》的内容、基本原则和调整手段。《劳动法》的调整对象包括两个方面的社会关系：一是劳动关系，这是《劳动法》调整的最重要、最基础的社会关系；二是与劳动关系密切联系的其他社会关系。

劳动关系是指人们在从事劳动的过程中发生的一切社会关系，有共同劳动就有劳动关系的存在。劳动关系的建立在劳动法律体系中处于关键位置，决定着劳动者是否能够享受各项权利。《劳动法》中所指的劳动主要是指狭义劳动（又称雇佣劳动），即劳动力所有者将其劳动力有偿地提供给他人使用的劳动。

《劳动法》还调整部分与劳动关系密切联系的其他社会关系，包括：国家劳动行政部门在管理劳动工作中发生的社会关系；工会组织与劳动者、用人单位、国家机关之间因组织和参加工会而发生的社会关系；社会保险机构与用人单位、劳动者之间因执行社会保险而发生的社会关系；有关国家机关（如劳动行政部门）、人民法院和工会组织由于调解、仲裁、审理劳动争议案件而产生的社会关系；有关国家机关（劳动行政部门、卫生部门等）、工会组织与劳动者、用人单位之间因监督、检查《劳动法》的执行而产生的社会关系等。

（2）劳动者的基本权利与义务。

《劳动法》第三条规定，劳动者的基本权利包括：劳动者享有平等就业和选择职业的权利、取得劳动报酬的权利、休息休假的权利、获得劳动安全卫生保护的权利、接受职业培训的权利、享受社会保险和福利的权利、提请劳动争议处理的权利，以及法律规定的其他劳动权利（包括劳动者依法享有参加和组织工会的权利，参加职工民主管理权利，参加社会义务劳动的权利，参加劳动竞赛的权利，提出合理化建议的权利，从事科学研究、技术革新、发明创造的权利，依法解除劳动合同的权利，对用人单位管理人员违章指挥、强令冒险作业有拒绝执行的权利，对危害生命安全和身体健康的行为有提出批评、检举和控告的权利，对违反《劳动法》的行为进行监督的权利等）。

劳动者在享有劳动权利的同时，必须履行的劳动义务有：完成劳动任务，提高劳动技能，执行劳动安全卫生规程，遵守劳动纪律和职业道德，以及法律法规规定的其他义务。

3)《劳动法》的适用范围

目前我国《劳动法》适用于因订立劳动合同而建立劳动关系的用人单位和劳动者。具体包括：中华人民共和国境内的企业、个体经济组织（以下统称用人单位）和与之建立劳动关系的劳动者；国家机关、事业组织、社会团体的工勤人员；实行企业化管理的事业组织的非工勤人员；其他通过劳动合同（包括聘用合同）与国家机关、事业组织、社会团体建立劳动关系的劳动者。

同时，目前《劳动法》暂不适用于下列人员：国家公务员和比照实行公务员制度的事业组织、社会团体的工作人员；非农场的农业劳动者；现役军人；家庭保姆。

在影视制作领域，目前我国几乎所有的电影制片厂均为企业性质，电视剧和节目制作单位既有企业，也有事业组织（包括实行企业化管理的事业组织）、社会团体等。但无论影视制作单位的性质如何，在影视产业市场化运作的大背景下，电影或电视剧的剧组一般都是通过签订劳动合同（聘用合同）的形式与剧组的各类创作、管理人员形成相互间的法律关系的，因此这些以劳动合同形式建立的社会关系都需要《劳动法》的调整。

4）影视制作与劳动立法

目前，我国影视制作过程中的相关劳动立法主要包括：全国人大及其常委会制定的法律，如《劳动法》、《未成年人权益保护法》、《工会法》、《安全生产法》等；国务院制定的行政法规，如《禁止使用童工规定》、《工伤保险条例》、《失业保险条例》等；劳动行政管理部门（主要是国家劳动和社会保障部）制定的行政规章，如《最低工资办法》、《集体合同规定》、《劳动行政处罚若干规定》、《外国人在中国就业管理规定》等；国家新闻出版广电总局、文化部等制定的行政规章，如《关于加强对聘请港、澳、台从业人员参与广播电视节目制作管理的通知》、《聘用境外主创人员参与摄制国产影片管理规定》、《关于深化广播影视企事业单位人事制度改革的实施细则》等；其他规范性文件，包括最高人民法院的有关司法解释、地方性法规等。

2. 影视制作中的劳动合同

1）劳动合同与集体合同

劳动合同（又称劳动契约）是劳动关系双方当事人依法约定的、明确双方权利和义务的协议。在我国影视行业领域，劳动合同通常被称为聘用合同。

通常情况下，劳动合同由劳动者个人与用人单位订立。另外，某些行业协会（工会）代表本行业的从业人员与行业协会经过谈判协商也可以订立集体合同。在欧美等国及我国港台地区往往采用集体合同制度来规范影视制作领域的劳动用工关系，即由各类影视专业人员工会和行业协会组织（如导演工会、摄影师工会、演员工会等）提供某一领域的合同范本。集体合同的实行能够规范整个行业、职业范围内的劳动关系，有利于充分发挥工会组织在协调劳动关系中的作用，有利于弥补劳动合同及劳动法律、法规的不足，有利于从整体上维护劳动者的合法权益。

在我国内陆地区，影视制作领域虽然成立一些行业协会组织，但其功能还十分有限。相信随着我国劳动法律制度的逐步完善和行业协会、工会组织的健全发展，今后我国影视制作领域集体合同会逐渐普及开来。

2）影视制作劳动合同的订立

订立劳动合同要遵循平等自愿、协商一致、依法订立的原则。依法订立劳动合同，要求目的必须合法、主体必须合法、内容必须合法、程序与形式必须合法。

（1）劳动合同的形式。

劳动合同应当以书面形式订立，即书面协议。书面形式的劳动合同明确、具体、严肃、慎重，不仅有利于当事人履行合同，而且有利于政府部门的管理监督，一旦发生纠纷也有据可查，便于处理。因此，我国《劳动法》第十六条规定："建立劳动关系应当订立劳动合同。"但现实生活中存在大量口头形式的劳动合同，给认定双方的合同关系存在与否和权利义务的具体内容带来很大的不便。但只要任何一方能够提供证明劳动关系存在的证据，同时劳动合同主体、内容符合法律规定，即可认定存在事实劳动关系，也是合法、有效的劳动关系。同时，如果是由于用人单位故意拖延不订立劳动合同，劳动行政部门还应予以纠正。用人单位因此给劳动者造成损害的，应按照劳动部有关规定进行赔偿。

（2）劳动合同的内容。

劳动合同的内容，是指劳动者与用人单位通过平等协商所达成的关于双方劳动权利和劳动义务的具体条款。它是劳动合同的核心部分。除了开始条款和结束条款按照一般合同的格式书写外，《劳动法》规定劳动合同的内容主要有 7 个方面：劳动合同期限；工作内容；劳动保护和劳动条件；劳动报酬；劳动纪律；劳动合同终止的条件；违反劳动合同的责任。除以上 7 项劳动合同的必备条款外，当事人还可以依法约定其他内容，如试用期条款、保密条款、保险和福利待遇条款等。

3）劳动合同的履行与变更

（1）劳动合同的履行。

劳动合同的履行主要指劳动合同双方当事人履行劳动合同所规定的义务的行为。

劳动合同的履行，应当遵循以下几项原则：①亲自履行的原则。劳动合同当事人双方都必须以自己的行为履行各自依据劳动合同所承担的义务，而不得由人代理。在影视制作中，演职人员的劳动，特别是导演和主要演员的劳动具有更强的不可替代性，因此不能不经过制片方的同意而由他人替代履行合同，否则即构成违约。②全面履行的原则。劳动合同的内容是一个整体，合同条款之间的内在联系不能割裂。合同当事人必须履行合同的全部和各自承担的全部义务，而不能只履行其中的部分内容。③协作履行的原则。劳动关系是一种需要劳动者和用人单位互助合作才能在既定期限内存续和实现的社会关系，它要求在劳动合同的履行过程中，双方始终坚持合作。合同当事人在切实履行自己义务的同时，要为对方履行义务提供条件。出现问题，应及时协商解决，这样才能最大限度地保证双方权益的实现。

（2）劳动合同的变更。

劳动合同的变更，是指劳动合同生效后尚未履行或完全履行前，合同当事人双方依法对劳动合同的内容进行修改或补充的法律行为，是对劳动合同约定的权利和义务的完善与发展，是确保劳动合同全面履行和劳动过程顺利实现的重要手段。

劳动合同的变更应当遵循平等自愿、协商一致的原则和合法的原则。除非当事人在合同上约定了单方变更合同的情况外，任何变更合同的要求，都必须与对方当事人协商并取得同意，不允许单方面变更合同。同时，合同的变更也必须符合法律法规的规定。

由于影视剧创作属于艺术创作活动，不确定因素很多，其中制片方、导演、主要演职人员等由于艺术观念，以及对艺术理解的不同往往会产生一些争议，因此在拍摄过程中变动演职人员角色和工作内容的情况经常发生。所以，在订立合同时，双方应当对摄制单位是否有权单方面变更、变更的范围、变更合同的程序等做出约定。这样既可以保证影视剧的拍摄顺利进行，又可以维护当事人的合法权益。

3．与影视制作有关的强制性劳动标准

劳动标准是指劳动法中有关工作时间与休息休假、工资、劳动安全卫生等的强制性法律规范，又称为劳动条件基准法。劳动标准是为了保障劳动者在劳动关系中的基本权益而制定的最低劳动条件标准，用人单位必须为劳动者提供不低于法定标准的劳动条件，双方在合同中约定的相关条件也必须遵守法定标准，只能等于或高于而不能低于法定标准。凡是违背法定标准的合同条款一律无效。影视剧制作劳动合同中主要涉及以下几个方面的相关规定。

1）有关雇用未成年人的规定

按照《劳动法》、《未成年人保护法》、《禁止使用童工的规定》、《未成年人特殊保护规定》的规定：劳动者一方必须是年满 16 周岁、具有劳动权利能力和劳动行为能力的公民。禁止用人单位招用未满 16 周岁的未成年人。文艺、体育和特种工艺单位，由于工作性质和特点，需要招用未满 16 周岁的未成年人就业时，必须依照国家有关规定向劳动行政部门履行审批手续，并保证其接受义务教育的权利。对已满 16 周岁未满 18 周岁的未成年人，法律规定只能从事与其成长发育程度相适应的劳动，且用人单位应对其进行特殊劳动保护。

影视制作单位在雇用未成年人参与影视创作活动时，要遵循以下规定。

（1）应当签订劳动合同。雇用未成年演员的，无论是临时聘用还是较长时间的聘用，都应当签订书面劳动合同（或聘用合同）。对于未满 16 周岁的未成年人，合同必须由未成年人的合法监护人签字表示同意方为有效。

（2）必须履行政府审批手续。制作单位应向所在地的县级以上劳动行政部门办理登记，获得《未成年工登记证》。

（3）影视作品的内容不得有损未成年人身心健康和社会公德。按照国际惯例，聘用未成年人参与影视制作，应提前提出申请，并向相关部门报送未成年人参演的剧本以进行特别审查。

（4）保证未成年人接受义务教育。如果未成年人仍在接受义务教育阶段，影视剧的拍摄制作又不是在寒、暑假，需要占用未成年人上学的时间，影视制作单位就必须为其提供接受义务教育的条件，否则构成违法。

（5）劳动时间和劳动保护。未成年人一周的工作时间不应超过 4 天，每天工作时间不超过 8 小时；工作时间须介于上午 7 时至晚上 11 时之间，不得延长工作时间和进行夜班工作；连续工作 5 小时后，必须给予至少 1 小时的用餐休息时间；不得让未成年人从事可能危及生命、健康与有损道德的工作。

2）有关劳动报酬的强制性规定

劳动报酬，又称工资、薪金，是指基于劳动关系，由用人单位按照法律规定和劳动合

同的约定以法定货币形式向劳动者支付的物质补偿。工资是现阶段我国劳动者及其家庭成员的主要生活来源，它不仅直接关系到劳动者与用人单位的物质利益关系，也关系到生产、消费和社会发展、稳定。因为工资直接反映的是劳动力的价格，同时也是反映社会收入分配的指标。

在社会主义市场经济体制下，形成了市场机制决定、企业自主分配、国家监督调控相结合的工资调整模式。一方面，有关工资数额和支付主要由劳动者和用人单位协商确定；另一方面，国家拥有一定的工资管理权。这对于保护劳动者的工资权，维护、制约企业的工资分配自主权，对于实现工资分配的效率目标和公平目标都很有必要。

影视制作的劳动合同大多是以完成一定工作为期限的合同，属于非全日制用工形式。非全日制用工是指以小时计酬为主，劳动者在同一用人单位一般平均每日工作时间不超过 4 小时，每周工作时间累计不超过 24 小时的用工形式。在实际操作中，影视制作单位支付劳动报酬时，一般会采取较为灵活的方式，但必须遵守国家有关最低工资标准的规定和工资支付办法的有关规定。主要应当注意以下问题：

聘用合同中约定的工资、酬金的标准，不得低于当地每月或每小时的最低工资标准。

劳动者只要在影视制作单位规定的工作时间内提供了正常劳动，用人单位支付给劳动者的工资就不得低于当地最低工资标准。

工资、酬金应当以法定货币形式支付给劳动者，不得以实物或有价证券替代货币支付。

工资、酬金必须在用人单位与劳动者约定的日期支付，对于全日制劳动者至少每月支付一次。

禁止非法扣除工资。

用人单位克扣或无故拖欠劳动者工资的，除在规定的时间内全额支付劳动者劳动报酬外，还要加发相当于劳动报酬 25%的经济补偿金。

3）有关劳动时间的规定

《劳动法》规定了不同种类的工时制度下劳动者的工作时间标准和计量办法。其中，实行标准工时制度的单位，劳动者每日工作时间不超过 8 小时、平均每周工作时间不超过 44 小时。同时，严格限制延长劳动的时间，《劳动法》第四十一条对延长劳动时间的条件、程序和具体每日或每月累计延长工作时间的小时数做出了明确的限制性规定。

在影视制作中，很少是按照标准工作时间执行的，一般是实行的不定时工作制。所谓不定时工作制，是指在法定的特殊情况下实行的、每日无固定的工作起止时间的工作。由于影视剧拍摄的特点，决定了在一部影视剧的制作中大多数人员也适用不定时工作制。制作单位实行不定时工作制或其他非标准工作和休息办法的，必须报请劳动行政部门批准，同时应当在保障演职人员身体健康并充分听取其意见的基础上，采用集中工作、集中休息、轮休调休、弹性工作时间等方式，保障演职人员的休息权利并确保生产、工作任务的完成。

但应当注意的是，如果演职人员在与影视制作单位订立的劳动合同中明确约定了其每天工作的最长工作时间和休息时间，则应当按照约定执行。

4）有关劳动安全卫生的规定

影视剧的制作过程就是文化产品的生产过程，因此，在此过程中同样存在安全生产的问题。除了《劳动法》、《安全生产法》等普遍适用的法律法规外，我国政府相关部门也曾专门制定一些与影视剧制作安全有关的法规，对影视剧制作中的劳动安全问题做出了明确的要求。

为保证影视制作过程中的人员生命安全与健康，防止事故发生，减少职业危害，影视制作单位必须建立、健全劳动安全卫生制度；严格执行国家劳动安全卫生规程和标准；对演职人员一定要进行岗前的劳动安全卫生教育，应尽可能为其购买一定金额的意外伤害保险；对于一些从事有一定危险性工作的演职人员，如动作特技演员、替身演员等，制作单位还应为其购买附加医疗保险，具体保险的种类与金额可以在订立的劳动合同中进行约定。

4．劳动争议处理

1）劳动争议的概念与范围

劳动争议，又称劳资纠纷或劳动纠纷，是指劳动关系的双方当事人在执行劳动法律法规或者履行劳动合同、集体合同时，持不同的主张和要求而产生的争议。

劳动争议的范围主要包括：因履行劳动劳动合同发生的争议，因签订和履行集体合同发生的争议，因执行有关工资、工作时间、社会保险和福利、培训、劳动保护的规定发生的争议，因用人单位或者劳动者解除劳动合同发生的争议，以及法律法规规定的其他劳动争议。

由于劳动关系双方当事人在价值取向、利益要求，以及对劳动合同、法律法规的理解执行情况上存在差异，劳动争议的发生是不可避免的；在影视制作中，劳动争议主要表现在工资报酬、因拍摄时间推迟或延长、解除聘用合同及其他方面所发生的纠纷。

2）劳动争议处理的基本方式和处理原则

《劳动法》第七十七条规定：“用人单位与劳动者发生劳动争议，当事人可以依法申请调解、仲裁、提起诉讼，也可以协商解决。”

处理劳动争议的机构在处理劳动争议时应当遵循合法、公正和及时处理的原则。

3）劳动争议的处理机构和处理程序

（1）劳动争议的调解，是用人单位内部设立的劳动争议调解委员会，对本单位申请调解的劳动争议案件，依法进行调解的解决方式。调解不是处理劳动争议的必经程序。

用人单位内部设立的劳动争议调解委员会，由职工代表、用人单位代表和工会代表组成。劳动争议调解委员会的主任由工会代表担任，办事机构设立在用人单位的工会委员会。没有建立工会组织的单位，其劳动争议调解委员会的组成由职工代表和用人单位协商确定。劳动争议发生后，当事人可以在 30 日内向本单位的劳动争议调解委员会申请调解。调解委员会经审查决定受理劳动争议案件后，应在全面调查核实的基础上进行调解。调解应当自当事人申请调解之日起 30 日内结束，到期未结束的视为调解不成。经调解达成协议的，制作调解协议书，双方当事人签收后应当自觉履行。但调解协议书不具有法律效力，当事人逾期不履行的也视为调解失败。

（2）劳动争议的仲裁，是指由劳动争议仲裁委员会对申请仲裁的劳动争议案件依法进行调解和裁决的活动。《中华人民共和国劳动争议调解仲裁法》（以下简称《调解仲裁法》）规定：“自劳动争议调解组织收到调解申请之日起十五日内未达成调解协议的，当事人可以依法申请仲裁”。“达成调解协议后，一方当事人在协议约定期限内不履行调解协议的，另一方当事人可以依法申请仲裁。”仲裁是劳动诉讼前的必经程序。

劳动争议仲裁委员会是我国依法成立的、专门处理劳动争议的常设仲裁机构。我国县、市、市辖区以上地方的劳动行政部门均设有劳动争议仲裁委员会。劳动争议仲裁委员会由劳动行政部门代表、同级工会代表和用人单位方面的代表组成，主任由劳动行政部门的代表担任。劳动行政部门的劳动争议处理机构为劳动争议仲裁委员会的办事机构，负责处理委员会的日常事务。劳动争议仲裁委员会处理劳动争议，实行仲裁员、仲裁庭制度。

（3）劳动争议的诉讼，是指由人民法院在劳动争议当事人的参加下，对劳动争议案件进行审理、裁决的司法活动。劳动争议的当事人对仲裁判决不服的，可以在收到仲裁判决书之日起 15 日内向人民法院提起诉讼，由人民法院依照民事诉讼的程序进行审理并做出判决。

9.2 数字视频制作的职业与职业道德

2004 年 12 月，我国劳动与社会保障部将“数字视频（DV）策划制作师”作为第二批新职业予以发布。这一职业的发布，旨在建立一支具有一定规模的 DV 策划制作队伍，促进我国数字内容产业的发展；同时，培养出各企事业单位策划、制作和管理 DV 作品的人员，以提高制作效率和制作质量。这一职业的发布，对于我国信息和文化产业具有积极的现实意义和深远的历史意义。

9.2.1 职业概述

1．职业定义与等级

数字视频（DV）策划制作师是指从事数码影片策划、拍摄、编辑、合成、输出等制作的专业人员。他们所从事的主要工作包括：DV 作品策划、DV 影像拍摄、视/音频编辑与合成、DV 作品输出与刻录。

数字视频（DV）策划制作师的职业等级由低到高共设三个级别，各级别所能达到的能力如下。

数字视频（DV）策划制作师（国家职业资格五级）：操作层次，应具备 DV 制作的基本知识、技能，适应普通影视制作岗位。

数字视频（DV）策划制作师（国家职业资格四级）：专业层次，应具备 DV 策划制作的独立工作能力，能根据给定主题制作 DV 作品，适应各类电视节目制作的专业岗位。

数字视频（DV）策划制作师（国家职业资格三级）：综合层次，应具备 DV 独立创意、制作和指导的能力，适应策划、编导、监制等岗位。

2．职业特点

影视文化作为一个国家重要的文化产业，影视行业一直被认为是国民经济的重要组成部分。长期以来，影视行业具有较高的专业性，其从业人员一般都需要经过专业化的训练才可以正式上岗。随着数字技术的发展、DV 的出现、计算机技术在影视业的应用，数字视频的影像制作与传播逐渐成为当今影视行业中的重要方式，主要体现在：一方面，主流的电影、电视生产与传播中所使用的数字设备价格仍然非常昂贵，属于高端产品；另一方面，面向社会一般企事业及个人工作室的数字设备也逐渐形成规模，成为低端领域。

在此趋势下，面向社会大众的数字视频影像制作与传播必然要秉承影视行业的传统特征，并随着技术的发展逐渐形成自身的特点。

（1）综合性。影视创作是集艺术和技术于一身的综合性创造活动。一方面，影视艺术汇聚了诗歌、音乐、舞蹈、建筑、绘画、雕塑等多门学科的艺术表现形式，具有非凡的艺术表现力。另一方面，技术进步是影视艺术不断发展的重要推动力。在影视的发展历程中，科学技术的每一次进步都极大地丰富了影视创作手段，催生了新的创作理念。与此同时，艺术创作的灵感也在不断地促进技术的更新。数字时代的到来，更使得国家科学技术的综合素质成为决定该国影视行业发展情况的关键因素。这就要求影视行业的从业人员必须紧随技术进步的脚步，不断更新自己的专业知识。

（2）协作性。从 1895 年电影的第一次公开放映，到 1936 年电视节目的正式播出，影视行业始终被认为是一项集体协作的产业。影视从业人员的专业划分严密，专业分工覆盖面相对较宽。例如，电视人才大致可分为五类，分别为采编播人才、编导人才、营销策划人才、工程类人才、相关类人才（如管理人才等）。这五类人才又可以细分为 20 种，即记者编辑、播音员、主持人、导演、编剧、制片、作曲、灯光、舞美、服装、化妆、音响、工程师、营销策划、翻译、文秘、经济师、会计师、图书、档案等。

（3）数字化。随着网络、信息化的到来，影视创作的数字化趋势已经全面体现在创作的整个过程之中，从策划、剧本、文案的形成，后期节目的编辑、CG 创作、资料影像的查找，一直到节目的保存、播出或输出等各方面都离不开数字化。为了适应全面数字化制作环境的需求，数字视频（DV）策划制作师就要熟悉和胜任数字视频创作的全流程，具有不断学习数字新技术的能力。

（4）复合型。数字视频策划制作行业的从业人员应具备影像创作的艺术与技术的综合素质，努力成为熟悉艺术与技术的复合型人才。这主要体现在两个方面：第一，数字视频（DV）策划制作师应注重策划能力的培养，包括叙事创作的技能、对影像感觉和影像表现力的思维方式。第二，数字视频（DV）策划制作师要注重培养利用数字技术进行制作的技能。数字技术的介入与不断更新带来了影视创作观念的变化，也促使从业人员要时刻对数字技术的进步保持好奇心，具有积极地向新的影像、音乐艺术进行挑战的态度。

总之，数字视频策划制作从业人员的专业知识面涉及之广，远非其他艺术创作所能比拟的，体现出影像创作是集体智慧的结晶，而从业人员的素质将直接决定数字视频策划制作行业的生存状况。

9.2.2 职业守则

1. 职业道德概述

1）职业道德的含义与功能

对于社会而言，职业是以社会分工和劳动分工为纽带的组织形式，承担着一定的社会分工体系所赋予的特殊工作及相应的社会责任；对于个人而言，职业是所从事的被规定的业务及必须履行的职责。可见，职业是一定社会生产、服务的目的与手段的统一。

职业道德是指从业人员在职业活动范围内所应遵守的行为规范的总和，职业道德包含两层意思。

第一，职业道德的要求与职业活动的性质、任务相联系。根据职业的共性与个性，职业道德既有一般规范，又有特殊规范，它反映了一定社会的职业道德原则及其规范，受到社会时代层面的约束。

第二，职业道德主要是通过社会舆论和个人的信念调整职业活动中的责、权、利关系，从而调节从业人员之间、从业人员与社会之间的关系，强化职业角色的社会责任，以良好的职业风貌赢得社会的认同，保证职业得以存在和健康有序的发展。其实质是调整职业活动中的责、权、利关系，因为职业职责、职业权利与职业利益是相互贯穿在一起的，忽视任何一个方面，关于职业道德的谈论就不完整了。

职业道德主要具有规范约束功能、价值导向功能和社会协调功能。总之，作为社会主义精神文明建设的强大精神动力之一，职业道德犹如一只无形的“手”，引导着不同的职业活动朝着合理有序的方向前进，并在推动社会全面进步、提高人民的综合素质方面发挥着不可替代的作用。

2）职业道德原则

职业道德原则是指统帅职业道德的一切规范与范畴，贯穿于职业道德的整个发展过程和各个方面。在职业道德原则中，集体主义原则和人道主义原则是不容忽视的两个原则。

（1）集体主义原则。集体主义原则是社会主义职业道德的核心原则，贯穿于社会主义职业道德规范发展的整个过程，坚持集体主义，反对个人主义，是社会主义发展的客观需要。

（2）人道主义原则。作为社会主义职业道德的基本原则，人道主义原则体现了人类整体的价值观念，它是一个无条件遵守的道德准则，它要求每一位从业者在追求个人幸福时，必须尊重他人的权利，不得损害他人的利益。

3）职业道德规范

职业道德规范是指人们在职业活动中所应遵守的道德行为准则，它是职业道德基本原则的具体体现，职业道德规范主要由下面两部分构成。

（1）社会主义职业道德规范，它是各行各业都应该遵守的职业道德规范，具备共性的特征。社会主义职业道德规范主要包含服从行规、爱岗敬业、诚实守信、办事公道、服务群众、服务社会等。

（2）每一个职业领域都具有包含自身特性的职业道德规范，它是特有的规范，是在职业发展实践中不断形成的，反映职业的特征（即与其他职业与众不同的地方）。每一个职业的职业道德规范一般会以职业守则等方式体现出来，这也是每个从业人员在从事工作之前所要接受的培训内容。

2. 数字视频（DV）策划制作师的基本职业素质

数字视频（DV）策划制作师的基本职业素质是指从业人员在从事数码影片策划拍摄、编辑、合成、输出等活动中应具备的基本条件和具有的稳定品质。

1）思想政治素质

思想政治素质是指一个人的思想素质和政治素质，思想素质是指一个人的思想觉悟，包括世界观、人生观、价值观、理想等，最终表现为是否具有爱国主义和为所从事的事业而贡献终身的精神。政治素质是指一个人在所从事的事业活动中所坚持的社会主义的政治方向、立场观点与态度，思想政治素质好比人的灵魂，是一切活动的主宰，决定着一个人的发展方向，因此被称为个人素质结构中最为本质的层次内容。

影视工作隶属于国家意识形态的重要领域，一直是我国社会主义精神文明建设的重要阵地，它有着特定的服务对象，是同人民群众的经济利益和政治利益紧密相连的。作为一名以"记录人类生活，传播精神文化"为宗旨的数字视频（DV）策划制作师，承担着社会主义精神文明宣传的重任，应该具有过硬的思想政治素质，这是首要的、基本的素质要求，具体包括以下内容。

首先，牢固树立正确的世界观、人生观和价值观，坚持最广大人民群众根本利益的政治立场，拥护党的领导，热爱祖国，拥护社会主义，在原则问题上应时刻保持与党的路线、方针、政策相一致，立场坚定，旗帜鲜明。

其次，认真学习《宪法》和有关法律法规，熟悉党的方针政策，自觉遵守国家法律法规，严格执行新闻纪律和有关规章制度，具备高度的社会责任感，明辨是非，自觉通过影视传媒手段正确发挥舆论引导作用，时刻以维护国家和社会公众的利益为己任。

2）品德素质

品德素质是指从业人员在道德品质方面的修养，是其在道德认识、道德情感、道德意志、道德行为上的稳定特征的综合体现，包括敬业精神、人际关系、合作意识、团队精神、人格魅力等。

在数字制作时代，伴随数字制作设备的登场，摄像、编辑、合成、特效制作、声音合成等都可以由一个人利用计算机制作出来，因此，加强影像创作的伦理教育必将成为重中之重。正直、重视伦理感是数字时代影像制作人员的必备条件，这也是数字视频（DV）策划制作师最基本的职业素质要求。

3）文化素质

文化素质是指人们在处理个人与自然和社会的关系中应该具备的知识、精神要素（价值观念）和实践能力，它与思想道德素质、健康素质一起，构成民族的整体素质。文化素质是一个人外在精神风貌和内在气质的综合表现，是现代人文明程度的集中体现。文化素质与品德素质紧密相连，加强文化素质教育，对于克服那种"有知识缺文化，有学问缺修养"的畸形发展现象具有深远的意义。

数字视频（DV）策划制作师从事的是一种精神文化产品生产工作，其作品覆盖面广、创造力强，以极强的感染力引导或影响着人们的思想素质、道德情操及道德行为习惯的形成，关系着一代人、甚至几代人的成长。这种职业的特殊性决定了在影像创作过程中，数字视频（DV）策划制作师应始终珍惜自己的社会角色和历史责任，真诚地面对观众，反映群众意愿，代表群众长远利益。因此，强烈的事业心与高度的责任感是数字视频（DV）策划制作师立业的根本。

4）心理素质

心理素质是指一个人的心理健康程度。按照联合国教科文组织的定义，心理健康不仅指没有心理疾病，还指个体社会生活适应良好、人格的完善和心理潜能的充分发挥，即在一定的客观条件下将个人心境发挥到最佳状态。面对当前传播媒介的激烈竞争，当代影视人正处在高效率、快节奏的生活与工作状态中，数字视频（DV）策划制作师也不例外，这就需要其具备如下所述的良好心理素质。

（1）较强的自控能力。数字视频（DV）策划制作师能排除外在不良因素的制约或干扰，具有运用理智控制情绪或情感的能力，学会自我调节，持续对环境做出良好适应，从而保持旺盛的生命力和思维力，充分发挥自己的身体潜能。

（2）良好的自我认知和心理换位能力。数字视频（DV）策划制作师能正确看待自己和别人，站在不同的角度思考问题，设身处地为观众着想，制作出精良的作品。

5）专业素质

专业素质是指个人在一定的社会影响下经过锻炼和培养而达到的综合水平，包括知识素质与能力素质两方面，这也是一个人能够从事某种职业所需要的最基本素质。

（1）知识素质。由于影像创作是一门艺术与技术的综合性创造活动，数字视频（DV）策划制作师必须努力构建自身合理的知识结构，掌握与本专业知识直接相关的新兴学科和交叉学科的知识，不断了解本学科发展的最新动态和最新成果。

（2）能力素质。能力素质是指从事某种职业的人所具有的带有职业特点的能力，这是综合素质的外在体现，数字视频（DV）策划制作师应注重培养以下几方面的能力素质。

- 基础能力。基础能力是数字视频（DV）策划制作师从事数码影片创作应具有的最起码的能力，主要包括对生活的观察能力、想象力、记忆能力、审美能力、口语表达能力等。另外，具有良好的人际沟通能力也是影像创作者必须具备的。这为了解被拍摄者和站在最佳视点还原人类生活提供有力的保证。
- 视觉影像思维能力。视觉影像思维能力是指对影像的感觉和影像表现力的思维方式。经历了文字语言思维方式之后，人们迎来了以视觉影像思维为主要表征的读图时代，这是人们形象思维方式的进一步发展，具有视听形象特征，是构成一个人想象力的重要方面，故被称为人们叙事、交流情感的重要思维途径。视觉影像思维能力的培养主要体现在影像编导与策划方面，包括对剧本视听叙事、构成表现等创作内容的把握。
- 制作能力。制作能力是指利用现有数字技术创作数码影片的能力，包含了影像拍摄编辑合成输出等方面的内容，制作能力直接决定形象思维成果的最终呈现形式，这需要从业人员不断学习新技术，以及敢于利用技术进行创新。
- 组织管理能力。组织管理能力是指在整个影像创作过程中协调不同制作环节的能力。影像创作常被称为“一门遗憾的艺术”，对于数字视频（DV）策划制作师来说，一般是一个人独立或几个人协作完成影像创作，这就需要有很强的组织管理能力。组织管理能力主要表现为乐于与人合作，善于发现拍摄题材，营造舒适的拍摄氛围，创造良好的制作环境等方面。

6）法律素质

现代社会是法治社会，作为传播影视文化的数字视频（DV）策划制作师更应该具备相应的法律素质。

（1）依法从事影视创作的前提就是要具备基本的法律常识（如法的本质、法的功用、权利义务等）。

（2）系统、全面地学习相关影视法律法规的知识。例如，国家颁布的《广播电视管理条例》、《电影管理条例》、《音像管理条例》，以及《关于加强影视播放机构和互联网等信息网络播放 DV 片管理的通知》等都是从事影视创作与传播的重要依据。

（3）了解与影视法律法规联系比较密切的一些重要的法律，如民法、行政法、刑法、广告法、新闻法等，这对于从事影视创作有极大的帮助。

（4）应当具有较强的法律责任心，具有自觉维护法律的意识。一方面，要遵守法律，依法行事，依法维护自身的合法权益，同时尊重他人的权益；另一方面，也要充分发挥职业特性，力求在传播影像文化的同时，普及法律知识，为把我国建设成为社会主义民主法制的国家做出应有的贡献。

7）创新能力

创新是一个民族发展的动力，也是一个人科学文化素质的重要构成内容。影视与技术的紧密联系，必然促使数字视频（DV）策划制作师时刻保持创新意识，认识到创新是影视艺术与技术发展的根本。

影视创作的特点要求数字视频（DV）策划制作师必须具备创新性思维，唯有敢于突破传统，标新立异，独出心裁，才能充分发挥自己的创造精神；唯有敢于追随技术与艺术观念的新浪潮，不断优化制作环节，才能真正体现出与时俱进。

8）终身学习能力

随着知识经济时代的来临，人们已经迈入了一个终身学习的时代。利用数字技术进行影像创作的职业特点决定数字视频（DV）策划制作师将始终与新技术打交道。随着社会进步和技术知识更新的加快，要想胜任影视传播工作，自然要求数字视频（DV）策划制作师能根据工作需要，分清主次，涉猎较广泛的知识领域，循序渐进地优化自身的知识结构，变被动学习为主动学习、终身学习。

3．数字视频（DV）策划制作师的职业守则

数字视频（DV）策划制作师是从事数码影片策划与制作传播的专业工作者，其职业行为道德水平直接影响着影视行业的发展，间接影响着整个社会。结合全国新闻工作者协会公布的《中国新闻工作者职业道德准则》，数字视频（DV）策划制作师应当遵守的道德修养规范主要包含以下 6 个方面。

1）遵纪守法

学习和宣传马列主义、毛泽东思想和邓小平理论与“三个代表”重要思想，拥护党的基本路线，全面贯彻国家有关影视的方针政策，自觉学习与遵守《广播电视管理条例》、《电影管理条例》、《音像管理条例》等相关法律法规。在影视创作中，立场坚定，自觉宣传国家方针政策与弘扬传统民族文化，坚持“为人民服务、为社会主义服务”的方向，不得宣扬色情、凶杀、暴力、愚昧、迷信及格调低劣、有害人们身心健康的影像内容。

随着网络视频的发展，在制作传播影像时要遵守信息传输的相关法律法规。公民的隐私受到法律保护，未经被拍摄者本人同意，不可随意披露其个人未公开的影像信息或不愿意张扬的影像信息，更不可在网络上随意传输。

2）尊重知识产权

知识产权是一种无形财产权，是个人或集体对其在科学技术、文学艺术领域里创造的精

神财富依法享有的专有权。为了保护智力劳动成果，促进发明创新，各国都建立了知识产权保护制度，明确规定要尊重他人劳动成果。

知识产权关于广播影视作品的保护是指著作权方面，即作者对电影、电视等作品的专有权，以及由此派生出来的邻接权，主要包括著作人身权（发表权、署名权、修改权、保护作品完整权）与著作财产权（复制权、发行权、信息网络传播权、改编权等）。在影像创作中，数字视频（DV）策划制作师要认真学习《著作权法》、《互联网著作权行政保护办法》、《著作权集体管理条例》等法律法规，自觉养成尊重他人著作权的意识。一般情况下，在改编文学作品时，应该通过正规法律手续获得改编权；在个人影像作品中引用其他影像资料时应该注明“文献资料”或“XXX作品”等字样；不得随意利用数字技术篡改他人影像作品并进行商业传播，特别是针对一些有影响力、家喻户晓的影像作品，更不许戏说他人影像作品，对于随意在网络中进行非法传播，造成恶劣影响的将追究其相应的法律责任。

3）严守保密制度

严守保密制度是维护国家安全的重要方面，《宪法》规定保守国家秘密是公民应尽的义务。数字视频（DV）策划制作师应该认真学习《保守国家秘密法》、《新闻出版保密规定》等法律法规，在影像创作过程中，严守保密制度，不得泄露国家秘密。例如，有关机密文件的内容，国家领导人非公开活动的影像、军事机密、未经公布的经济活动信息、不宜报道的社会生活事件、重大科技活动信息、容易产生误解的刑事案件等信息资料，未经主管部门同意，不得擅自记录与传播。

4）团结协作

影像创作是一项群体性劳动，涉及多学科领域，虽然各有分工（如摄影、灯光、声音、设计、化妆等），但为了更好地完成作品，仍然需要影视制作者培养团队意识，关心集体、顾全大局、扬长避短、互相借鉴、互相促进，建立起平等、团结、友爱互助的关系，只有强大的团队才能制作出精彩的影视作品。

5）实事求是

在制作非虚构性影像节目时（如纪录片、新闻、体育、教育、信息等节目），坚持发扬实事求是的作风，加强调查研究，深入生活实际，全面地看待问题，防止主观性、片面性，努力做到从总体上、本质上把握事物的真实性。在涉及一些社会敏感话题时，力求客观公正，不得从个人或团体利益出发，利用影像传播舆论工具发泄私愤，或做不负责任的报道。

6）尽职尽责

影像文化是精神食粮，它要求从业人员在影视创作中忠于职守，热爱影像传播工作，认真钻研影像技术，精通业务，工作认真，力求每次作品都能达到完美呈现。

9.3 练 习 题

一、填空

1. 2015年9月1日，国务院常务会议审议通过了（　　），这意味着我国已将影视产业的发展纳入战略层面，而中国影视产业也将在更加法治化的环境中迎来新的机遇。

2. 在我国，狭义的法专指全国人民代表大会及其常务委员会制定的（　　）文件；广义的法还包括（　　）、（　　）、（　　）等。

3. 目前我国广播影视行业的行政许可制度主要的法律依据是（　　）、（　　）等行政法规。

4. 《广播电视节目制作经营许可证》由国家新闻出版广电总局统一印制，有效期为（　　）年。

5. 以前，《电视剧制作许可证》分为（　　）许可证和（　　）许可证两种。自 2001 年 12 月起，我国对电视剧制作实行新的许可制度，向符合条件的单位分别发放甲、乙两种许可证，取代以前的两种许可证。

6. 电视剧审查机构在收到完备的报审材料后，应当在（　　）日内做出是否准予行政许可的决定，其中组织专家评审的时间为（　　）日。

7. 任何一个合同的订立都必须经过（　　）和（　　）两个必不可少的环节。

8. 合同的形式包括口头、书面或其他等。鉴于影视合同的标的额较大，涉及范围较广，履行期限也较长，因此，为避免日后发生纠纷时无以为凭，各类合同一般应当采用（　　）形式。

9. 著作权包括（　　）和（　　）两部分。

10. 《著作权法实施条例》第二条规定，我国《著作权法》所称的作品，是指文学、艺术和科学领域内，具有（　　）并能以某种（　　）形式复制的智力成果。

11. 从狭义上说，劳动法主要指（　　）与（　　）。

12. 《劳动法》的立法宗旨和根本任务在于（　　）。

13. 《劳动法》的调整对象包括两个方面的社会关系：一是（　　），这是《劳动法》调整的最重要、最基础的社会关系；二是与第一种关系密切联系的其他社会关系。

14. 在我国影视行业领域，劳动合同通常被称为（　　）合同。

15. 未成年人一周的工作时间不超过（　　）天，每天工作时间不超过（　　）小时。

16. （　　）是我国依法成立的、专门处理劳动争议的常设仲裁机构。

17. （　　）是指从事数码影片策划、拍摄、编辑、合成、输出等制作的专业人员。

二、名词解释

1. 法
2. 行政法规
3. 地方性法规
4. 规章
5. 行政许可制度
6. 合同
7. 无效合同
8. 履约抗辩权
9. 著作权
10. 劳动合同

三、简答

1. 我国影视法的体系包括哪些方面？
2. 根据规定，在电影和电视节目制作方面，需要审批的环节和种类主要有哪些？
3. 合同生效的时间有哪几种情况？
4. 《合同法》规定的合同消灭的原因有哪几种？
5. 劳动合同的履行应当遵循什么原则？
6. 数字视频（DV）策划制作师的基本职业素质包括哪些方面？
7. 数字视频（DV）策划制作师应当遵守的道德修养规范主要包含哪些方面？

参 考 文 献

[1] 林洪桐. 银幕技巧与手段[M]. 北京：中国电影出版社，1993.
[2] 卢锋. 数字视频设计与制作技术（第2版）[M]. 北京：清华大学出版社，2011.
[3] 鲁道夫·阿恩海姆. 艺术与视知常见[M]. 成都：四川人民出版社，1998.
[4] 宋杰. 视听语言——影像与声音[M]. 北京：中国广播电视出版社，2001.
[5] 王靖. 数字视频创意设计与实现[M]. 北京：北京大学出版社，2010.
[6] 王丽娟. 视听语言教程[M]. 南京：江苏教育出版社，2009.
[7] 王威. 数字摄像机的基本使用技巧和日常维护[J]. 现代电视技术，2007，（10）.
[8] 王志敏. 电影语言学[M]. 北京：北京大学出版社，2007.
[9] 维·斯托拉罗，周传基，巩如梅. 摄影经验谈[J]. 北京电影学院学报，1987，（1）.
[10] 魏永征，李丹林. 影视法导论[M]. 上海：复旦大学出版社，2005.
[11] 许南明，富澜，崔君衍. 电影艺术词典[M]. 北京：中国电影出版社，1986.
[12] 张菁，关玲. 影视视听语言（第2版）[M]. 北京：中国传媒大学出版社，2014.
[13] 张联，黄匡宇. 电视节目策划[M]. 北京：中国广播电视出版社，2002.
[14] 赵玉明，王福顺. 中外广播电视百科全书[M]. 中国广播电视出版社，1995.
[15] 钟大年. 纪录片创作论纲[M]. 北京：北京广播学院出版社，1998.
[16] 中国就业培训技术指导中心. 数字视频（DV）策划制作师[M]. 北京：中国劳动社会保障出版社，2008.
[17] 庄思聪，许之民. 数字视频（DV）策划制作师[M]. 北京：中国劳动社会保障出版社，2007.
[18] 邹建. 视听语言基础[M]. 上海：上海外语教育出版社，2007.

反侵权盗版声明